Armin Schweda | Tanja Schweda | Astrid Nestler

Von der Basis zum erfolgreichen

Mantrailing

Finden statt suchen

Müller Rüschlikon

Einbandgestaltung: R2 I Ravenstein, Verden

Titelbilder und Foto auf der Umschlagrückseite: Hans-Peter Schwarzenbach

Bildnachweis: **Alexandra Beermann:** S. 170; **Edith Blechschmidt:** S. 64; **Katja Culbertson:** S. 131; **Maria Diehl:** S. 185 (2.+3.), 200; **Monika Dotzer:** S. 49 (1.); **Johanna Güttler:** S. 171; **Maria Hoffmann:** S. 168; **Harald Jäckel** (www.frankenpost.de): S. 48 (1.), 164, 199, 291; **Greg Knights** (www.ruralshots.com): S. 21; **Carina Leithold** (www.carinaleithold.de): S. 214; **Christiane Mecker:** S. 156 (1.); **Kevin Milner** (www.kevinmilnercountryside.co.uk): S. 7, 272; **Karen L. Myers** (www.klmimages.com): S. 274, 275, 276/277; **Astrid Nestler:** S. 201; **Claudia Puchta:** S. 18, 25, 29, 31, 32, 33, 37, 38, 39, 40, 42, 45 (1.), 47 (2.), 77, 108 (1.), 303; **Tino Rosenmüller:** S. 115 (2.), S. 178; **Markus Scherer:** S. 11, 12, 156/157; **Petra Schmidt:** S: 45 (2.); **Hans-Peter Schwarzenbach** (www.schwarzenbach-fotografie.de, www.Hans Peter Schwarzenbach.de): S. 8, 14, 15, 22/23, 28, 41, 43, 45 (3.), 47 (1.), 50/51, 56/57, 63, 66, 69, 78, 79, 88, 94/95, 97, 104, 113, 118, 119, 120, 121, 122, 123, 124, 125, 128, 129, 132, 144/145, 150 (2.), 151, 154 (1.+2.), 155, 160, 161, 162, 172, 174, 176, 177, 178 (2.), 179, 181, 182, 185 (4.), 187, 190, 192, 193, 197 (1.), 198, 210, 211, 213, 222, 223, 224/225, 238, 239, 242, 243, 255, 292, 293; **Armin Schweda:** S. 98, 100, 178 (1.), 232, 295; **Tanja Schweda:** S. 1, 3, 10, 19, 26, 30, 36, 48 (2.), 49 (2.), 52, 59, 65, 68, 72, 73, 74, 75, 76, 84, 87, 89, 92, 99, 101, 103, 106, 107, 110, 111, 114, 115 (1.), 117, 126, 147, 150 (1.), 152, 154 (3.), 156 (2.), 157 (1.+2.), 157 (1.), 178 (3.), 183, 185 (1.), 188, 191, 196, 197 (2.), 212, 227, 279, 283, 289 (1.).

Grafiken: **Ralf Blechschmidt:** S. 240, 244, 247; **Kornelia Erlewein:** S.19, 107, 203, 219, 228, 230, 234, 237, 292, 293.

Comic-Zeichnungen: **Katja Culbertson:** S. 127, 130, 134 (Grafik), 135, 138.

Eine frühere Ausgabe dieses Buches ist unter der ISBN 978-3-275-01833-8 erschienen.

ISBN 978-3-275-02171-0

Postfach 103743, 70032 Stuttgart
Ein Unternehmen der Paul Pietsch Verlage GmbH & Co. KG

1. Auflage 2019

Sie finden uns im Internet unter www.mueller-rueschlikon-verlag.de

Lektorat: Claudia König
Innengestaltung: Kornelia Erlewein
Druck und Bindung: Graspo CZ, 76302 Zlin
Printed in Czech Republic

3. KOMPONENTE 96

Opferbindung – Der Wille zu finden

4. KOMPONENTE 146

Der Handwerkskoffer

Für alle, die uns bei unserer Arbeit unterstützen.

Danke.

Ohne Euch wäre dieses Buch nie entstanden.

Er tut es, ich schreibe es auf – und Sie profitieren davon.

Nach diesem Motto bin ich vor acht Jahren angetreten, um dieses Buch für Sie zu schreiben. Es ist das Buch, das ich persönlich mir gewünscht hätte, als ich, zusammen mit meinen damaligen Kollegen von der BRH Rettungshundestaffel Oberland, jahrelang versucht habe, einsatzfähige Mantrailer auszubilden. Auf der Suche nach Informationen sind wir auf Seminare gereist und haben Methoden ausprobiert, ohne Erfolg. Hätte es dieses Buch damals schon gegeben, hätte ich mir eine Menge Zeit und Geld sparen können.

Um die Jahrtausendwende wurde das Mantrailing als Einsatzmittel in Deutschland populär und es herrschte eine gewisse Goldgräber- und Aufbruchsstimmung in der Szene. Verschiedene Anbieter versuchten, sich auf dem Markt zu etablieren und Ausbilder, vorwiegend aus dem angelsächsischen Raum, kamen, um ihre Seminare anzubieten. Doch vieles von dem, was in Schottland oder Amerika vielleicht funktioniert, lässt sich nicht auf Einsatzlagen in München, Berlin oder Bayreuth übertragen. Aus der anfänglichen Euphorie wurden schnell enttäuschte Erwartungen. Umso beeindruckter war ich, als ich Armin Schweda beim Training über die Schulter schauen durfte. Schnell war klar, hier steht nicht der Hundehalter als Kunde im Mittelpunkt, sondern der in Not geratene Mensch. Darüber hinaus suchen Mantrailer im Dienst der Polizei nicht nur Opfer, sondern auch Täter. In solchen Behörden müssen Ziele erreicht und Richtlinien erfüllt werden. Auch dies kann Armin Schweda leisten. Wenn der Vierbeiner sich genetisch eignet, und der Hundeführer sich an die Vorgaben hält, braucht Armin etwa zwei Jahre, um ein Team bis zur Einsatzfähigkeit zu bringen. Nach seiner Philosophie funktioniert Mantrailing also tatsächlich, nicht nur hin und wieder, sondern abruf- und nachvollziehbar. Und das Beste ist, man kann es lernen! Davon habe ich mich überzeugt.

Der Begriff »Mantrailing« stammt aus dem Englischen und bedeutet, Menschenspur verfolgen. Dabei orientiert sich der Hund am einzigartigen individuellen Geruch einer Person, egal, ob diese Person geht, steht, mit dem Fahrrad unterwegs ist oder gar getragen wird. Das geht gleichermaßen auf Gras wie auf Asphalt, im Wald und in der Stadt. Und es geht selbst noch nach Wochen oder Monaten. Die Ausbildung von Mantrailer-Hunden bis hin zu einer hohen Zuverlässigkeitsstufe ist eine Kunst, die hierzulande immer noch sehr wenige beherrschen, auch wenn es mittlerweile viele selbsternannte Experten gibt. Das Revival dieser jahrhundertealten Suchform ist u.a. damit zu erklären, dass sie die einzige Möglichkeit bietet festzustellen, in welche Richtung sich der Geruch eines Menschen von einem bestimmten Punkt aus verbreitet. Die Gefahr dabei: Die Ausbildung muss stimmen, denn entscheidet der Hund falsch, kann das ein Menschenleben kosten. Schon eine Nacht im Straßengraben ist im Winter vielleicht tödlich.

Inzwischen hat sich der Mantrailer als Einsatzmittel in einigen Behörden etabliert, sowohl bei der Vermissten- als auch bei der Tätersuche. Mantrailer-Hunde liefern Indizien, die zur Überführung eines Verdächtigen beitragen können. Weil viele deutsche Gerichte aber noch damit hadern, die Ergebnisse der Ermittlungen mit Spürhunden als Beweise in Prozessen zuzulassen, untersuchte Polizeidirektor Leif Woidtke von der Hochschule der Sächsischen Polizei die Brauchbarkeit der Personensucher in einer Studie. Die Erkenntnisse stellen wir Ihnen in dieser Neuauflage vor.

Für die Überarbeitung unseres Buchs habe ich das Monatstraining, das inzwischen in Plauen im Bundesland Sachsen stattfindet, wieder regelmäßig besucht. Viele der Hundeführer, die ich damals kennenlernen durfte, trainieren wieder bei Armin, inzwischen mit einem jungen Hund. Neben alten Bekannten habe ich viele neue Gesichter gesehen. Die Neulinge lernen dasselbe, wie damals die »alten Hasen«. Die Ausbildungsphilosophie hat sich bewährt, so dass nichts von dem, was in der ersten Auflage steht, zurückgenommen oder neu erklärt werden muss. Wir haben lediglich ergänzt und erweitert.

Die Mantrailing-Szene hat sich jedoch verändert. Die Fronten zwischen den »Experten« haben sich verhärtet und viele Hundeführer sind frustriert. Behördenvertreter, Prüfer und Vorgesetzte haben enormen Einfluss auf die Zielsetzungen des Mantrailings bekommen. Ob ein Team einsatzfähig ist oder nicht, entscheidet in manchen Prüfungsordnungen der sogenannte Double Blind. Der Double Blind ist ein Verfahren, bei dem keiner der an der Suche Beteiligten weiß, welchen Weg die Versteckperson genommen hat, so dass nur das Auffinden der Person als Erfolg gewertet

wird. Wer so denkt und prüft, hat Mantrailing nicht verstanden. Daher haben wir das Thema Double Blind in diese Neuauflage mit hinein genommen.

Manche Behördenvertreter werden von dem Wunschdenken geleitet, dass alle Mantrailer-Hunde den tatsächlich gelaufenen Weg der gesuchten Person verfolgen. Das hätte natürlich Vorteile, denn so könnten Bewegungsprofile erstellt und Zeugen befragt werden. Aber Geruch versammelt sich nun mal nicht auf einer Linie, sondern ist ein dreidimensionales Gebilde, das sich weiträumig in der Umgebung verteilt. Jeder Hund sucht seinen eigenen Weg durch diese Wolke aus Individualgeruch. Das heißt, er kann abseits des gelaufenen Trails arbeiten und trotzdem richtig sein. Wer in seinen Prüfungsordnungen aber nur die Spurtreue der Hunde bewertet, schließt die Möglichkeiten aller anderen Mantrailer-Hunde aus. Auch hier versucht der Mensch, die Natur seinem Willen nach zu formen, anstatt ihre Vielfalt anzuerkennen und zu nutzen.

Als ich dieses Buch zum ersten Mal schrieb, wollte ich Anfängern einen gangbaren Weg durch den Dschungel der Methoden und Anbieter zeigen. Heute möchte ich zudem all denjenigen Mut machen, die bereits auf einem guten Weg sind, deren Leistungen aber nicht immer anerkannt werden, weil Mantrailing nun mal keine Wissenschaft ist, sondern eine Kunst. Völlig entschlüsseln kann man diese Kunst nicht, nur erforschen, beobachten und teilhaben. Die einzigen Experten für Mantrailing haben nämlich vier Beine.

Astrid Nestler

Meine Landkarte – Ihre Landkarte

Wir blicken nun auf Jahre zurück, in denen die erste Generation der Hunde, die bei uns ausgebildet wurden, ein erfolgreiches Arbeitsleben hatten. Teams aus dem gesamten deutschsprachigen Raum kamen zu uns und wurden nach meiner Philosophie aufgebaut. Sie sind anschließend wieder ausgeschwärmt, um sich in ihrer jeweiligen Region in ihren Systemen zu beweisen. Der Erfolg dieser Teams hat mich darin bestärkt, die nachfolgenden Generationen ebenso auszubilden, wie wir es bereits in der ersten Auflage beschrieben haben. Das Fundament, das wir damals gelegt haben, hat sich, bildlich gesprochen, verhärtet. Über die Jahre haben sich neue Freundschaften entwickelt und andere Weggefährten dazu gesellt. Es gibt neue, internationale Kooperationen, etwa mit polnischen Behörden. Die von mir ausgebildeten Hunde konnten dazu beitragen, wissenschaftliche Erkenntnisse zu gewinnen. Außerdem haben wir in dieser Neuauflage die Sparte Tiersuche ergänzt, die sich immer mehr etabliert.

Mein Ziel ist nach wie vor, Menschenleben zu retten. Dieses Motiv zieht sich wie ein roter Faden durch die 20 Jahre meiner aktiven Rettungshundearbeit und treibt mich auch jetzt als Ausbilder an. Ich fühle mich nur einem gegenüber verpflichtet: der vermissten Person!
Wir alle nehmen die Welt um uns herum unterschiedlich wahr. Jeder einzelne erschafft sich sein Modell der Welt, seine persönliche Landkarte mit seinen individuellen Zielen. Die meisten von uns halten die eigene Landkarte für die einzig wirkliche Realität. Aber kein Modell entspricht der Wirklichkeit: Es ist immer nur eine Abbildung. Beim Lesen dieser Seiten legt sich nun meine Landkarte neben die Ihre, und Sie können vergleichen: Wo sind die entscheidenden Wegweiser zu Ihrem ganz persönlichen Ziel? Und wie sieht dieses Ziel aus?
Neben der professionellen Arbeit im Rettungshundebereich haben Tanja und ich die Marke HundeHandwerk ins Leben gerufen. Sie steht für gewisse Werte und Überzeugungen, die wir überall vertreten, nicht nur in der Hundeerziehung. Dabei gilt für uns ein Grundsatz: Erst selbst lernen, dann lehren! Frei nach dem Motto »Geh nicht zum Meisterlein, wenn Du zum Meister gehen kannst« haben wir uns aus erster Hand schulen lassen. »Man muss das Rad nicht neu erfinden!«, nach diesem Credo sind wir nach einer langen theoretischen Erkundungsphase viele Jahre regelmäßig zu erfahrenen Trainern in die Schweiz gefahren und in die USA gereist. Wir haben bis heute nicht aufgehört zu lernen. Im Gegenteil, wir haben erkannt, dass das wahre Lernen dort beginnt, wo das Lehren anfängt.

In den regelmäßigen Monatstrainings, in denen ich seit 2007 Mantrailing Hundeführer der Polizei und aus verschiedenen Hilfsorganisationen gemeinsam zur Einsatzfähigkeit ausbilde, habe ich das Erlernte zum einen weitergegeben und zum anderen ständig verfeinert. Besonders die ersten drei Komponenten dieses Buches verdanken ihre Existenz unserer kontinuierlichen Weiterentwicklung und der Konkretisierung eigener Erfahrungen. Eine starke Entwicklung hat dabei das Konzept 3K in den letzten Jahren erlebt. Es wurde mit einem A – wie Achtsamkeit versehen. Darunter verstehen wir eine besondere Form der Präsenz, die uns in schwierigen Situationen Ruhe bewahren und aus einer starken inneren Mitte heraus agieren lässt. Dazu bieten wir 3K & Achtsamkeitstrainings in unterschiedlichen Formaten an.
Wir sind überzeugt: Ausbildung macht nur Sinn, wenn sie regelmäßig stattfindet. Dabei nehmen wir uns die Zeit, die es braucht, damit es am Ende weniger Zeit braucht. Wir schauen uns zuerst genau das Team an, statt anzufangen, mit purem Aktionismus loszulegen, ohne womöglich die Situation ganzheitlich erfasst zu haben. Ähnlich wie in der Medizin steht für uns an erster Stelle eine genaue Diagnose, bevor eine anschließende »Behandlung« erfolgreich werden kann. Die Einstellung des Hundeführers ist dabei entscheidend. Kann dieser seine Gedanken mit seinen Gefühlen abgleichen? Will er überhaupt eine Lösung oder will er sich nur mit seinem Problem besser fühlen?

Über Probleme reden schafft Probleme. Über Lösungen reden schafft Lösungen.
Steve de Shazer, amerikanischer Psychotherapeut und Autor

Dabei müssen wir den Hundeführern häufig klar machen, dass »der Wurm nicht dem Angler schmecken muss, sondern dem Fisch!«
Unsere Absicht ist, dem Leser einen neuen Blickwinkel auf die Ausbildung eines Mantrailers zu ermöglichen, um zu verstehen, welche Komponenten wichtig sind und was erfolgreiches Mantrailing ausmacht.

Ich habe mir meine Ausbildung nicht gekauft, sondern hatte das Glück, Lehrer zu finden, die mich unter ihre Obhut genommen und ihr Wissen mit mir geteilt haben. An dieser Stelle möchte ich besonders Terry Davis, Mike Belanger und Buck Garner erwähnen. Sie werden Ihnen im Buch hin und wieder begegnen. So durfte ich von Menschen lernen, die in dieselbe Richtung blicken und mich in Ihre Riege aufgenommen haben. Ich hatte die Ehre, dieses Wissen zu erhalten, denn für diese Menschen ist es kein Problem, freigiebig zu sein und zu teilen. In dieser Tradition gebe ich meine Erfahrung nun an Sie weiter.
Wir, die Hundehandwerker, lieben was wir tun und arbeiten gerne mit Menschen, die unsere Begeisterung teilen.

Die HundeHandwerker Armin Schweda und Tanja Schweda

Mantrailing – quer gedacht

1. Fragen wir mal das Frolicröllchen

Jahrelang veranstalteten mein Team und ich unter dem Namen »HundeHandwerk für den Arbeitshund« zweimal im Jahr ein mehrtägiges Erfahrungsseminar für Dienst- und Rettungshundeführer. Die meisten Teilnehmer kamen aus den Sparten Vermisstensuche oder Spezialsuche. Sie wollten sich auf ihrem jeweiligen Gebiet verbessern, gesucht wurde aber dennoch nichts und niemand. Gearbeitet wurde an der Basis, nämlich den allgemeinen Grundlagen für ein erfolgreiches Zusammenarbeiten von Mensch und Hund. Die Aufgabenstellungen waren vermeintlich einfach, zum Beispiel den Hund mit zwei Pfoten auf einen umgestülpten Eimer hochsteigen lassen. Einige Hundeführer machten dabei die Erfahrung, dass sie ihr Tier ohne Futter gar nicht in Bewegung brachten. Andere merkten, dass ihr Hund nicht mitarbeiten will, und eigene Strategien benutzt, um sich der Aufgabe zu entziehen. Die Taktiken, die Hunde hierbei verwenden, sind verschieden. Manche rollen sich auf den Rücken und geben den Clown, andere gucken unbeirrt beiseite, bis Frauchen ungeduldig oder ratlos wird und am Ende doch das Frolicröllchen aus der Tasche zieht. Die Vierbeiner zeigen genau die Strategien, mit denen sich Zweibeiner auch im Alltag so erfolgreich manipulieren lassen. Diese »blinden Flecken« bei sich selbst wahrzunehmen, die Strategien des eigenen Hundes zu erkennen und neu zu beantworten, war und ist Teil meiner Ausbildung. Dadurch verändert sich die Sucharbeit des Mensch-Hund-Teams indirekt, weil es Einfluss auf die Beziehung der beiden hat.

2. Futter ist kein Lehrmeister ...

... und leider auch kein Dolmetscher: Eine Leiter ist normalerweise ein selbsterklärendes Gerät, wenn sie dazu dient, in die Höhe zu steigen oder einen Abgrund zu überwinden. Liegt die Leiter jedoch flach am Boden, ist sie als Trainingsgerät nicht mehr offensichtlich, und die Übung muss ganz neu erklärt werden.
Der Hund versteht nicht mehr, dass er auf die Sprossen treten soll, sondern tritt, weil's einfacher ist, viel lieber in die Zwischenräume. Das »Frolicröllchen« bringt zwar Bewegung in das Tier, es geht vorwärts, aber es erklärt ihm nicht die Übung.

Futter ist kein Lehrmeister. Selbst eine ganze Tüte Frolic könnte diesem Ridgeback-Mix nicht sagen, wie er es richtig machen soll.

Jetzt ist der Mensch gefragt: Wie bringe ich es ihm verständlich rüber? Der Zweibeiner lernt, die Sprache des Hundes zu sprechen, pur, ohne Hilfsmittel, ohne den vermeintlichen Dolmetscher »Herrn Frolic«.

5. Von Links- und Rechtshändern

Die Antwort auf die Frage, ob man mit jedem Hund trailen kann, lautet: theoretisch ja. Zumindest die Nase dazu hat jeder Hund. Aber die Riechleistung alleine macht noch lange keinen Trailer aus. Er braucht dazu noch das entsprechende Suchverhalten. Und das ist abhängig von der genetischen Ausstattung. Was damit gemeint ist, erkläre ich an einem Beispiel:

Sind Sie Rechtshänder? Dann halten Sie beim Einfädeln die Nadel mit der linken Hand und führen den Faden mit rechts durch das Nadelöhr. Es andersherum zu tun, ist als Rechtshänder nervenaufreibend. Sie können es zwar, denn die Voraussetzung dazu, nämlich zwei Hände, haben Sie ja. Jeder Rechtshänder kann, wenn er will, auch mit links schreiben oder Tennis spielen. Aber in welcher Qualität und mit welcher Bereitschaft? Linkshänder, die früher in der Schule »gewaltsam« auf rechts getrimmt wurden, können ein Lied davon singen. Die Präferenz wird immer wieder sichtbar. Die Natur setzt sich eben durch. Ähnlich wie es bei uns Menschen Links- und Rechtshänder gibt, sind Hunde unterschiedlich veranlagt. Es gibt solche, die vorwiegend stöbern und andere, die lieber an der Spur arbeiten. Das heißt, manche Hunde arbeiten dem Geruch entgegen und andere dem Geruch folgend. Natürlich könnte der Stöberer auch dem Geruch nachgehend suchen, aber es liegt ihm ebenso wenig wie einem Rechtshänder das Schreiben mit links. Ich betone, er könnte. Denn ein weiteres Problem kommt hinzu: In seiner Welt versteht der Hund meist nicht, was Sie von ihm verlangen. Einem Stöberer zu sagen, er soll einem Geruch folgend arbeiten, ist ihm einfach schwierig zu vermitteln.

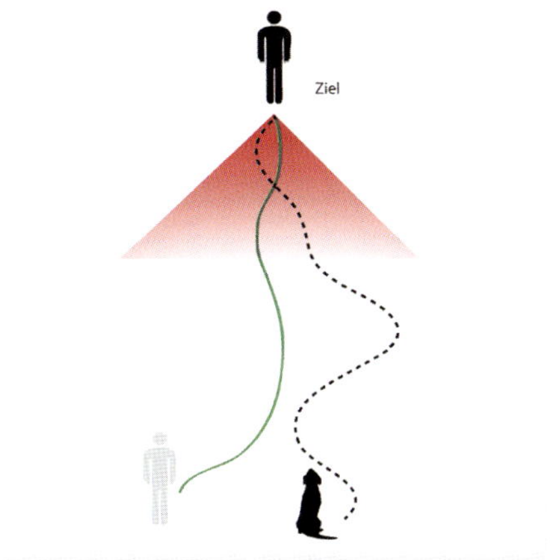

»*Rechtshänder*« *sucht dem Geruch entgegen.*

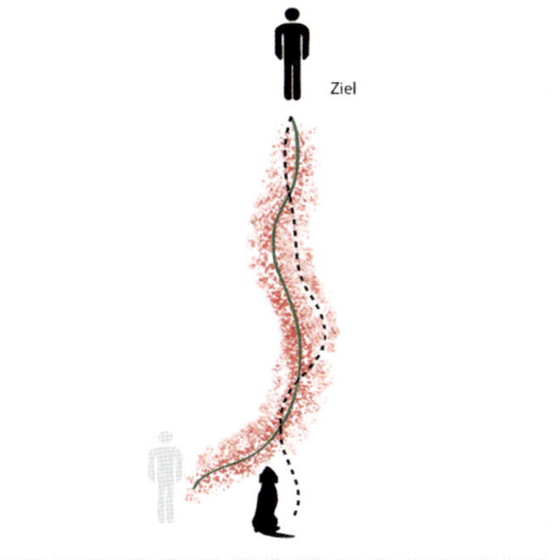

»*Linkshänder*« *sucht dem Geruch folgend.*

Woran erkenne ich nun, wie mein Hund veranlagt ist? Ganz einfach: Lassen Sie ihn eine Nadel einfädeln! Lassen Sie ihn etwas suchen und schauen Sie zu, wie er zum Ziel kommt. An der Art und Weise, wie er arbeitet, erkennen Sie die Veranlagung. In unserer Hundeschule hatten wir einen Tibetterrier, der das Suchen von Gegenständen lernen sollte. Manchmal fand er das Dummy und brachte es, manchmal war er komplett ratlos. Ich habe schnell gemerkt, dass der Hund immer dann ratlos war, wenn er sich nicht an einer gelaufenen Geruchsspur orientieren konnte. Wenn das Dummy geworfen wurde, ohne dass er es sah, oder wenn eine ihm unbekannte Person in einem Gebiet, wo viele andere Geruchsspuren waren, das Dummy versteckt hatte, konnte der Hund es nicht finden, weil er das Stöbern als Methode für sich nicht angewendet hat.

Der »linkshändige« Tibetterrier Sammy.

Dieser Tibetterrier war eindeutig ein Trailer, ein Hund, der einem Geruch folgend arbeitet. Und diese Veranlagung ist unabhängig davon, ob der Hund dabei die Nase oben oder unten am Boden hat. Die tiefe Nase macht noch keinen Trailer. Entscheidend ist, ob er ein »Geruchsmitläufer« oder »Geruchsentgegenläufer« ist. Einen ähnlichen Versuch können Sie bereits mit Welpen machen. Wenn man die Mutter der Kleinen ein Stückchen wegbringt, lässt sich sehr gut beobachten, was die einzelnen Individuen tun. Manche sind nur irritiert und haben keinen Plan, wie sie ans Ziel, also zur Mutter, kommen – keine gute Voraussetzung für einen Arbeitshund. Andere gehen der Spur nach, wieder andere stöbern dem Geruch der Mutter entgegen. Sie suchen die Geruchsquelle, arbeiten also nicht am Geruch, der sich bereits mit der Umwelt vermischt hat, sondern dem entgegen, der vom Mutterkörper »versprüht« wird.

BEISPIEL

Dr. Brigitte Fiedler, BRK KV Hassberge, Bayern
Urgel, Labrador-Mix
Lauser, Beagle-Jura Laufhund-Mix

Vom ersten Tag an, als Urgel bei mir war, habe ich gesehen, dass sie anders ist als meine anderen Hunde. Sie hat ständig nur mit der Nase irgendwelche Spuren ausgearbeitet. Und da hat es bei mir ziemlich schnell »klick« gemacht. Ich habe gedacht, wenn der Hund mal gesund genug und förderbar ist, würde ich versuchen, mit ihm Mantrailing zu machen. Urgel bietet es von ihrer Genetik her an, sonst hätte ich sie zu einem Flächenhund ausgebildet.

Nun gibt es Rassen, bei denen die Wahrscheinlichkeit, einen Hund mit Trailveranlagung zu finden, sehr hoch ist und andere, bei denen sind die Stöberer in der Mehrzahl. Klassisches Beispiel: der Retriever. Um unter Retrievern ein Tier mit Trailveranlagung zu finden, müssen Sie sich wahrscheinlich sehr viele Exemplare anschauen, denn bei diesen Hunden wurde über viele Generationen genetisch darauf Wert gelegt, Stöbereigenschaften zu fördern. Die Ente, die nach dem Abschuss vom Himmel fällt, hat schließlich keine Fährte am Boden hinterlassen. Das heißt nicht, dass es sie nicht gibt, die Trailer unter den Retrievern und den vielen weiteren »Stöber-Rassen«, aber sie sind die Ausnahmen. Bei Anderen ist es genau umgekehrt. Wenn Sie also unbedingt mit einem Pointer trailen möchten, ist das durchaus möglich. Sie müssen unter Umständen nur lange nach einem geeigneten Exemplar suchen.
Dann gibt die sogenannten Scenthounds, also Bloodhounds, Bassethounds, Coonhounds, Foxhounds etc. Bei diesen Rassen können meiner Erfahrung nach alle Individuen trailen.

6. Die Welt der Hounds

Lassen Sie sich nicht von dem Begriff »Hound« verlocken. Er ist noch kein Garant dafür, dass der Hund vornehmlich die Nase benutzt, um zu finden. In der angelsächsischen Systematik der Hunderassen werden nämlich »Scenthounds« und »Sighthounds« in der »Hound Group« zusammengefasst. Die »Sighthounds« nennen wir in Deutschland Sichtjäger. Dazu gehören die windhundartigen wie Greyhounds und Deerhounds. Aber auch beim Border Collie, Australian Shepherd und Belgischen Schäferhund führt eher das Auge als die Nase. Sie gehen leicht auf Optik, anstatt sich auf den Geruch zu verlassen. In dem hier vorliegenden Buch gehen wir von Individuen aus, die eine Veranlagung zum Trailen mitbringen, nicht von bestimmten Rassen.

Zwei Hounds, die unterschiedlicher nicht sein könnten: Sighthound und Scenthound.

Auf den Bildern sind bestimmte Rassen nur deswegen häufiger zu sehen, weil unter ihnen viele entsprechend veranlagte Hunde sind. Ich teste jeden Einzelnen auf seine Eignung, bevor ich mit ihm arbeite, und für den Realeinsatz bilde ich keinen aus, der ungeeignet ist. Denn als »Rechtshänder« ist Tennis mit links auf Dauer einfach mühsam.

7. Auf dem Weg nach Rom

Vielleicht widersprechen die Ideen dieses Buches den Methoden und Vorgehensweisen, die Sie bereits anderswo kennen gelernt haben. Widersprüche sind manchmal unvermeidlich. Sie brauchen nichts von dem bisher Gelernten gleich zu verwerfen. Schieben Sie es einfach mal beiseite, solange Sie sich mit diesem Buch beschäftigen. Fragen Sie sich nur, wie logisch das Ganze ist. Ziehen Sie Ihre eigenen Schlüsse und vergleichen und urteilen Sie erst dann.
Es führen viele Wege nach Rom und in jedem Zug sitzt ein anderer Lokführer. Ich lade Sie ein, in meinen Zug zu steigen. Das Ziel ist klar. Wir nehmen uns die Zeit, die es braucht, aber wir machen keine Umwege. Ich kenne die Route und bin sie schon oft gefahren. Ob Sie Ihnen gefällt oder ob Sie lieber einen anderen Zug nehmen, das entscheiden nur Sie.

Bitte einsteigen und Türen schließen. Pfiff! … und es geht los.

Wie eine Statue steht der braune Hund auf dem nassen Asphalt. Seine blutunterlaufenen Augen blicken stoisch in die Dunkelheit, während der Mann ihm das lederne Geschirr über den Kopf streift. Regentropfen perlen von den riesigen Schlappohren und fallen zu Boden. Die Rute hängt steil nach unten, die Hinterläufe sind leicht gebeugt, so dass die Silhouette eine schräge Linie bildet. Bedächtig hebt der Mann die faustgroßen Vorderpfoten hoch und schiebt sie durch die Öffnung der Riemen, erst die linke, dann die rechte. Dann richtet er sich auf, schwingt ein Bein ruhig über den Rücken des Hundes und zieht eine durchsichtige Plastiktüte aus der Tasche seiner mit Leuchtstreifen besetzten Weste. Er öffnet den Beutel, beugt sich über den Rumpf des Hundes, der zwischen seinen Beinen klemmt und streift ihm die Öffnung der Tüte behutsam über den langen Nasenrücken. Während der Kunststoff die Nase völlig umhüllt, knicken die Hüften des Hundes noch ein Stück tiefer ein. Mit beiden Händen umschließt der Mann nun sanft das obere Ende der Nase, so dass keine Luft aus dem Beutel entweichen kann.

Der Hund atmet ruhig und rollt nachdenklich die Augen. Nachdem der Beutel sich beim Ein- und Ausatmen des Tieres mehrmals zusammengezogen und wieder aufgebläht hat, durchbricht ein hoher, einsilbiger Laut die tranceartige Stille: »Such«. Träge macht der massige Rüde ein paar Schritte nach vorne. Der Mann verstaut die Tüte in seiner rechten Jackentasche und nimmt die etwa 4 Meter lange Leine auf, die am Geschirr des Tieres befestigt ist. In einer bedächtigen Kreisbewegung geht der Hund um den Mann herum, schüttelt sich, hebt den schweren, faltigen Kopf, und der feuchte, schwarze Nasenspiegel zuckt, während er ringsum die Luft prüft. Dann entscheidet er sich für eine Richtung – und stürmt los. Noch ahnt niemand, dass das Tier seinen Besitzer und die sie begleitenden Einsatzkräfte einige Stunden später zum Wehr eines kleinen Flusses führen wird. Dort hängt die Leiche einer Frau im Wasser fest, die nach einem tragischen Unfall ertrank und von Angehörigen als vermisst gemeldet worden war.

1. KOMPONENTE
Konzentration und Fokus

Ist der Schüler bereit,
kommt die Lektion von alleine.

Jorge Bucay

1.1 Gute Nase – guter Trailer?

Stellen Sie sich vor, Sie müssen eine lange Zahlenreihe im Kopf addieren. Sie sitzen dabei in einem überfüllten Straßencafé, Leute drängeln vorbei, der Kellner möchte Ihre Bestellung aufnehmen, das Radio dudelt und am Nachbartisch spricht jemand in sein Handy. Falls Sie beim Rechnen den Faden verlieren, müssen Sie wieder von vorne anfangen. Das sind in etwa die Arbeitsbedingungen eines Mantrailers.

Schnell kann aus einem Einsatz in ruhiger Stadtrandlage ein Arbeiten durch Getümmel werden.

Wer hat nun die Nase vorn? Derjenige, der sich gut konzentrieren kann, oder derjenige, der zwar jedes Geruchsmolekül wahrnimmt, aber keine Ablenkungen filtert? Die Antwort liegt auf der Hand: Die Riechleistung eines Hundes, der sich nicht konzentrieren kann, ist nutzlos. Wer den Fokus nicht halten kann, dem nützt selbst die Gabe, minimalste Geruchsspuren zu erkennen, wenig. Entscheidend für erfolgreiches Mantrailing ist also die Fähigkeit des Hundes, seine Aufmerksamkeit während der gesamten Arbeitsdauer auf dem zu suchenden Geruch zu halten – egal was kommt. KONZENTRATION & FOKUS bilden die erste von insgesamt drei Komponenten, die die Grundlage zur Arbeit eines Mantrailers sind.
Zudem muss jeder verlässliche Suchhund das, was er tut, wirklich tun wollen. Das nennen wir in der Rettungshundearbeit OPFERBINDUNG. Wer nur für Belohnungen arbeitet, ist allein durch den äußeren Anreiz motiviert und nicht mit dem Herzen bei der Sache. Bevor diese Basis aus KONZENTRATION & FOKUS (Komponente 1), ALLTAGSNEUTRALITÄT (Komponente 2) und OPFERBINDUNG (Komponente 3) nicht gelegt ist, macht die Arbeit am Geruch keinen Sinn – und auch keinen Spaß. Denn wer stochert schon gerne ständig im Nebel? Mal klappt es auf dem Trail, mal klappt es nicht. Mal kommt der Hund an, mal nicht. Warum das so ist, können die wenigsten schlüssig erklären, geschweige denn etwas daran ändern. Dagegen ist die Freude, mit einem gut ausgebildeten Hund zu arbeiten, vergleichbar mit dem Genuss, ein Instrument wirklich gut zu spielen oder eine

Über die Basis ...		... zum erfolgreichen Mantrailing
1. KONZENTRATION & FOKUS 2. ALLTAGSNEUTRALITÄT 3. OPFERBINDUNG	→	4. DER HANDWERKSKOFFER 5. DIE ARBEIT AM GERUCH

Sportart zu beherrschen. Der Weg dahin braucht Zeit. Das ist Ihnen zu anstrengend, zu langwierig? Hilfe naht: Ich kann zwar keine Erfahrungen für Sie sammeln, aber ich kann meine Erfahrungen mit Ihnen teilen. Gold aus zweiter Hand ist ebenso wertvoll wie neues, und schließlich wird das Rad auch nicht täglich neu erfunden. Der Vorteil: Eine Beschäftigung macht umso mehr Freude, je weniger Rückschläge man bei ihrer Ausübung selber erfährt.

1.2 Eine Reise von 1000 Meilen beginnt mit dem ersten Schritt*

Als ich begann, mich für das Thema Mantrailing zu interessieren und diesbezüglich recherchierte, lernte ich den Aufbau der Hundenase aus sämtlichen Blickwinkeln kennen. Bei Vorträgen zeigten Referenten unterschiedlich gezeichnete Schaubilder und wurden nicht müde, auf die herausragende Nasenleistung des Hundes zu verweisen. Sie beschrieben die Riechleistung einzelner Rassen anhand der Größe der Riechschleimhaut und der Anzahl der Riechsinneszellen. Verschiedene Dozenten betonten, dass der Bluthund dabei am besten abschneidet, da er die größte Riechschleimhaut mit bis zu 300 Millionen Riechsinneszellen besitzt. Manche sprachen sogar von 500 Millionen, aber wer will das schon nachprüfen? Gut weg kamen auch Rassen wie Deutscher Schäferhund und Labrador Retriever mit beachtlichen 220 Millionen Riechsinneszellen. Die Besitzer solcher Tiere saßen danach ein Stück aufrechter in ihren Stühlen, stand nun sogar wissenschaftlich fest, was sie sowieso schon vermuteten, nämlich dass ihre Hunde geborene Trailer seien.
Heute bin ich überzeugt, dass nicht allein die Nasenleistung einen guten Trailer ausmacht, sondern dass andere Qualitäten mindestens ebenso wichtig oder sogar bedeutender sind. Abgesehen von der entsprechenden Veranlagung gehört dazu insbesondere die Fähigkeit, sich über einen längeren Zeitraum trotz Ablenkung in der Alltagswelt zu konzentrieren.

Konzentrationsprobleme haben nicht nur Hunde. Bereits 2002 stellte der Freizeitforscher Professor Horst Opaschowsky fest, das Tempo der Medien überschütte Kinder und Jugendliche mit einer immer schnelleren Abfolge von Bildern und Informationen. Infolgedessen sprach Opaschowsky von einer neuen Generation der »Kurzzeit-Konzentrationskinder (KKK)«. Und der bekannte deutsche Philosoph und Autor Peter Sloterdijk schreibt in diesem Zusammenhang über einen neuen Typ des »Users« und einer Kultur der Ungeduld.**

* Konfuzius

** Ulrich Wechsler, Süddeutsche Zeitung Nr. 80 April 2002

Achtsamkeit üben, das können auch Hunde.

*Die Haut des meist dunklen und haarlosen Nasenspiegels ist recht derb. Ein Vorteil, denn so kann der Hund seine Nase in alles stecken, ohne sich zu verletzen. Das Herzstück der Nase ist die tief im Inneren liegende, durchschnittlich 150 Quadratzentimeter große Riechschleimhaut. Spezielle Sinneszellen auf ihr durchsuchen die vorbeiströmende Luft nach Informationen. Beim Hund sind etwa 10 Prozent des Gehirns mit der Auswertung der Düfte beschäftigt, beim Menschen sind es weniger als ein Prozent.**

* Dr. Michael Brackmann in der Zeitschrift LandLust, September/Oktober 2010

Hier, auf dem Stelzengerät, sind Körperbeherrschung und Konzentration gefragt.

Seine Aufmerksamkeit gezielt auf etwas zu lenken und über längere Zeit bei der Sache zu bleiben ist keine Frage der Intelligenz, sondern der Übung. Es ist eine Art seelische Spannkraft, die ermöglicht, nicht gleich aufzugeben, wenn der äußere Anreiz verblasst, sondern aus sich heraus fähig zu sein, eine Sache zu Ende zu bringen. Diese Spannkraft muss wie ein Muskel trainiert werden, das gilt für Menschen und Hunde gleichermaßen.

Zusammenfassend möchte ich nochmal betonen, dass die drei Komponenten

1. KONZENTRATION & FOKUS, 2. ALLTAGSNEUTRALITÄT und 3. OPFERBINDUNG

darüber entscheiden, ob ein Hund als Trailer glaubhaft ist oder nicht. Und nur diese Fähigkeiten können wir ausbilden! Die Veranlagung zu Suchen, bringt der Hund bereits mit.

Die Fähigkeit des Hundes, frischen von altem Geruch zu unterscheiden, ist die Grundlage des Mantrailings. Dieses Können ist in jedem Hund bereits angelegt und kann nicht ausgebildet werden. Je besser und je länger sich der Hund trotz zahlreicher Ablenkungen im Alltag auf seine Arbeit konzentrieren kann, desto erfolgreicher ist er. Neben KONZENTRATION & FOKUS und der ALLTAGSNEUTRALITÄT braucht der Hund eine solide OPFERBINDUNG, das heißt den ausgeprägten Willen, Menschen zu finden.

Und so wird der Pflichtanteil immer kleiner oder fällt ganz weg. Mit Pflichtanteil meine ich hier keinesfalls Anwendung von Gewalt. Wer mit Gewalt arbeitet, verliert beides, Respekt und Vertrauen, denn Fairness ist die Voraussetzung für Zusammenarbeit. Mit Pflichtanteil ist gemeint, dass der Hund lernt, sich zurückzunehmen und auf Anweisungen zu reagieren, die zunächst wenig Lustgewinn versprechen. Ich würde diesen Aspekt hier gar nicht so betonen, wenn er nicht die Ursache dafür wäre, dass so viele Teams am Mantrailing scheitern und zwar genau aus diesem Grund: Zahlreiche Hundeführer meinen, Mantrailing solle den Hunden immer nur Spaß machen, denn: »Mein Hund arbeitet so gerne mit der Nase.« Fantastisch, wenn das ausreicht, damit er tatsächlich das sucht, was ihm vorgegeben wurde. Und über einen Zeitraum von fünf oder zehn Minuten hinaus. Die Erfahrung zeigt jedoch anderes. Mantrailing ist Arbeit und macht nicht immer nur Vergnügen. Arbeit ist hin und wieder anstrengend, mühsam, aufreibend und ab und an frustrierend.

»Ich gehe dann jetzt mal.« Wenn es schwierig wird oder sie einfach keine Lust mehr haben, entziehen sich Hunde häufig, werden aggressiv oder erstarren. Hier sind Beharrlichkeit, Ruhe und Durchsetzungsvermögen gefragt. Die beiden auf dem Bild arbeiten noch an einer Lösung.

Wer Mantrailing als puren Spaß verkauft, bei dem sich praktischerweise auch noch ein paar Vermisste finden lassen, ist entweder naiv oder auf Kundensuche. Wie viel jemand sich und seinem Hund abverlangen möchte, ist natürlich eine persönliche Entscheidung und hängt davon ab, wie hoch die eigene Messlatte liegt. Bei einem Team, das in Realeinsätze gehen möchte, setze ich den Wert des Menschenlebens zugegebenermaßen ein Stück höher an als die Befindlichkeiten des Hundes und des Hundeführers.

Hier, auf dem Stelzengerät, sind Körperbeherrschung und Konzentration gefragt.

Seine Aufmerksamkeit gezielt auf etwas zu lenken und über längere Zeit bei der Sache zu bleiben ist keine Frage der Intelligenz, sondern der Übung. Es ist eine Art seelische Spannkraft, die ermöglicht, nicht gleich aufzugeben, wenn der äußere Anreiz verblasst, sondern aus sich heraus fähig zu sein, eine Sache zu Ende zu bringen. Diese Spannkraft muss wie ein Muskel trainiert werden, das gilt für Menschen und Hunde gleichermaßen.

Zusammenfassend möchte ich nochmal betonen, dass die drei Komponenten

1. KONZENTRATION & FOKUS, 2. ALLTAGSNEUTRALITÄT und 3. OPFERBINDUNG

darüber entscheiden, ob ein Hund als Trailer glaubhaft ist oder nicht. Und nur diese Fähigkeiten können wir ausbilden! Die Veranlagung zu Suchen, bringt der Hund bereits mit.

Die Fähigkeit des Hundes, frischen von altem Geruch zu unterscheiden, ist die Grundlage des Mantrailings. Dieses Können ist in jedem Hund bereits angelegt und kann nicht ausgebildet werden. Je besser und je länger sich der Hund trotz zahlreicher Ablenkungen im Alltag auf seine Arbeit konzentrieren kann, desto erfolgreicher ist er. Neben KONZENTRATION & FOKUS und der ALLTAGSNEUTRALITÄT braucht der Hund eine solide OPFERBINDUNG, das heißt den ausgeprägten Willen, Menschen zu finden.

Zwei, die sich gegenseitig zuhören und verstehen.

1.3 Beziehungskisten

In guten Beziehungen sind Geben und Nehmen im Gleichgewicht, so dass man sich gegenseitig vertraut und respektiert. Doch zu »nehmen« und mal »Nein« zu sagen, ohne gleich ein schlechtes Gewissen zu haben, das fällt vielen Menschen schwer. Zu geben und »Ja« zu sagen ist angenehmer und leichter, als sich abzugrenzen. Etwas zu verbieten und Konflikte auszuhalten ist unangenehm, besonders mit denjenigen, die uns am Herzen liegen. Und dazu zählt auch der Hund. Doch »die Straße des geringsten Widerstandes ist nur am Anfang asphaltiert.«*

Keine Grenzen zu setzen kann eine Beziehung genauso zerstören wie unnötiger Druck, weil der Vierbeiner den Menschen dann nicht respektiert und sich nicht um seine Wünsche kümmert. Voraussetzung für die Mitarbeit des Hundes ist eine willige und kooperative Einstellung. Die »Waage aus Respekt und Interesse« soll im Gleichgewicht sein. Andere nennen das »Gesprächsbereitschaft«. Diese Gesprächsbereitschaft sollten nicht nur Mantrailer oder Arbeitshunde haben, sondern auch jeder Familienhund. Hörzeichen wie »Sitz« und »Platz« sind dagegen vergleichsweise unwichtig, sind Formalitäten, die daraus erarbeitet werden können. Diese Einstellung oder Gesprächsbereitschaft beim Hund zu etablieren, hat mit Respekt zu tun. Dieser Respekt beinhaltet keinerlei Angst, sondern geht immer einher mit Zuneigung und Vertrauen und kann daher auch als Wertschätzung bezeichnet werden. Die Haltung, die wir beim Hund erzeugen möchten, ist vergleichbar mit der Achtung, die Kinder ihren Eltern oder Schülern ihren Lehrern entgegenbringen sollten. Kinder brauchen Übung bis sie es

*Hans Kasper, deutscher Schriftsteller

Schau mich an und hör mir zu! Diese Gesprächsregel muss der Weimaranerrüde noch lernen.

schaffen, im Unterricht die eigenen Bedürfnisse nach Bewegung und Kontakt zu Freunden zurückzustellen und auf die Freizeit zu verschieben. Dazu gehören Disziplin und Selbstbeherrschung. Das ist beim Hundetraining nicht anders als in der Schule. Obschon wir die Hunde gerne vermenschlichen, wird dieser Aspekt bei ihrer Erziehung leicht übersehen. Das war die schlechte Nachricht. Nun kommt die gute:

Die allermeisten Hunde wollen von sich aus mit uns zusammenarbeiten. Sie kommen so auf die Welt, denn sie wurden seit Jahrtausenden entsprechend selektiert. Dass es trotzdem so viele Hunde gibt, denen Gesprächsbereitschaft und Kooperationswille fehlen, hat mit unserer Einstellung und der daraus resultierenden Erziehung zu tun. Einem Hund auch mal etwas abzuverlangen, ihn zu fordern, um ihn zu fördern, das sehen viele heute kritisch. Das hängt vermutlich mit der Entwicklung vom Arbeits- zum reinen Freizeit- und Sozialpartner zusammen, den wir nicht gern unter Druck setzen möchten. Heute fragt sich der Mensch: Was kann ich für den Hund tun? Anstatt zu fragen: Was kann der Hund für mich tun? Viele befürchten, die Freundschaft und das Vertrauen ihres Vierbeiners aufs Spiel zu setzen, wenn sie einen höheren Pflichtanteil beim Lernen und Arbeiten einfordern. In der Hundeerziehung und -ausbildung soll am besten immer alles Spaß machen und leicht gehen.

Unser Hund spiegelt jederzeit unsere innere wie äußere Haltung. Richtig verstanden, ist das eine unglaubliche Chance für uns.

Und so wird der Pflichtanteil immer kleiner oder fällt ganz weg. Mit Pflichtanteil meine ich hier keinesfalls Anwendung von Gewalt. Wer mit Gewalt arbeitet, verliert beides, Respekt und Vertrauen, denn Fairness ist die Voraussetzung für Zusammenarbeit. Mit Pflichtanteil ist gemeint, dass der Hund lernt, sich zurückzunehmen und auf Anweisungen zu reagieren, die zunächst wenig Lustgewinn versprechen. Ich würde diesen Aspekt hier gar nicht so betonen, wenn er nicht die Ursache dafür wäre, dass so viele Teams am Mantrailing scheitern und zwar genau aus diesem Grund: Zahlreiche Hundeführer meinen, Mantrailing solle den Hunden immer nur Spaß machen, denn: »Mein Hund arbeitet so gerne mit der Nase.« Fantastisch, wenn das ausreicht, damit er tatsächlich das sucht, was ihm vorgegeben wurde. Und über einen Zeitraum von fünf oder zehn Minuten hinaus. Die Erfahrung zeigt jedoch anderes. Mantrailing ist Arbeit und macht nicht immer nur Vergnügen. Arbeit ist hin und wieder anstrengend, mühsam, aufreibend und ab und an frustrierend.

»Ich gehe dann jetzt mal.« Wenn es schwierig wird oder sie einfach keine Lust mehr haben, entziehen sich Hunde häufig, werden aggressiv oder erstarren. Hier sind Beharrlichkeit, Ruhe und Durchsetzungsvermögen gefragt. Die beiden auf dem Bild arbeiten noch an einer Lösung.

Wer Mantrailing als puren Spaß verkauft, bei dem sich praktischerweise auch noch ein paar Vermisste finden lassen, ist entweder naiv oder auf Kundensuche. Wie viel jemand sich und seinem Hund abverlangen möchte, ist natürlich eine persönliche Entscheidung und hängt davon ab, wie hoch die eigene Messlatte liegt. Bei einem Team, das in Realeinsätze gehen möchte, setze ich den Wert des Menschenlebens zugegebenermaßen ein Stück höher an als die Befindlichkeiten des Hundes und des Hundeführers.

Schwer verdiente Aufmerksamkeit. Das Thema ist jetzt nicht: Gehe über die Leiter! Sondern: Mache mit! Hier würde auch ein Herschauen als allererster Schritt genügen.

1.4 Die Pflicht: Ich kenne die Regeln

»Der braucht das nicht, der ist ja an der Leine« oder »Gehorsam ist eher schädlich für einen Mantrailer«, sagen Leute, die unsicher sind, wie viel Erziehung kontraproduktiv zur Ausbildung ist. Sie tun lieber zu wenig als zu viel. Der Annahme, eine gute Erziehung stünde der Arbeit als Mantrailer entgegen, liegt die Befürchtung zugrunde, dass sie den Hund unselbständig macht und er sich beim Trailen dadurch zu sehr nach hinten, zum Hundeführer, orientiert. Das stimmt, wenn man unter Erziehung automatisierte Reaktionen also Konditionierungen versteht. Der Hund hört beispielsweise das Wort »Platz« und kann gar nicht anders, als darauf mit sofortigem Hinlegen zu reagieren. Das ist der Sinn von Konditionierungen: Ein Reiz löst eine unmittelbare Reaktion aus. Für mich hat Erziehung nichts mit Unterordnung zu tun, mit Hörzeichen oder einer Begleithundeprüfung. Sondern meine Art der Erziehung bedeutet, den Hund innerhalb eines festen, vorgegebenen Rahmens möglichst selbständig sein zu lassen. Erziehung gibt dem Hund lediglich die »Leitplanken« vor. Dazwischen kann er sich frei bewegen. Ohne ein solches Regelwerk, ist die Arbeit eines Mantrailers zum Scheitern verurteilt. Er kommt, bildlich gesprochen, immer wieder vom Weg ab. Wenn meine Malinoishündin Anna zum Beispiel einen Radfahrer verfolgt hätte, hätte ich ihr klar, gemacht, dass das unerwünscht ist, und sie sich nicht selber durch einen Bewegungsreiz auslösen darf. Die »Leitplanke«, die als Grenze zu verstehen ist, heißt in diesem Fall: **Radfahrer und andere Bewegungsreize dürfen wahrgenommen werden, aber nicht zum Losstürmen animieren.** Ich gebe dem Hund aber kein bestimmtes Verhalten gegenüber Radfahrern vor, er muss sich nicht setzen oder hinlegen wenn er einen sieht. Solange er den Radfahrer ignoriert, lasse ich ihm Spielraum. Bei einem Mantrailer verzichte ich auf jede unnötige Kommandostruktur. Einen Familienhund könnte man dagegen so konditionieren, dass er bei jedem entgegenkommenden Radfahrer automatisch ins »Sitz« geht oder Kontakt zum Hundeführer aufnimmt und fragt: »Was soll ich tun?« Für einen Mantrailer wäre das fatal.

Hund sollte im Alltag weniger gegängelt werden und mehr Freiraum bekommen.

Heike Kuse, Weyarn bei München
Champ, Magyar Vizsla
Beaux, Bloodhound
Caramia und Marie, Lagotto Romagnolo

BEISPIEL

Nachdem Armin festgestellt hat, dass unsere Hunde durch zu viel Unterordnung und eine ständige Kommandostruktur zu brav und zu unselbständig waren, haben wir einiges umgestellt: Früher haben unsere Hunde, wie man das halt so macht, immer vor der Futterschüssel warten müssen, bis sie das Kommando zum Fressen bekamen. Jetzt wird das Futter kommentarlos gegeben, meistens aus der Tüte, damit sie sich an die spätere Geruchsaufnahme gewöhnen. Die Hunde dürfen ihren eigenen Kopf haben, sollen sich durchsetzen können. Unterordnung im Alltag haben wir abgestellt.

Alle unnötigen Kommandos wie Sitz, Platz, Bleib, Voraus gibt es nicht mehr. Sie werden nur noch gerufen, wenn es unbedingt nötig ist. In der Stadt laufen die Hunde nicht mehr bei Fuß, sondern sie laufen ohne Kommando einfach mit und wir achten darauf, dass sie sich nirgendwo mehr unaufgefordert geruchlich festsaugen. Die Überquerung der Straße läuft ohne vorheriges Absitzen, und ein Geschirr gibt es nur noch zum Trailen. Auch das Leckerchen, was ich immer dabei hatte, auf jedem Spaziergang, habe ich abgeschafft. Jedes Mal, wenn mein Hund kam, hat er ein Leckerchen bekommen. Kriegt er nicht mehr, braucht er auch nicht mehr, denn er kommt auch ohne. Ich brauche nur ein kleines Tönchen von mir zu geben, dann ist der da. Diese Orientierung schadet der Ausbildung keinesfalls. Der Hund soll ja mitdenken und kommunizieren, natürlich auch im Alltag. Er soll bloß nicht lernen, einfach irgendetwas abzuspulen.

Hund braucht im Alltag engere Grenzen.
Dr. Christine Elsner, Rettungshundestaffel KV Friedberg, Deutsches Rotes Kreuz:
Fortuna, Rhodesian Ridgeback
Destino, Rhodesian Ridgeback-Mix
Rosalie, Bluthund

BEISPIEL

Seit ich bei Armin trainiere, achte ich viel mehr auf die Körpersprache meiner Hunde, insbesondere beim Spazierengehen. Ich überlasse sie viel weniger sich selbst, lasse sie nicht mehr so lange an irgendwelchen Dingen schnuppern. Ich dulde vieles nicht mehr. Früher war es mir manchmal egal, wenn meine Hündin Fortuna etwas aufgenommen hat. Wenn es ein Apfel war, war's in Ordnung. Wenn es etwas Undefinierbares war, war es nicht in Ordnung. Hier habe ich gelernt, dass es generell nicht in Ordnung ist und der Hund klare Regeln braucht. Fortuna darf nicht einfach für sich entscheiden, ich nehme etwas auf. Und ich bin generell viel konsequenter.

Erziehung in Form von »ich gebe die Leitplanken vor« oder »ich lege die Grenzen fest« ist ein absolutes Muss, um sich in dieser Welt frei zu bewegen. Sie beinhaltet ein verbindliches Regelwerk, feste Vereinbarungen für den täglichen Umgang. Der Hund lernt, dass er bestimmte Dinge darf und andere wiederum nicht. Das klingt banal, ist aber insbesondere für das Mantrailing von großer Bedeutung. Erziehung ist geprägt durch »WEG VON« … nämlich »weg von« provokativ anspringen, unkontrolliert losstürmen, kläffen, beißen, Unrat aufnehmen, usw. Das bedeutet auch, weg von allen Strategien, mit denen der Hund unangemessen manipuliert.
Verlässliche Regeln helfen dem Vierbeiner, sich in unserer Welt zurechtzufinden und relevante Entscheidungen dem Menschen zu überlassen. Ein Hund ist nicht erzogen, wenn ihm nicht genügend Grenzen gesetzt werden oder er gesetzte Grenzen nicht akzeptiert.

Beziehung ist die Basis • Erziehung ist die Pflicht • Ausbildung ist die Kür

Mantrailing ist also keine Ausrede für einen schlecht erzogenen Hund. Ich gebe gerne zu, die Erziehung eines Mantrailers ist in gewisser Weise eine Gratwanderung, die einiges Fingerspitzengefühl verlangt, im Sinne von: Möglichst wenig Kommandostruktur, aber feste Leitplanken. Erschwerend hinzu kommt, dass diese Leitplanken zwar durchaus fest, aber nicht statisch sein dürfen. Angepasst an die jeweilige Situation, das Alter und den Ausbildungsstand des Hundes lassen sie mal mehr und mal weniger Spielraum zu. Das regelmäßige Öffnen der Leitplanken ist auch wichtig um zu prüfen, was der Hund mit dieser Freiheit anfängt. Hat er die Regeln generalisiert und wendet sie auch an, wenn keine enge Kontrolle stattfindet? Darauf komme ich in der

Auch ein Mantrailer soll andere Hobbys haben dürfen: Geruchsunterscheidungen an Gegenständen sind in Ermangelung von »Versteckpersonen« ein geeignetes Gehirnjogging im Alltag.

zweiten Komponente ALLTAGSNEUTRALITÄT noch näher zu sprechen. Meine Erfahrung jedenfalls ist, dass die meisten Hunde, die im Mantrailing gearbeitet werden, eher zu wenig als zu viel erzogen sind.

1.5 Die Kür: Das kann ich gut

Nur wer die Pflicht annimmt, gewinnt in der Kür einen Preis. Ausbildung ist die Kunst, die speziellen Fähigkeiten eines Hundes zu fördern und ihm Vorgänge beizubringen, die er zum Zusammenleben in unserer Gesellschaft nicht unbedingt braucht. Ausbildung ist geprägt durch »HIN ZU« ..., nämlich »hin zu« antrainiertem Verhalten wie das Suchen nach Menschen oder Gegenständen, auf Signal hinsetzen, hinlegen oder vorauslaufen. Anders als eine gute Erziehung ist Ausbildung keine Notwendigkeit. Jedoch fordert genau diese Beschäftigung den Hund, fördert sein Selbstbewusstsein und lastet ihn somit auch aus. Doch wie gesagt, eine erfolgreiche Ausbildung setzt eine solide Erziehung des Hundes voraus.

BEZIEHUNG: **Ich höre Dir zu.**
ERZIEHUNG: **Ich kenne die Regeln.**
AUSBILDUNG: **Das kann ich gut!**

Nun ist der Hund gewillt, mitzumachen. Der Mensch muss die richtigen »Worte« finden, um ihm die Übung zu erklären. In diesem Fall begehen viele den Fehler und schauen ihren Hund an, während sie mit dem Finger irgendwohin deuten. Stattdessen ist es für den Hund viel verständlicher, wenn wir auch dorthin schauen, wo er sich hinbewegen soll.

1.6 Kann er nicht oder will er nicht?

Bei jedem Ausbildungsschritt, bei jeder Übung, gibt es entscheidende Fragen, die der Mensch sich stellen muss: Kann der Hund die Übung nicht machen, oder will er sie nicht machen? Die Antworten auf diese Fragen bestimmen die nachfolgende Strategie: Rufe ich zum Beispiel meinen Rüden und dieser »nimmt auf dem Weg zu mir noch ein paar Bäume mit« und markiert, dann wäre es unangebracht, darauf mit Verständnis und Güte zu reagieren.
Falls der Hund aber nicht weiß, dass der Rückruf bedeutet, immer und auf dem direkten Weg sofort zu mir zu kommen, dann wäre es unfair, ein Donnerwetter loszulassen; sondern in diesem Fall muss ich ihm die Bedeutung des Hörzeichens in seiner Muttersprache erklären.

Im Prinzip gibt es zwei Gründe, warum Hunde nicht kooperieren: Der erste Grund ist, der Mensch kann sich körpersprachlich nicht klar und verständlich ausdrücken. Viele Hunde, die durchaus gesprächsbereit sind und sich bemühen, es ihrem Menschen Recht zu machen, verstehen einfach nicht, was von ihnen erwartet wird. Das Problem: Der menschliche Körper drückt unbewusst etwas anderes aus, als das gesprochene

Ziel der Übung: Ein leises »Nein« oder »Lass es« im richtigen Moment, hält den Hund davon ab, die Wurst zu fressen, ohne die Vorwärtsbewegung zu unterbrechen. Wer das hier schafft, profitiert später davon auf dem Trail. Denn die Kiste ist der Trailverlauf, das Würstchen die Katze.

Katzen und anderen Versuchungen. Wer im Alltag übt, seinen Hund mit möglichst wenig Aufwand von etwas abzuhalten und parallel etwas anderes einzufordern, hat beim Trailen einen immensen Vorteil: Er muss nicht jedes Mal massiv eingreifen, ständig schimpfen oder andauernd motivieren, wenn etwas Interessantes auf der Straße liegt oder ein fremder Hund entgegenkommt. Das ständige Intervenieren kostet nicht nur viel Zeit und Energie, sondern nach einigen Unterbrechungen findet der Hund nicht mehr zurück in den Arbeitsmodus, und Sie als Team müssen sich von der Suche verabschieden.

Das Ziel ist erreicht. Der Hund hat gelernt zu kooperieren, ist in eigener Balance und achtet auf die Signale.

1.8 Die Welt unter dem Mikroskop

Uns allen ist schon Folgendes passiert: Wir ärgern uns über jemanden, sind aber in dem Moment zu überrascht oder zu aufgewühlt, um spontan richtig zu reagieren. Hinterher, wenn es zu spät ist, fallen uns lauter brillante Sätze ein. Wir veranstalten ein regelrechtes »Kopfkino«, wiederholen im Geiste immer wieder dieselbe Szene und stellen uns vor, was wir alles hätten sagen können – wenn wir nur vorbereitet gewesen wären. Ähnliches passiert im Alltag, wenn wir mit unserem Vierbeiner unterwegs sind. Plötzlich biegt ein fremder Hund ums Eck, ein Radfahrer nähert sich lautlos von hinten oder etwas Fressbares liegt im Gebüsch.

So eine harmlose Begegnung hat schon viele Trails vermasselt.

Der Alltag ist so komplex, dass immer wieder Neues und Unvorhergesehenes passiert. Fehlt die nötige Routine, reagieren wir oft falsch: halten die Leine straff, wenn sie locker herunterhängen sollte, ignorieren, statt einzugreifen oder schimpfen, statt souverän zu sein, sind zu langsam, zu sacht oder zu unklar. Machen wir zu viele Fehler oder sind zu einseitig, kippt die Waage aus Respekt und Vertrauen. Das wirkt sich natürlich auf die Zusammenarbeit aus: Hat der Hund zu viel Respekt und zu wenig Vertrauen, fehlt die innere Balance, um sich zu konzentrieren. Er ist beim Trailen nicht bei der Sache, sondern entwickelt Strategien, um sich dem Druck zu entziehen und Stress abzubauen. Ein typisches Bild ist der Hund, der mit gesenktem Kopf und schielenden Augen, die krampfhaft alles im Blick halten wollen, vor seinem Hundeführer und somit dem Geruch davonläuft.

Hat der Hund zu wenig Respekt, fühlt er sich frei, seinen eigenen Interessen nachzugehen und sich gegen die Arbeit zu entscheiden. Er schnüffelt an Urinmarkierungen anderer Hunde, am klitzekleinen Dönerrest, am Katzenduft, anstatt bei seiner Aufgabe zu bleiben.
Kann der Mensch die Beziehungswaage im Gleichgewicht halten, respektiert der Hund die Regeln und geht mit Vertrauen an seine Aufgaben heran. Er fühlt sich sicher, weil er weiß: »Wo ich Stütze brauche, ist die Hand da.« – »Wenn ich jetzt springe, werde ich aufgefangen.« Mit dieser Sicherheit im Rücken trailt ein normal veranlagter Hund problemlos durch Engstellen, über wacklige Untergründe, durch Dunkelheit, an klappernden Müllautos und an furchteinflößenden Hydranten vorbei.

Es kann durchaus einiges an Aufwand bedeuten, diese Waage ständig im Gleichgewicht zu halten. Denn Gleichgewicht ist nichts Statisches, kein Zustand, sondern ein Vorgang. Er muss permanent aufrechterhalten werden. Jeder, der schon mal versucht hat, die Balance auf einem kippligen Brett zu halten, weiß, dass man andauernd ausgleichen muss, um nicht hinzufallen. Je geschickter der Mensch ist, desto geringer sind die Ausschläge.

Was ein gutes Team ausmacht

- **wenige Ausschläge in der Beziehungswaage**
- **minimale Signale für maximale Mitarbeit (effizientes Input-Output- bzw. Kosten-Nutzen-Verhältnis)**

Zuneigung, Respekt und eine enge Beziehung enstehen im täglichen Miteinander. In der Arbeit lässt sich mit dieser Grundlage viel mehr erreichen.

Jeden Mangel in der Beziehung, jedes Ungleichgewicht wird der Hund thematisieren und auch beim Arbeiten zur Sprache bringen. Daher ist es Teil unserer Ausbildungsphilosophie, grundlegende Voraussetzungen wie Gesprächsbereitschaft, das effiziente Kosten-Nutzen-Verhältnis und Kernkompetenzen wie Geduld, Timing und die richtige Körpersprache in einem abgesicherten Bereich zu trainieren.

Abgesicherter Bereich bedeutet

- **in einem kontrollierten Umfeld,**
- **ohne Zeit- und Erfolgsdruck,**
- **mit der nötigen Vorbereitung und**
- **mit einem genauen Plan und einem zusätzlichen Plan B.**

Im abgesicherten Bereich läuft es genau andersherum als im »richtigen« Leben: Nicht nachdem, sondern bevor mit dem Hund eine Übung begonnen wird, findet das »Kopfkino« statt. Der Hundehalter überlegt genau, was alles passieren könnte, welche möglichen Reaktionen es gibt und wie er sich am besten verhält. Kurz: Er definiert ein Ziel, macht einen genauen Plan vom Ablauf und dazu noch einen Plan B.

Planvolles Handeln ist das A und O, um die Balance aus Respekt und Vertrauen nicht zu gefährden. Ein Stofftier kann manchmal gute Dienste tun, um sich die Abläufe einer Übung bewusst zu machen, bevor man mit dem Hund an sie herangeht.

Durch dieses Üben unter kontrollierten Bedingungen wird der komplexe Alltag reduziert und sozusagen ins Labor gebracht. An einfachen Übungen zeigt sich schon,

- ob die Waage aus Respekt und Vertrauen im Gleichgewicht ist,
- welche Strategien der Hund wählt, wenn ein Problem auftritt
- und mit welcher Strategie der Mensch darauf antwortet.

Denn genau diese Strategien wird der Hund im alltäglichen Umgang auch benutzen, und dann sind wir vorbereitet. Das Ziel von »Labor spielen« ist, Kompetenzen zu erwerben und zu lernen, den Alltag als eine Abfolge einzelner Herausforderungen zu erkennen und zu meistern. Wir nennen dieses Treffen im Labor »3K Meeting«.

1.9 3K + Achtsamkeits-Meeting

Eine Kursteilnehmerin erzählt:
»Das ist ja kinderleicht«, denke ich. Tanja Schweda hat einen Eimer umgedreht und auf den Boden gestellt. Mein Hund soll mit zwei Vorderpfoten hinauf steigen, ohne dass ich dabei Futter verwende. »Kein Problem«, sage ich, löse den Haken von der Leine meines Pudels, deute auf den Eimer – und hopp ist er schon darüber gehüpft. Also wähle ich eine andere Strategie, lasse den Hund vor dem Eimer stehen und gehe auf die gegenüberliegende Seite. Wieder deute ich auf den Eimer. Doch Sammy läuft einfach um das Objekt herum, wedelt mit dem Schwanz, guckt mich an und legt den Kopf schief. Ein klares Ablenkungsmanöver oder, wie ich später lerne, »ein Anbieten von bewährten Mustern«. Das ist der Moment, wo ich normalerweise einen Keks aus der Tasche ziehe. Doch das geht ja heute nicht. Daher versuche ich es mit Strenge. »Los jetzt. Hopp! Rauf da!« Meine Finger trommeln auf den Eimer. Sammy scheint beleidigt. Er setzt sich vor das Gefäß, dreht den Kopf weg, blinzelt und ignoriert mich einfach. Um nicht ganz als Verlierer dazustehen, greife ich beide Vorderbeine und stelle sie auf den Eimer. Na also.

So wie dieser Teilnehmerin ergeht es vielen Hundehaltern. Im Alltag übertüncht Futter oft genug das Desinteresse an der Zusammenarbeit. Es gaukelt dem Halter vor, die Fäden in der Hand zu haben, dabei ist es oft genau anders herum. Die Hunde verweigern sich so lange, bis der Mensch den Leckerbissen raus rückt. Warum? Weil sie es vom Menschen so gelernt haben. Die 3 K Übungen machen Schluss mit derlei Augenwischerei und legen die Strategien des Hundes offen. Egal, welches Muster er zeigt – sich aus dem Staub machen, erstarren, drohen oder ablenken – der Hund soll lernen, dass der Mensch sich nicht manipulieren lässt, und er nur mit Kooperation weiter kommt.

Persönlichkeitsentwicklung für beide

Genauso gut machen die 3 K Übungen auch die Stärken und Schwächen des Halters sichtbar. Sie zeigen, ob ein Mensch geduldig ist oder schnell aus der Haut fährt, ob er leicht nachgibt oder sich durchsetzt, ob er mitfühlend, kreativ und beharrlich sein kann, ob er eher problem- oder lösungsorientiert ist. Man sieht, wie jemand damit umgeht, wenn etwas nicht gleich klappt und welche Gedanken er dazu hat, etwa: »Alle anderen machen das mit links, nur ich wieder nicht.« Sie geben dem Menschen die Möglichkeit sich solcher Gedankenmuster bewusst zu werden und diese im besten Fall so verändern, dass sie förderlich werden. Letztendlich trainieren 3 K Übungen ein achtsames Umgehen miteinander.

3K Meeting

Die drei Ks stehen für **KOMMUNIKATION, KONZENTRATION** und **KOORDINATION.**

Kommunikation bedeutet, Gesprächsregeln festzulegen, sich gegenseitig aufmerksam zuzuhören und vor allem, die Körpersprache als Muttersprache des Hundes zu verstehen.

Konzentration heißt in erster Linie sich selbst und dann den Hund zu fokussieren, um eine gewisse Zeitlang bei der gestellten Aufgabe zu bleiben, beharrlich zu sein und sich nicht gleich von jeder Kleinigkeit ablenken oder vorschnell entmutigen zu lassen, wenn es nicht gleich auf Anhieb klappt.

Koordination meint, seine körperlichen Bewegungen und die des Hundes bewusst zu steuern und aufeinander abzustimmen: Womit fange ich an, was ist der nächste Schritt? Hier ist vor allem gemeint, Bewegungsabläufe sinnvoll und zweckgerichtet ineinanderzufügen. Hunde sind Körpersprachler, Bewegungsabläufe sind die Sätze, die sie bilden.

Ein komplexer Vorgang: Das Holzstück wird langsam gedreht, so dass der Hund die Hinterbeine bewegen muss, ohne vorne von den Ziegelsteinen zu steigen. Hier sind vor allem Konzentration und Koordination aller Beteiligten gefragt.

Ergebnisoffenheit und auch Ungewissheit. Wir können es nicht voraussehen. Wir können es im Nachhinein erspüren, wie sich ein Körperempfinden geändert hat. Wie vielleicht Situationen weniger Stress auf unseren Organismus ausüben. Wir handlungsfähiger sind und kompetenter mit der gestellten Aufgabe umgehen. Größte Chancen darauf haben wir, wenn wir verspielt und neugierig mit dieser inneren Wahrnehmung experimentieren. Aus Erfahrung weiß ich, dass dies zu beachtlich positiven Ergebnissen in der Sucharbeit führen kann.

3K mit dem Bluthund

Mitarbeit ist dieser Rasse nicht in die Wiege gelegt. Daher mache ich Übungen, die folgende Einstellung trainieren: »O.k., ich lasse mich darauf ein. Ich wehre mich nicht, sondern mache kooperativ mit.« Ganz konkret wird das Hochsteigen mit den Vorderpfoten trainiert, damit der Hund später problemlos zum Beispiel auf Autositze steigt, um von dort Geruch zu nehmen.

Vom Labor ins reale Leben

Soll der Hund in den Kofferraum des Autos steigen, in ein Motorboot oder später sogar in einen Helikopter, ist das auch nichts anderes, als eine 3K Übung. Nur kommen jetzt die Schwierigkeiten des Alltags hinzu: Zeitdruck, Erfolgsdruck, Zuschauer, Ablenkungen. Wer geschult ist und auf ein großes Repertoire zurückgreifen kann, ist in der Lage, Alltagssituationen gelassen und kompetent zu managen.

Gelassen in allen Lebenslagen. Selbst auf ungewöhnlicher Fahrt zum Einsatzort.

Für Profis gehört selbst der Hubschrauber zum Alltag ...

Bei 3K geht es um Gesprächsbereitschaft, Strategien und Fokussierung. Daher verwenden wir Futter als Teil der Übung oder als Ablenkung und nur hin und wieder als Bestätigung. Ich habe die Erfahrung gemacht, dass vielen Leuten ohne Futter ganz schnell das Repertoire ausgeht, oder sie werden ungeduldig. Fix greift dann die Hand in die Futtertasche und es wird nach schnellen, einfachen Lösungen gesucht, anstatt neue, kreative Antworten zu finden. Kein Futter zu verwenden, steigert die Kreativität und verlangt planvolles Handeln. Denn es geht zunächst mal nicht um: Du musst Leistung bringen, sondern um: Wir wollen uns verstehen. Ständiges »Lockfüttern« übertüncht das Desinteresse des Hundes an der Zusammenarbeit mit dem Menschen. Es bringt ihn zwar in Bewegung, aber Probleme in der Beziehung werden nicht erkannt sondern überspielt. Futter erzeugt ein Triebziel und ohne dieses Hilfsmittel zu arbeiten heißt, eigene Strategien zu entwickeln, um den Hund ohne Hilfs- oder Lockmittel zur Mitarbeit zu bewegen und dadurch ein Sozialpartner mit Führungsqualitäten zu werden.

... und bedeutet Entspannung, wenn man's entsprechend vermittelt.

1.10 Übungen, die weiterführen

1.10.1 Halt still!

Ziel der Übung: Der Hund lernt, eine Bewegungseinschränkung zu akzeptieren, anstatt mit unerwünschten Strategien wie Fliehen, Ignorieren oder Drohen zu reagieren.

1.10.2. Halt still, auch wenn andere sich bewegen

Ziel der Übung: Der Hund lernt, dass der Mensch einschränkt und im Gegenzug für die Sicherheit sorgt.

1.10.3. Schau mich an!

Ziel der Übung: Eine einfache Gesprächsregel einhalten, nämlich ruhig sitzen und seinen Menschen anschauen.

Hier die Erarbeitung anhand kreativer Ideen über Respekt und Interesse:

Eine Steigerung der Übung ergibt sich durch die Übertragung in den Alltag, wo es viele und auch unerwartete Ablenkungen gibt.

Auch für Profis nicht immer einfach, den Blickkontakt in jeder Situation zu halten.

BEISPIEL

Silvia Barnickel, Fürth
Cindy, Golden Retriever, Emma, Golden Retriever

Was ist 3K für Dich?
Kurz gesagt: Mit kleinen Dingen Großes erreichen. Gut, mein Hund wird jetzt auch älter, aber erst seit 3K hab ich das Gefühl, dass wir wirklich miteinander kommunizieren können. Cindy erlebt heute mit Sicherheit mehr Grenzen als früher. Welche Auswirkung dies hat, kann ich an einem Beispiel erklären: Ich habe eine Golden Retriever Hündin, die eine große Wasserratte ist. Jedoch möchte ich nicht, dass sie bei sehr kaltem Wetter ins Wasser geht. Sie fragt mich mit einem kurzen Blick. Ein Kopfschütteln mit einem leisen Hey! reichen und sie geht weiter. Leise, klein erledigt. Das ist ein kleines Beispiel. Ich fühle mich auch freier. Ich weiß, dass ich immer alles dabei habe, um meinen Hund zu führen. Früher hab ich ständig geschaut, dass ich auch ja Leckerlis in der Tasche hatte.

Wie hilft Dir 3 K im Alltag?
Bei jeder Gelegenheit. Speziell bei meinem Hund habe ich den Eindruck, dass durch 3K ihr Kopf erst mal klar und ruhig wurde, um überhaupt was richtig zu lernen.

Was ist so anders am 3K als das, was Du sonst mit dem Hund gelernt hast?
Entweder man lernt eine Methode, die Hilfsmaterial benötigt wie Leckerli, Spielzeug, Wurfdiscs usw.. Da sind die meisten Trainer ja sehr kreativ ... Diese Dinge nutzen sich ab, man besticht, man lenkt ab. Aber nur wenige geben dem Hund mal eine klare Information. Und wenn, dann leider vor allem auf der Kommandoebene. Es ist laut, die Kommandos werden über den Platz geschrien. Trotzdem soll aber immer alles Spaß machen. Meinen Hund habe ich jahrelang als Arbeitshund geführt. Ich war Mitglied einer Rettungshundestaffel beim BRK. Durch das 3K Training konnte ich mit ihr eine tolle Arbeitseinstellung erarbeiten und dadurch auf wesentlich mehr Potential des Hundes zurückgreifen. Das macht sich bei Einsätzen deutlich bemerkbar. Cindy hat weiter gearbeitet, auch wenn es ihr vielleicht mal keinen Spaß mehr macht.

1.11 Frage & Antwort

An manchen Stellen im Buch ist die Rede von der »Waage aus Respekt und Vertrauen«, an anderen heißt es, die »Waage aus Respekt und Interesse« sollte im Gleichgewicht sein. Was ist denn nun gemeint, Vertrauen oder Interesse?
TANJA SCHWEDA: Das ist abhängig von dem, was ich mit dem Hund gerade mache. Bei den 3K Übungen, wo ich als Hundeführer an einer langfristigen und tiefen Beziehung arbeite, liegt der Schwerpunkt mehr auf Vertrauen. Das Interesse sollte dort automatisch mit dabei sein. Bei der OPFERBINDUNG spreche ich eher von Interesse, da es um ein lockeres Zwiegespräch mit Höflichkeitsregeln geht, auf absehbare Zeit, ohne diffizile Diskussionen, wie bei einem Flirt.

Warum ist es nötig, Konzentration zu lernen, könnte man die Hunde nicht mehr darauf hin züchten?
TANJA SCHWEDA: Rassen, die über Generationen für Spezialgebiete selektiert wurden, haben keine Mühe, sich auf ihr Aufgabengebiet zu konzentrieren. Der Border Collie wird mangels Schafen auch Wolken hüten. Der Schweißhund kann ohne Konzentrationsschwierigkeiten einer Blutfährte im Wald folgen und der Herdenschutzhund muss sich nicht anstrengen, um zu merken, dass ein Fremder kommt. Aber Mantrailing bzw. Menschensuche generell ist in keinem Hund genetisch veranlagt. Das Findenwollen einer Person und die Auffindesituation an sich sind künstliche Arbeiten. Deshalb müssen die Hunde lernen, sich darauf zu konzentrieren.

Warum arbeitest Du bei den 3K Übungen ohne Futterbelohnung?
TANJA SCHWEDA: Futter und Spielzeug sind Maximal-Bestätigungselemente. Wenn sie zur Bestechung dienen, wirken sie kontraproduktiv, da sie vom eigentlichen Thema ablenken. In jeder Prüfungsordnung für Rettungshunde steht: Futter im Trümmerkegel oder in der Fläche ist Ablenkung. Diesen Satz sollte man sich mal auf der Zunge zergehen lassen: Wir bilden Hunde in der Konzentration mit Ablenkung aus. Wir wollen ihnen Dinge beibringen, indem wir sie permanent von der eigentlichen Sache ablenken.

Kann er nicht, will er nicht – wie kann ich das sicher unterscheiden?
TANJA SCHWEDA: Durch Variationen der Übung und durch Erfahrung. Je besser ich den Hund als Persönlichkeit einschätzen kann, desto eher kann ich seine Reaktion beurteilen. Insbesondere, wenn soziale Aspekte hinzukommen, ist es häufig so, dass er will und nicht kann. Wenn er zum Beispiel durch eine Engstelle soll, wo andere Hunde sind, dann erlaubt es seine Höflichkeit einfach nicht, da jetzt vorbeizugehen, und das sehen viele Menschen nicht.
Andere zerren ihren Hund einfach zu Fremden hin, um »Hallo« zu sagen und sehen nicht, dass er schon längst beschwichtigt. Wenn ich mir nicht sicher bin, ob er nicht kann oder nicht will, muss ich es ausprobieren. Wenn ich merke, da kommt ein Widerstand, kann ich die Übung vereinfachen oder verändern und mich so vortasten, um zu sehen, an was es liegt.

Kann ich schon mit einem Welpen arbeiten oder ist das noch zu früh?
TANJA SCHWEDA: Auf keinen Fall ist es zu früh! Man kann in jedem Alter mit dem Hund etwas tun. Es ist eher so, dass die meisten Menschen ihren Hunden zu wenig abfordern, obwohl viel mehr möglich wäre. Viele Hunde sind unterfordert, nicht überfordert. Mit einem jungen Hund kann man alles tun, was man mit einem erwachsenen Hund macht, nur in kleinerem Maßstab.

Ein junger Hund muss nicht ununterbrochen aufpassen, aber immer mal wieder. Ich kann von Anfang an Gesprächsbereitschaft einfordern über den Augenkontakt, und langsam die Ablenkung steigern, so wie in der »Schau-Übung« gezeigt.
Minimale Signale für maximale Mitarbeit – dieser Leitsatz ist bei einem Welpen natürlich erst mal genau andersherum. Einem jungen Hund gebe ich noch sehr viel Information und verwende eine ausladende Körpersprache. Ich strenge mich an, damit er herschaut, gehe in die Hocke, renne davon und gebe ihm ständig Rückmeldung, ob mir das, was er gerade tut, gefällt oder nicht. So lernt er die Regeln kennen. Mit der Zeit werden die Signale feiner, zuerst nur, wenn die Ablenkung gering ist, später auch bei mehr Ablenkung. Das mache ich so lange, bis ich irgendwann das richtige INPUT-OUTPUT-Verhältnis erreicht habe. Das ist ein längerer Prozess.

Woran erkenne ich, ob ich meinem Hund zu viel abverlange, ab wann er überfordert ist?
TANJA SCHWEDA: Wenn man zu viel mit dem Hund gearbeitet hat, schläft er anschließend komatös, in den nächsten Stunden und vielleicht noch am nächsten Tag. Das bedeutet, an den Auswirkungen meines Tuns kann ich erkennen, ob's dem Hund zu viel war. Das lerne ich also letztendlich durchs Tun, durch Erfahrung. Natürlich ist es sehr wichtig, den Hund nicht andauernd körperlich oder mit zu vielen Eindrücken zu überfordern. Die Praxis allerdings zeigt mir immer wieder, dass die Hunde ungeschickt gefordert werden. Wo mehr möglich wäre, wird nicht nachgehakt. Wo schon zu viel verlangt wird, setzt man noch einen darauf.

Warum ist es insbesondere für das Mantrailling wichtig, dass der Hund sich gut konzentrierten kann?
TANJA SCHWEDA: Die Schwierigkeit des Trailens ergibt sich mehr aus den Arbeitsbedingungen im Alltag als aus der Arbeit am Geruch. Ein Hund mit einer durchschnittlichen Riechfähigkeit, der sich gut konzentrieren kann, schneidet besser ab, als die Supernase, die sich ständig ablenken lässt. Der Bluthund, vorausgesetzt er ist richtig ausgebildet, vereinigt beide Fähigkeiten: Er ist sozusagen der in seiner eigenen Zahlenwelt lebende Mathematikprofessor, der komplizierte Gleichungen im Straßencafé löst, ohne den Trubel um ihn herum zu bemerken.

Kann ich 3K auch mit einem Bluthund machen?
TANJA SCHWEDA: Ja, aber auf Makro-Ebene. D.h. die Geräte sind breiter, niedriger und nicht wackelig. Der Bluthund kann sich schnell in für ihn vermeintlich gefährliche Situationen hineinsteigern und die Mitarbeit komplett verweigern. Alles muss am besten so aussehen, als ginge es spielerisch und so nebenbei. Übungen auf Distanz mache ich mit dem Bluthund überhaupt nicht. Das ist wie Lotterie. Folgenden Hintergedanken habe ich bei den 3K Übungen für den Bluthund: Ich trainiere vor allem, dass er mit seinen zwei Vorderpfoten überall hochsteigen kann und will. Denn wenn er das auf Aufforderung gegen einen dicken Baum machen kann, dann fällt es ihm auch nicht schwer, Geruch an ungewöhnlichen Orten aufzunehmen, wie z.B. auf dem Autositz oder dem Fensterbrett. Das kam schon einigen Bluthundeteams zugute, mit denen ich 3K gearbeitet habe. Einen Hund zu erziehen, um mit ihm als Mantrailer zu arbeiten, setzt viel Sachkenntnis voraus.

Wie realistisch ist das, wenn ich wenig Erfahrung habe?
TANJA SCHWEDA: Man muss beide Seiten sehen, den Hund und den Menschen. Im Idealfall habe ich einen sehr engagierten Menschen und ein gutes Hundematerial. Der Begriff »Hunde-

material« stößt einigen beim Lesen vielleicht auf. Er ist nicht abwertend gemeint, sondern bezieht sich auf die genetische Disposition des Tieres und beschreibt keine Wertigkeit im Sinne von gut oder schlecht. Was ich damit ausdrücken möchte, ist, ob der Hund tauglich oder untauglich, begabt oder unbegabt ist für einen bestimmten Bereich. Ethisch gesehen, ist das Leben jedes Tieres für mich gleich viel wert, unabhängig davon, wie es veranlagt ist.
Je mehr Möglichkeiten ein Neuling hat, erfahrenen Teams zuzuschauen, desto realistischer wird es für ihn, selbst als Ersthundebesitzer einsatzfähig zu werden. Allerdings gibt es auch Hunde, die auf niedrigem Niveau gute Arbeit leisten, aber trotzdem keine Prüfung bestehen werden. Nicht jedes Mantrailingteam kann ich auch in den Einsatz schicken. Talent und eine extrem hohe Leistungsbereitschaft bei Mensch und Hund gehören nun mal dazu. Das ist ähnlich wie beim Klavierspielen. Nicht jeder, der sich Mühe gibt, wird Pianist. Hauptsache, er macht seine Sache gut und hat Freude daran.

Es ist also möglich, wenn auch nicht sehr wahrscheinlich, als Anfänger ein derartig hohes Ziel zu erreichen. Was kann ich tun, um meine Chancen zu verbessern?
TANJA SCHWEDA: Jemand, der einsatzfähig werden möchte, braucht auf jeden Fall einen erfahrenen Ausbilder. Außerdem braucht er viel Engagement und einen guten Hund. Wenn die Voraussetzungen beim Hund gegeben sind, also

- soziale Sicherheit, d.h. Unbefangenheit gegenüber Menschen und Tieren
- Umweltsicherheit, d.h. Unbefangenheit gegenüber geruchlichen, optischen, akustischen und taktilen Reizen
- Konzentrationsfähigkeit
- Beharrlichkeit
- Arbeitsfreude

und der Mensch

- einen guten Trainer hat,
- sich selbst gut kennt, eine gute seelische Widerstandskraft hat, um auch Durststrecken und Täler zu überstehen,
- viel beim Training anderer zuschaut,

dann ist es schon realistisch, dass er hohe Ziele erreicht und sogar einsatzfähig wird.

Wenn Du hingegen ein engagierter Mensch bist, aber ein schlechtes Hundematerial hast, sind die Chancen erheblich schlechter. Aber wenn Du, und das ist der schlechteste Fall, als Mensch nicht sehr engagiert bist, nicht über den Tellerrand guckst, nicht regelmäßig trainierst, keinen guten Trainer hast und keinen talentierten Hund, dann wird es nichts werden mit der Einsatzfähigkeit. Das ist ja auch in anderen Sparten so. Wenn Du nicht außerordentlich begabt bist und keine guten Bedingungen hast, wirst Du als Tennisspieler nie nach Wimbledon oder als Reiter nie ins CHIO nach Aachen kommen. Trotzdem haben Millionen Menschen Freude am Tennisspielen und am Reiten und betreiben diese Sportarten mit Begeisterung und Freude auf ihrem individuellen Niveau. Und darauf kommt es schließlich an. Es käme aber kein Tennisspieler auf die Idee, den Ball mit dem Fuß übers Netz zu schießen, weil er mit dem Schläger nicht umgehen kann. Beim Trailen habe ich schon hin und wieder den Eindruck, dass alles Mögliche ausprobiert wird, Hauptsache, es macht Spaß. Das ist schon o.k., aber mit Trailen hat es dann manchmal nichts mehr zu tun.

Wann und warum sie sich im Laufe dieses grauen Novembernachmittages ausgezogen hatte, könnte sie nicht sagen. Ihr Körper ist mit Schürfwunden überzogen. Überall haben Dornen und Äste ihre Spuren hinterlassen: am Bauch, an Armen, Beinen und Händen. Die Füße bluten, die Nägel sind eingerissen, aber es stört sie nicht. Stundenlang ist sie durch den Wald gelaufen, gestolpert, immer wieder aufgestanden und durch dichtes Fichtengehölz gekrochen. Ihr Körper schmerzt und sie friert, doch alles ist besser, als dieses erdrückende Gefühl, eingeschnürt zu sein, keine Luft mehr zu bekommen. Der dicke Rollkragenpullover hatte gedroht, sie zu ersticken, nicht eine Minute länger hätte sie ihn ertragen. Der Bund der Jeans hatte sich in ihren Bauch gebohrt, Angst und Beklemmung in ihren Eingeweiden ausgelöst. Der Wind ängstigt sie nicht, auch nicht, als er immer stärker bläst und die Baumwipfel weit zu ihr herunter biegt. Als der Graupelregen einsetzt und es dunkel wird, zieht sie auch die restlichen Sachen aus. Ihre nassen Strümpfe hatte sie schon längst achtlos weggeworfen. Es ist angenehmer, nackt

zu sein, als nassen Stoff auf der Haut zu spüren. Ohne die schweren Winterschuhe kann sie ihre Zehen endlich wieder frei in alle Richtungen strecken, die Fußsohlen beugen, anstatt mit diesen Klötzen an den Beinen herumstapfen zu müssen, die sie festgehalten hatten, mit denen sie nicht schnell genug weglaufen konnte. Im Laufen, in der Bewegung fühlt sie sich sicher und frei. Endlich. Der Wind heult und zerrt an ihren langen, feuchten Haarsträhnen, und sie schwankt zwischen Euphorie und Verzweiflung. Hin und wieder tauchen in ihrem Kopf die Gesichter ihrer Familie auf. Streit. Streit kann sie nicht ertragen. Streit ist noch schlimmer als Enge. Streit ist eine dunkle Wand, die immer näher kommt, um sie zu erdrücken.

Zuerst sieht sie die Lichter, oben auf dem Kamm des Hügels. Dann hört sie Stimmen. Ein großes Tier kommt auf sie zugelaufen, die lange Nase tief am Boden. Sie schreit. Arme umfangen sie, halten sie fest. Jemand legt eine Decke um ihren Körper und wieder ist da dieses Gefühl, keine Luft mehr zu bekommen ...

2. KOMPONENTE
Alltagsneutralität

Kleinigkeiten machen
die Summe des Lebens aus.

Charles Dickens, englischer Schriftsteller (1812–1870)

DT-GALERIE
TAXI

2.1 Raus aus dem Labor und rein ins pralle Leben

Die meisten Leute, die sich mit der Suche nach Individualgeruch beschäftigen, machen sich eine Menge Gedanken über Streckenlängen, Winkel, Kreuzungen, Spuralter und Untergründe. Dabei hat Mantrailing viel mit dem normalen Alltag zu tun, viel mehr, als Sie vielleicht meinen. Denn Mantrailer arbeiten nicht auf dem Hundeplatz oder auf einem Trümmerkegel, sondern in unserer täglichen Umgebung, in der Stadt, in Wohngebieten oder im Wald. Je sicherer der Hund sich in allen Lebenslagen selbständig bewegt, desto weniger kann ihn aus der Ruhe bringen. Nur zu oft habe ich erlebt, dass ein simpler Gitterrost eine zielstrebige Suche unterbrochen hat, weil der Hund nicht fähig war, den Rost aus eigenem Antrieb zu überqueren und seine Arbeit fortzusetzen. Deshalb, raus aus dem Labor und nichts wie rein ins pralle Leben, um sich die besten Voraussetzungen für erfolgreiches Mantrailing zu schaffen.

Neben der Gewöhnung an unterschiedliche Umgebungen und Situationen werden im täglichen Miteinander verbindliche Regeln eingeübt. Noch bevor der Hund das erste Mal trailt ist idealerweise klar, was erlaubt ist und was nicht. Denn alles, was der Hund in seiner »Freizeit« ausleben darf, wird er auch auf dem Trail ausleben wollen: Katzen jagen, Mäuse fangen, an der Leine pöbeln, hingebungsvoll den Laternenpfahl studieren. Vor allem wenn es schwierig wird und die Motivationskurve sinkt, wird solchen »Hobbies« auf dem Trail gerne nachgegangen. Hier, in den täglichen Routinen, liegt entweder das Samenkorn einer erfolgreichen Trailpartnerschaft oder ein ständiger Stolperstein. Je mehr Sie im Alltag auf Kleinigkeiten achten, desto besser werden Sie trailen. Denn aus vielen kleinen Nachlässigkeiten wird irgendwann ein unüberwindbares Hindernis.

Klar, 100-prozentige Perfektion kann niemand erreichen, aber es spricht nichts dagegen, so nah wie möglich an sie heranzukommen. Mit Freude, und da wo es sein muss, auch mit Ernsthaftigkeit und Klarheit. Fragen wie:

- Welchen Spielraum lasse ich?
- Wie verbindlich bin ich?
- Kann ich dem Hund Führung geben, ohne ihn einzuschüchtern?
- Kann ich ihm abwechslungsreiche und förderliche Spaziergänge anbieten?
  Oder ist das »TV-Programm« mit der »Sendung Mama« einfach langweilig?
- Kann ich ihn ohne viel Aufwand von etwas abhalten?

sind maßgeblicher für den Erfolg, als die wenigen Sucheinheiten in der Woche.

Ein bekannter Zen-Spruch lautet:

Before enlightenment chop wood, carry water. After enlightenment chop wood, carry water.

Vor der Erleuchtung hacke Holz, hole Wasser.
Nach der Erleuchtung hacke Holz, hole Wasser.

Diese Lebensregel relativiert Dinge, die wir für besonders wichtig halten, und betont die Bedeutung des Alltäglichen. Selbst etwas so mystisches wie der Zen ist nicht losgelöst vom Alltagsgeschehen, denn auch ein Erleuchteter muss heizen und kochen. Die Kunst ist, solche simplen, aber notwendigen Handlungen ebenso konzentriert und achtsam zu verrichten, wie eine Meditation, denn in diesem einen Moment gibt es nichts bedeutenderes.

»Zen ist die Konzentration auf unsere gewöhnliche Alltagsroutine.«

Shunryu Suzuki (1904–1971, Zen-Meister)

Nichts liegt mir ferner, als Sie mit einem zu hohen Anspruch zu demotivieren oder Ihre Freude am Hobby Mantrailing zu dämpfen. Ich habe allerdings gerade bei Hobbytrailern die Erfahrung gemacht, dass viele sehr ambitioniert sind. Wer nicht in Einsätze gehen möchte, kann natürlich da, wo es ihm zu aufwändig wird, Abstriche machen. Als Freizeittrailer stecken Sie sich Ihre Ziele selbst. Und wichtiger als der Erfolg, ist der Spaß an der Sache. Ein Hobbytrailer braucht keine vierspurige Straße zu überqueren oder auf einem Jahrmarkt zu finden. Von Einsatzteams erwarte ich das schon.

- **DER EINSATZTRAILER: Der Alltag wird möglichst optimal auf die Ausbildung des Hundes abgestimmt. Sonst kann es Menschenleben kosten. Der Hundeführer tut alles, um dieses Ziel zu erreichen und ordnet andere Interessen diesem unter.**
- **DER FREIZEITTRAILER: Mantrailing ist ein faszinierendes Hobby und dient dazu, die Beziehung zwischen Hund und Mensch zu vertiefen. Der Hund wird artgerecht beschäftigt und ausgelastet. Der Alltag richtet sich aber hauptsächlich nach den Bedürfnissen der Familie. Wie viel Engagement und Detailliebe der Einzelne aufbringen möchte, ist Geschmacksache.**

Im Folgenden betone ich daher nicht mehr den Unterschied zwischen »Muss« und »Kann«, also zwischen Einsatz- und Freizeitrailern. Sondern ich beschreibe, was aus meiner Sicht notwendig ist, damit der Hund im Einsatz die Chance hat, anzukommen. Es spricht ja nichts dagegen, für denjenigen, der es möchte, hohe Maßstäbe auch in den Freizeitbereich zu übernehmen. Falls keine Menschenleben von dieser Arbeit abhängen, ist es schließlich jedem freigestellt, die eigene Messlatte auch tiefer zu hängen. Je intensiver Sie sich mit Mantrailing beschäftigen, desto mehr werden Sie den Alltag als Übungsfeld schätzen lernen. Egal, wo Sie sich bewegen, es gibt immer Gelegenheiten, den Hund zu fördern und zu fordern! Wie für den Zen-Schüler jede noch so alltägliche Verrichtung eine Achtsamkeitsübung ist, so ist für den Mantrailer der Alltag nichts anderes, als eine Abfolge kleiner Trainingseinheiten. Denn Suchen kann der Hund bereits, er muss lernen, an einer Katze vorbeizukommen.

BEISPIEL

Claudia Verstl-Harrer, Bad Tölz
Varus, Langhaarschäferhund

Erst durch das HundeHandwerk-Training habe ich gelernt, mit welchen simplen Dingen ich meinen Varus im Alltag auslasten und fördern kann. Und ich bin überrascht, wie viel Spaß das macht! Bisher war ich eher der Typ, der die Stadt mit Hund gemieden hat, habe lieber meine Erlebnisrunden im Wald und an der Isar gedreht. Nun nehme ich Varus überallhin mit, sogar zu Burger King. Er darf alles beobachten, muss auch nicht abliegen oder sitzen, aber er soll entspannt bleiben, lenkbar und sich für nichts übermäßig interessieren.

2.2 Unser Denken bestimmt unser Handeln

Kennen Sie das auch? Man hat tage-, wochen-, monate-, manchmal sogar jahrelang nach einer bestimmten Überzeugung gehandelt. Und als diese Überzeugung dann aus irgendwelchen Gründen ins Wanken gerät und man sie fallen lassen kann, ist auf einmal alles so einfach. Und man wundert sich, warum man sich solange »gequält« hat. Das gilt auch für die Welt mit unserem Hund: Es sind nicht die Methoden oder Hilfsmittel die verändern, sondern Überzeugungen und Einstellungen. Diese bringen bekanntlich neue Verhaltensweisen mit sich. Einstellung zeigt sich durch Dinge, die wir tun und Dinge, die wir nicht tun, was wir erlauben und was nicht. Wie oft

- ist der Hund beim Spazierengehen sich selbst überlassen oder alleine im Garten,
- darf er sich in alle möglichen Gerüche vertiefen,
- Unrat aufnehmen,
- versunken nach Mäusen buddeln,
- ungefragt auf Artgenossen zulaufen,
- Vögeln nachjagen mit dem Argument, »er kriegt sie ja sowieso nicht und muss ja schließlich auch mal Hund sein dürfen«,
- gehe ich stupide, meinen Gedanken nachhängend immer die gleiche Strecke spazieren?

Es gibt Überzeugungen, die uns helfen, Ziele zu erreichen und andere, die uns eher im Weg stehen. Hier ein paar Beispiele:

Gedanken, die uns hindern:

- Lassen wir das mal auf uns zukommen.
- Soviel Zeit habe ich nicht!
- Das schaffe ich sowieso nicht.
- Der Hund muss funktionieren/muss nicht funktionieren!
- Ich kann doch nicht immer ... !
- Es muss doch auch mal ohne .... gehen.

Gedanken, die uns helfen:

- Ich habe einen Plan und weiß, welches Teilziel ich als nächstes anstrebe.
- Ich nehme mir die Zeit, die es braucht.
- Ich kann etwas erreichen.
- Ich nehme den Konflikt als Herausforderung an und lerne dabei.

Und dann ist da noch die Sache mit der Konsequenz:

Ein gefundenes Fressen, um sich vom Trail zu verabschieden. Daher ist Unrataufnehmen generell tabu.

Der Hund darf wahrnehmen, dass dort etwas Leckeres liegt.

Idealerweise geht er vorbei, ohne dass der Hundeführer stark einwirken muss. Ein leises »Nein« sollte reichen.

»Lass es!« ist ein verbindliches Hörzeichen, ebenso wie »Sitz« oder »Platz«. Genau das lernt der Hund im täglichen Leben. Es bedeutet, bei einem Konflikt nicht zu diskutieren, sondern sich ruhig und souverän durchzusetzen. Das erzeugt im Hund die Haltung: »Na gut, ich füge mich, denn ‚der Alte' gibt sowieso nicht nach.« Wer nicht bereit ist, seinem Hund Grenzen zu setzen, gerät beim Mantrailing schnell an eine Grenze. Grenzen setzen heißt, einem Konflikt nicht auszuweichen oder den Hund abzulenken, sondern ihm zu vermitteln: »Ich will das nicht!« Im Endeffekt liegt in dieser konsequenten und klaren täglichen Arbeit der Schlüssel zu einem zuverlässigen Hund. Wer professionell arbeitet, ist auf ein Ziel hin ausgerichtet und nimmt diese Mühe in Kauf. Professionell sein hat nichts damit zu tun, ob Sie Einsätze bestreiten oder mit Personensuche Ihr Geld verdienen. Eine professionelle Einstellung findet sich unter Freizeittrailern ebenso wie bei Rettungshundeführern oder Leuten, die für diese Arbeit bezahlt werden. Je achtsamer, detailverliebter, zielgerichteter und klarer Sie im Alltag agieren, desto besser werden Sie mit Ihrem Hund arbeiten. Denn die Sucheinheiten mit dem Hund reduzieren sich – wenn überhaupt – auf wenige Stunden in der Woche. In der Zeit, in der Sie nicht gezielt trainieren, lernt der Hund mehr oder weniger durch Zufall. Er lernt also mehr als uns lieb ist über andere Wege, als über das eigentliche Training.

2.3 Familie und Arbeitshund – ein Spagat

Die Ideen und Gedanken zu diesem Kapitel entstanden auch durch die jahrelange enge Zusammenarbeit mit unserer lieben Freundin und Kollegin Edith Blechschmidt. Edith war jahrelang Ausbildungsleiterin in unserer Hofer BRK Rettungshundestaffel. Mittlerweile bildet sie hauptsächlich Assistenz- und Blindenführhunde aus. Beides sind Sparten, die, ebenso wie Mantrailer, im Alltag arbeiten müssen.

Edith mit Trixi, einem Border Collie

Wer noch nie einen energiegeladenen Arbeitshund hatte, dem ist vielleicht nicht klar, dass so ein Tier einer Familie einiges abverlangt. Der für eine Familie geeignete Hund ist zwar im Alltag leichter zu führen, bringt aber für professionelles Arbeiten zu wenig Beharrlichkeit und Ausdauer mit. Beharrlichkeit, Ausdauer und Arbeitseifer, Eigenschaften, die ein guter Arbeitshund unbedingt braucht, lassen sich nicht beliebig ein- und ausschalten. Wenn der Hund zum Beispiel mit derselben Beharrlichkeit, mit der er als Rettungshund eine vermisste Person oder als Polizeihund Sprengstoff sucht, zuhause den Mülleimer plündert, Gartenbeete umbuddelt, Wachhund spielt, die Kinder stoppt oder den 80-jährigen Opa gängelt, – also im Grunde versucht, seine überschüssige Energie irgendwie loszuwerden – dann stellt das die Familie vor

Probleme. Eigentlich sollte dann ein gezieltes Management angewandt werden, zumindest über einen gewissen Zeitraum, und z.B. im Falle des Mülleimerproblems zuverlässig alle entsprechenden Türen zu oder sogar abgeschlossen sein. Wenn aber im gleichen Haushalt ein oder mehrere Kinder leben, ist vieles einfach nicht umsetzbar. Und ein Arbeitshund, dem es im Familienbereich verboten ist, Kleinkinder anzubellen, hat damit vielleicht als Rettunsghund, der durch Verbellen anzeigen soll, Probleme.

Die Kunst ist, den eifrigen Arbeitshund im Alltag so zu integrieren, dass er einerseits keinen Blödsinn lernt, aber im richtigen Moment gefördert wird. Das verlangt dem Hundeführer und der ganzen Familie vor allem organisatorisch einiges ab. Wird so ein Hund tageweise bei der Oma geparkt oder mal eben mit den Kindern rausgeschickt, sind Oma und Kinder überfordert. Hunde lernen schließlich immer, auch dann, wenn sie gerade nicht ausgebildet werden. Fazit: Ein Arbeitshund verlangt Managementqualitäten und Auslastungsprogramme.

Sherlock Holmes und Dr. Watson, außer Dienst nicht einfach zu handhaben ...

2.3.1 Wie nähere ich mich den 100 % im Alltag an?

- **Wenn** nur eine Person in der Familie für den Hund zuständig ist, und die anderen Familienmitglieder die Selbstdisziplin aufbringen, sich zumindest zeitweise komplett rauszuhalten. Zeitweise kann bedeuten, so lange, bis der Hund die entsprechenden Grundlagen gelernt hat. Oder so lange, bis die Kinder entsprechend reif geworden sind, um in die Erziehung des Hundes sinnvoll eingebunden zu werden. Und komplett heißt, dass die Kinder unter Umständen nicht nur zwei Wochen lang mit dem Hund nicht alleine spielen düfen, sondern ein bis zwei Jahre lang. Es heißt auch, ebenso lange nicht ohne die verantwortliche Bezugsperson mit dem Hund spazieren zu gehen.
- **Wenn** sich die Familienmitglieder untereinander abgleichen, sich sehr gut absprechen und sich einig sind, was der Hund darf und was nicht. Das kann bedeuten, dass jeder auch den Mut hat, die tieferen Wünsche die er mit dem Hund verbindet, zu thematisieren. Dem Hund kommt das zu Gute: Wird an einem Strang gezogen, kann er leichter lernen und wird nicht ständig korrigiert, was nur fair ist.
- **Wenn** genügend Zeitpuffer in den Hundealltag einbaut werden, damit man auf Details achten kann.
- **Wenn** man im eigenen Alltag nicht 10 Baustellen gleichzeitig hat: Einen Umbau, Kleinkinder, pflegebedürftige Eltern, Probleme im Beruf, weitere, zeitraubende Hobbies, einen Nebenjob usw. Besser klappt die Erziehung gut organisiert und mit einer überschaubaren Themenanzahl.

- Wenn es nur einen Hund im Haushalt gibt. Wer einen Jung- und einen Althund hat tut gut daran, viel Zeit mit dem jüngeren alleine zu verbringen.
- Wenn die Ziele, die man mit dem Hund erreichen möchte, klar gesteckt sind. Auch die Teilziele auf dem Weg dorthin.
- Wenn man Dinge, die der Hund nicht lernen soll, in den ersten beiden Jahren möglichst gar nicht erst aufkommen lässt.
- Wenn man sich mit dem Blick für die weite Sicht gewappnet hat. Grundlegende Veränderung braucht vor allem Zeit, Beharrlichkeit und Konsequenz.
- Wenn man jede Gelegenheit zum Besserwerden wahrnimmt, und gerade Fehler als Chance nutzt.

2.3.2 Warum die 100 % wichtig sind

Ist das wirklich alles nötig und auch zumutbar? Diese Frage ist natürlich absolut berechtigt. Aber die Krux bei Einsätzen mit Mantrailern ist, dass Sie vorab nie wissen können, wo und wie lange Sie unterwegs sein werden und wie schwierig der Trail sein wird. Es sind schon einige Hundeführer »auf die Nase gefallen« die meinten, ihr Hund könne in der Stadt gut trailen, weil er »nur« ein Jagdproblem hat. Dann geht's im Einsatz von der Stadt plötzlich ins Grüne. Und dann?

Was bei anderen Sparten möglich ist, nämlich unter halbwegs kontrollierbaren Bedingungen zu arbeiten, geht bei Mantrailern nicht: Bei einem Einsatz mit Flächenhunden kann ich einem guten Team ein großes, hügeliges Gebiet zuteilen und einem unerfahren Team ein kleines, flaches. Stärken und Schwächen können individuell berücksichtigt werden. Das ist bei einem Einsatz mit Mantrailern so nicht möglich, weil ich das Suchgebiet und die Suchdistanz vorab nicht kenne. Daher ist mein persönlicher Anspruch, möglichst nah an die 100 % heranzukommen, und ich richte mich im Alltag danach. Weniger könnte ich mit meinem Gewissen nicht vereinbaren. Ich weiß, wie viel bei einem Einsatz vom Mantrailer abhängt und was dem Team dabei abverlangt wird. Es ist noch kein Gerät erfunden worden, mit dem sich feststellen lässt, in welche

Richtung sich der Geruch eines Mensch von einer bestimmten Stelle aus bewegt. Dazu sind nur gewisse Tiere fähig. Und die einzige Tierart, die das kann und die gleichzeitig zu einer derart intensiven Zusammenarbeit mit uns Menschen bereit ist, ist der Hund. Da also nur der Hund uns eine Richtung vorgeben kann, zieht der Mantrailer im Einsatz oft die gesamte Rettungskette hinter sich her, die Flächensuchhunde, die Polizei, die Feuerwehr. Das sollte zwar nicht passieren, ist aber leider gängige Praxis. Allzu oft wird der Mantrailer als richtungsweisende »Wunderwaffe« angesehen oder verkauft. Dadurch kommt es zu einer massiven Überschätzung. Da, wo der Mantrailer hingeht, wird verstärkt gesucht. Oft genug wird die vermisste Person irgendwann an einem völlig anderen Ort gefunden, wenn sie Glück hat, noch lebendig. Ein nur mäßig ausgebildeter Mantrailer kann den Tod eines Menschen bedeuten, wenn man sich ausschließlich auf ihn verlässt. Daher muss im Einsatz der Hund an den Start, der für alle Eventualitäten und Umweltbereiche ausgebildet ist, weil wir eine hohe Verantwortung gegenüber dem Opfer haben. Es nur zu versuchen und zu gucken, ob's klappt, reicht nicht.

2.4 Die Kugel rollt – Balance ist gefragt

Es gibt ein Geschicklichkeitsspiel für Kinder, das einige von Ihnen vielleicht kennen oder selber schon gespielt haben. Es geht darum, eine Kugel auf einer Scheibe so zu bewegen, dass sie eine bestimmte Bahn einhält und am Ende ein Ziel erreicht. Die Scheibe hat außerdem mehrere Löcher. Rollt die Kugel unkontrolliert darüber, läuft sie Gefahr, in eines dieser Löcher zu fallen und der Spieler muss von vorne beginnen. Einen Hund, insbesondere einen Mantrailer, im Alltag zu managen, ist ein ähnlicher Balanceakt. Es gilt, das Gleichgewicht zu finden zwischen

- Zusammenarbeit und Eigenständigkeit,
- halten und loslassen,
- führen und selbst ausprobieren lassen.

Der Alltag lässt sich vergleichen mit einer Gratwanderung. Für einen Mantrailer ist dieser Grat besonders schmal, denn während Hunde anderer Sparten vor unliebsamen Überraschungen mehr oder weniger gefeit sind, weiß der Mantrailer nie, was ihn hinter der nächsten Ecke erwartet. Zwar arbeitet auch ein Drogen- oder Sprengstoffspürhund nicht ganz isoliert, aber sein Arbeitsgebiet gleicht aufgrund der kontrollierten Bedingungen eher dem in der Komponente KONZENTRATION & FOKUS beschriebenen »Labor«. Ein Sprengstoffspürhund sucht ein Gebäude oder ein Stadion ab, bevor sich viele Menschen darin aufhalten oder nach dessen Räumung. Der Drogenspürhund untersucht ein Auto oder einen Koffer und bekommt somit auch ein genau abgegrenztes Arbeitsfeld, in dem viele Störfaktoren von vorneherein ausgeschlossen werden können. Ein einsatzfähiger Mantrailer sollte dagegen mit allem zurechtkommen, was ihm zufällig begegnet. Das erfordert Nervenstärke und Konzentration.

Ein gut geeigneter Hund ist ausgestattet mit

- **Konzentrationsfähigkeit**
- **Sozialer Sicherheit, vor allem gegenüber Menschen**
- **Umweltsicherheit**
- **Beharrlichkeit**

Diese Eigenschaften sind zum größten Teil genetisch bedingt. Ein sicherer Hund ist ein Geschenk, ein roher Diamant, der noch geschliffen wird. Da im Alltag keine kontrollierten »Laborbedingungen« herrschen, ist ein linearer Aufbau des Trainings schwierig. Denn oft genug werden Übungen, die schrittweise hintereinander aufgebaut und kontrolliert ablaufen sollten, durch Unvorhergesehenes durchkreuzt: Radfahrer, Skateboardfahrer, ein heruntergefallenes Brötchen, die Katze oder der kleine Vierbeiner an der Flexileine lauern immer hinter der nächsten Biegung.

Nervenstärke, also soziale Sicherheit und Umweltsicherheit, lässt sich nicht anerziehen. Man kann sie nur fördern.

2.6 »Servus Kumpel« – Ein Beispiel aus der Praxis

Entgegenkommende Hunde sind beim Trailen oft ein Störfaktor – und daher im Alltag eine willkommene Trainingsgelegenheit.

Hier hilft nur der Griff ins Halsband, um Bluthund Linus davon abzuhalten, den Schnauzer zu begrüßen. Festhalten ist zwar nur eine Notlösung, verhindert in dem Moment aber, dass Linus sich durchsetzt. Die Lektion: »Du darfst nicht ohne Rücksprache mit mir auf fremde Hunde zugehen«, lernt Linus dadurch allerdings nicht.

Da kommt der vor dem Bäcker angebundene Hund wie gerufen. Wieder verhindert erst mal bloß die Leine, dass Linus auf den Artgenossen zugeht.

Also nutzt die Hundeführerin, Elke, die nächste Gelegenheit beim Stadtspaziergang, um Linus zu erklären, wie er sich bei Begegnungen mit Artgenossen verhalten soll.

Zwar hat Elke ihren Hund schnell wieder unter Kontrolle, aber die Information, die sie ihm geben möchte, ist noch nicht ganz angekommen. Ihre aufrechte, leicht vorgebeugte Haltung und der fixierende Blick beeindrucken Linus zwar, das zeigen die zurückgelegten Ohren und der ausweichende Gang. Andererseits geht sein Blick immer noch zu dem weißen Hund und die hoch getragene, peitschende Rute zeigt seine anhaltende Erregung. Mental ist Linus also noch nicht vollständig eingeordnet und seine Körperhaltung zeigt den Konflikt, in dem er sich gerade befindet: Einerseits möchte er weiteren Streit mit Frauchen vermeiden, andererseits gerne zu dem Kumpel dort drüben hingehen, der wiederum froh zu sein scheint, dass Elke dies offensichtlich verhindert.

Beim zweiten Anlauf geht Linus gelassen vorbei. Dass er hinguckt ist in Ordnung, denn er darf wahrnehmen, was um ihn herum geschieht. Allerdings deutet seine Körperhaltung darauf hin, dass er ohne Leine immer noch Kontakt aufnehmen würde.

Also wieder zurück, um erneut einen Anlauf zu nehmen. Wieder guckt Linus, aber er wechselt nicht mehr die Seite und passiert den anderen Hund ruhig.

Beim vierten Anlauf bleibt sein Blick nach vorne gerichtet. Zumindest für diesen Moment hat Linus verstanden, dass Elke klar führt und verhindert, dass er sich durchsetzt.

Bis er begriffen hat, dass nicht nur dieser Hund in dieser Situation ohne Absprache mit Elke tabu ist, sondern das Thema generalisiert hat, müssen noch einige »Gespräche« dieser Art stattfinden.
Um ein solch neutrales Verhalten gegenüber Artgenossen jederzeit verlangen zu können, sollte beim Hund eine gewisse Sättigung herrschen, was Sozialkontakte betrifft. Ein Mantrailer, wie übrigens jeder andere Hund auch, sollte sich also sehr viel mit anderen, immer wieder neuen Hunden austauschen dürfen. So viel und so oft, dass es nichts Besonderes mehr ist und er auch mal gut darauf verzichten kann oder sogar davon gelangweilt ist.

Viele Sozialkontakte mit anderen Hunden sollten selbstverständlich sein. Allerdings bestimmt der Mensch das Wann, Wie, Wo und Wie lange.

2.7 Das eindeutige »JEIN«

So, wie zum Lernen nicht nur Neugierde, sondern auch Selbstbeherrschung notwendig ist, braucht der Hund zum Trailen nicht nur Motivation und Findewillen, sondern auch klare Regeln, über deren Einhaltung nicht mehr diskutiert werden muss. Gemeint sind Regeln, deren Einhaltung selbstverständlich ist, wie zum Beispiel: Ich verwüste nicht die Wohnung oder: Ich renne nicht ungebremst in einen Menschen hinein. Zu diesen Regeln fürs Trailen gehören u.a.:

- Nicht jagen, egal was
- Geruchliche Ablenkungen ignorieren. Dazu gehören Wildspuren ebenso wie die Hinterlassenschaften anderer Hunde. Die Hunde dürfen beim Gassigehen zwar schnüffeln, müssen aber die Regeln einhalten und immer ansprechbar bleiben.
- Nichts Fressbares vom Boden aufnehmen
- Neutral gegenüber fremden Menschen und Hunden bleiben

Dieser Anspruch ist natürlich hoch. Aber wer ernsthaft Menschenleben retten möchte, sollte keine Kompromisse machen.

Der Hund darf wahrnehmen, dass ein Artgenosse vorbeiläuft, aber es darf ihn nicht auslösen, ...

... damit die Hundebegegnung auf dem Trail dann so leicht vonstattengeht wie hier.

Fehlt dem Hund der Grundgehorsam, wird der Alltag zum Eiertanz und ihm kann wenig Freiraum und Selbständigkeit gewährt werden.
Meine Erfahrung ist die: Was Sie im Alltag nicht schaffen, schaffen Sie auch auf dem Trail nicht. Selbst wenn Sie den Hund mit Unterordnung vom Jagen abhalten können, also zum Beispiel »Bei Fuß« an der Katze vorbei oder über eine Wildspur gehen, ist das für den Einsatz noch nicht ausreichend.

Der Weg zum Opfer ist mit Pheromonen gepflastert. Entscheidend ist nicht, ob der Hund Interesse an der territorialen Urinecke hat, sondern mit welcher Vehemenz er seinen Hundeführer unvermittelt dorthin zieht. Und mit welcher Ausgiebigkeit und Versunkenheit er die hormonähnlichen Botenstoffe studiert. Dagegen hilft im Alltag die JA- oder NEIN-Regel. Kurz anriechen ist erlaubt, aber dann auch bitte sehr mit lockerer Leine. Hier sehen wir ein eindeutiges JEIN. Ein »Ja« wäre eine lockere Leine und damit eine eindeutige Erlaubnis. Ein »NEIN« wäre ein konkreter Bogen mit mehr Abstand um den »Point of interest«. Alles bitte, nur kein »JEIN«.

Wie verhält sich der Hund, wenn er frei läuft? Das ist die entscheidende Frage. Denn beim Trailen merken Sie oft gar nicht, dass der Hund zwar weiter mit der Nase arbeitet, aber begonnen hat, einem anderen Geruch zu folgen. Statt dem menschlichen Duft, folgt er plötzlich dem Aroma einer Katze, hinter ihm der ahnungslose Mensch, der ihm mit ernster Miene an gestraffter Leine folgt.

Die »Per se«-Regeln oder:
Wenn der Wald vergiftet wäre, würde kein Hund darin jagen.

Bestimmt lassen Sie Ihren Hund hin und wieder alleine zu Hause. Sie gehen einkaufen, arbeiten oder ins Kino. Räumen Sie dann alles weg, damit er währenddessen nichts beschädigt oder frisst? Sperren Sie ihn derweil in die Garage, damit er die Möbel nicht annagt, die Kissen nicht zerfetzt oder den Müll nicht plündert? Natürlich nicht! Sie erwarten, dass er die Spielregeln befolgt, die Sie zuhause für ihn aufgestellt haben. Sie halten ihn auch nicht mittels Unterordnung davon ab, sein Bein am Gummibaum zu heben oder die Schultaschen der Kinder nach alten Pausebroten zu durchforsten. Denn dann müssten Sie ihn ja »Bei Fuß« am Gummibaum vorbeiführen oder vor der Schultasche ins »Platz« schicken. Sie loben den Hund auch nicht überschwänglich, weil er sich nicht in Ihr Bett gelegt hat. Diese selbstverständlichen »Hausstandsregeln« setzen Sie durch, indem Sie deutlich Ihren Missmut zeigen, wenn der Hund sie übertritt. Und Ihre Erwartungshaltung tut das Übrige. Seltsamerweise haben wir zu vielen anderen Dingen nicht dieselbe Einstellung. Wenn unser Hund beim Spazierengehen Vögel jagt, Unrat frisst oder dermaßen an der Leine zieht, dass der tägliche Ausgang zur mühsamen Pflichterfüllung wird, handeln wir selten so entschlossen und konsequent. Woran liegt das? Vielleicht daran, dass es uns nicht wichtig genug ist oder weil kein materieller Schaden entsteht? Stellen Sie sich vor, der Wald wäre vergiftet. Würde Ihr Hund dann darin jagen?

Solange wir auf dem Trail noch mit dem Hund darüber diskutieren müssen, ob er eigene Interessen verfolgt, d.h. solange er sich ablenken lässt und andere Geruchsspuren beachtet, sind wir beim Trailen von der Stimmung des Hundes abhängig.

Nur was Sie im Alltag schaffen, schaffen Sie auch auf dem Trail.

Ein Hund der jagt oder kein Abbruchsignal kennt, ist zum Trailen in Realeinsätzen nicht geeignet. Denn er wird an der Leine ebenso jagen oder seinen eigenen Interessen nachgehen, wie er es ohne Leine tun würde. Der Mensch muss mit seinem Hund im Alltag bestehen, um überhaupt im Alltag arbeiten zu können! Ohne diese Basis ist erfolgreiches Mantrailen im Einsatz nicht möglich.

2.8 »Kommandostruktur« versus »Lass es! Per se!«

Ist zu viel Gehorsam schlecht fürs Trailen? Das schwierige an dieser Frage: Es gibt keine allgemein gültige Antwort, weil es davon abhängt, welchen Typ Hund Sie haben. Der eine braucht etwas mehr Struktur und Entscheidungsabnahme, der andere etwas mehr Selbständigkeit. Doch wer das Prinzip versteht, kann es ohne weiteres auf seine eigene Situation übertragen. Die Faustregel lautet:

Führen, aber nicht bevormunden.
Grenzen setzen, dabei aber möglichst wenig Vorgaben machen.

Eine ständige Kommandostruktur ist ebenso ungünstig, wie zu viel Nachlässigkeit. Das eine macht den Hund unselbständig, das andere führt dazu, dass er sich selbst Aufgaben sucht und sich daran gewöhnt, eigene, selbstbelohnende Interessen zu verfolgen. Es geht auch gar nicht um Kommandostruktur contra Freiheit. Denn es ist ebenso falsch, ihm dauernd Weisungen zu erteilen, wie ihn sich selbst zu überlassen. Es geht darum, den schon erwähnten Erziehungsrahmen, also die Leitplanken, angepasst an das jeweilige Individuum so zu setzen, dass sich daraus eine Art Arbeitseinstellung des Hundes modellieren lässt. Zu dieser Arbeitseinstellung oder Grundhaltung gehört das Einhalten der vereinbarten Grenzen als sogenannte »Per se-Regeln«. Das Tier soll sich angewöhnen, Regeln zu akzeptieren und die Führung des Menschen nicht in Frage zu stellen, vorausgesetzt natürlich, der Mensch hat seine Hausaufgaben gemacht und die dazu notwendigen Kompetenzen im Gepäck. Der Mantrailer soll nicht lernen, sich exakt an den Bewegungen des Menschen zu orientieren, wie es zum Beispiel bei Obedience- oder Unterordnungsprüfungen verlangt wird. Er soll möglichst eigenständig agieren, innerhalb eines fest vorgegebenen Regelwerks. Der Mantrailer braucht Freiraum und Halt zugleich.

Diese ständige Balance zwischen Hilfen geben und Selber-ausprobieren-Lassen, macht einen guten Hundeführer aus. Diesen Regler muss er ständig fein justieren, ähnlich wie die Balance aus Respekt und Vertrauen. Das bedeutet praktisch, ein Hund, der zum Mantrailer ausgebildet werden soll, braucht zwar für die Arbeit auf dem Trail keinen formalen Gehorsam wie »Sitz« oder »Platz«. Aber, und das ist der entscheidende Punkt: Je besser der Hund erzogen ist, das heißt, die Grenzen respektiert, desto mehr Freiraum kann ihm im Alltag gewährt werden.

Leif Kuse, Weyarn bei München
Bloodhound, Beaux
Magyar Vizsla, Champ
Caramia und Marie, Lagotto Romagnolo

BEISPIEL

Bevor wir zu Armin in die Ausbildung kamen, haben wir viel Unterordnung gemacht, sogar mit unserem Bluthund. Das haben wir komplett abgestellt und im Alltag diese »Leitplanken« eingeführt: Ohne diese ganze Kommandostruktur darf er mehr als früher, aber noch längst nicht alles. Und wir haben festgestellt, dass man durchaus auch mit einem Bluthund mit wenig Unterordnung durch den Alltag kommt.

2.9 Schlechte Routinen

Einige Rituale, die normalerweise den Hundealltag erleichtern, machen uns beim Trailen das Leben unnötig schwer. Jeder Familienhund kann lernen, vor dem Überqueren der Straße an einer Bordsteinkante automatisch anzuhalten. Für den Trailer ist so ein generelles Haltesignal fatal: Kommt der Hund beim Trailen an die Bordsteinkannte, sagt die Nase: »Wir müssen da rüber!« Der Kopf aber sagt: »Auf gar keinen Fall, das ist nämlich verboten!« Und schon hat der Hund einen Konflikt. Anstatt den direkten Weg über die Straße zu wählen, sucht er einen Umweg und gerät dadurch nicht selten ganz aus dem Konzept. Ebenso ist es zwar durchaus sinnvoll, dem Familienhund beizubringen, bei entgegenkommenden Hunden oder Personen automatisch umzukehren, damit Herrchen oder Frauchen entscheidet, was zu tun ist. Beim Trailer ist das aber nicht gewollt. Der Hund kann gewiss unterscheiden, ob er gerade arbeiten soll oder Gassi geht. Aber bei Handlungen, die automatisiert ablaufen, wird er durch einen Reiz einfach ausgelöst. Er sieht den entgegen kommenden Radfahrer und dreht – bei entsprechender Konditionierung – reflexartig um, weil der Radfahrer als Reiz dieses Verhalten auslöst. Und das geschieht auf dem Trail nicht anders als beim Spazierengehen.
Es ist daher wichtig, die eigenen Alltagsrituale und Konditionierungen zu überprüfen, um abzuwägen, welche Kompromisse man eingehen kann. Vorteile fürs Trailen bedeuten nicht selten Nachteile und mehr Aufwand für den Familienalltag. Dreht der Hund bei einem entgegenkommenden Radfahrer von selber um, hat der Mensch es im Alltag ohne Zweifel leichter. Aber der Hund erlebt in derselben Situation auf dem Trail einen Konflikt: Die Nase sagt »weiter«, das Gehirn befiehlt »umdrehen«. Bringt man dem Hund ein solches Verhalten gar nicht erst bei, kann er konfliktfrei trailen. Dafür muss der Mensch im Alltag mehr Management betreiben und vorausschauender spazieren gehen. Jede Medaille hat eben zwei Seiten.

Konfliktfrei trailen

durch eindeutige Alltagsregeln und das Weglassen unnötiger Konditionierungen.

2.10 Die drei Modi

Eine weitere vieldiskutierte Frage unter Mantrailern ist, ob der Hund überhaupt leinenführig sein darf. Folgendes Bild hilft vielleicht weiter: Beim Gehen stelle ich mir gerne vor, dass mein Hund sich wie ein Planet um die Sonne, um mich herum bewegen darf. Mal ist er etwas weiter weg, mal näher dran, mal bewegt er sich schneller, mal langsamer, aber er bleibt auf seiner Umlaufbahn und verselbständigt sich nicht. Das

einzuüben kann anstrengend werden, zugegeben! Aber da habe ich noch ein Modell in petto, das helfen kann: Das Modell der drei Modi. Wir alle kennen diese drei Modi von Elekrogeräten wie dem Fernseher oder der Espressomaschine:

ON **STAND BY** **OFF**

- Im **ON** ist die Verbindung voll hergestellt, alle Antennen stehen auf Empfang.
- Das **STAND BY** ist die Bereitschaft, in Sekundenschnelle voll in Betrieb zu gehen,
- und bei **OFF** ist die Verbindung gekappt.

Diese Modi gibt es bei uns Menschen in der Kommunikation auch, bloß nennen wie sie hier nicht so. Wenn ich mich mit meiner Frau angeregt unterhalte, befinden wir beide uns im **ON** Modus zueinander, alle Antennen sind auf Empfang. Wenn ich im Wartezimmer meines Arztes sitze und Zeitschriften durchblättere, bin ich im **STAND BY**, jederzeit bereit, das Zeitschriftenlesen sofort zu unterbrechen und ins **ON** zu gehen, sobald ich in den Behandlungsraum gerufen werde. Und das **OFF** erklärt sich eigentlich von selbst: »Bitte nicht stören«, »nicht ansprechbar«, »keine Zeit«, »nicht jetzt«, »sie müssen später wieder kommen« sind die Umschreibungen, die wir dafür benutzen. Und nun kommt der springende Punkt: Wenn ich draußen mit meinem Hund zusammen bin, erwarte ich, dass er mir gegenüber niemals das »Bitte nicht stören«-Schild raushängt und mir zu verstehen gibt, er sei jetzt nicht ansprechbar oder hätte keine Zeit. Wann immer ich mit meinem Hund unterwegs bin, möchte ich einen **STAND BY** Modus, der mal mehr, mal weniger Aufmerksamkeit beinhaltet, aber immer genug, um abrufbar zu sein und mitzubekommen, wann ich stehen bleibe oder die Richtung wechsle. Und hier sind wir wieder beim Thema Leinenführigkeit. Ein Mantrailer braucht nicht zu lernen, sich exakt an meinen Bewegungen zu orientieren, diese Leitplanken wären zu eng. Leinenführigkeit am Bein, ein **ON** also, wäre zu genau. Sondern der Mantrailer bekommt eine breite Straße in Form einer längeren Leine, und die Leitplanke heißt: draußen niemals ins **OFF**!

Dr. Brigitte Fiedler, BRK KV Hassberge
Urgel, Labrador-Mix
Lauser, Beagle-Jura Laufhund-Mix

BEISPIEL

Bei meinem Mantrailerhund habe ich mich überhaupt nicht damit beschäftigt, dem irgendwelche Sitz-, Platz-, Fußkommandos beizubringen. Unnötige Kommandos stören bei der Trailarbeit bloß. Ich bestehe aber darauf, dass der Hund im Alltag für mich führbar, lenkbar, kontrollierbar ist. Das ist mir ganz wichtig. Und das gelingt mir mit sehr wenigen, einfachen Mitteln. In meinem Alltag als Tierärztin brauche ich einen Hund, auf den ich mich verlassen kann, der mit mir läuft, den ich nicht dauernd an der Leine führen muss. Ich trenne das ganz streng: Geschirr drauf = Hund hat das Kommando, Geschirr runter = Alltag, ich habe das Kommando.

Im Vergleich zu einem Labrador oder einem Pudel ist der Bluthund wie ein Wesen von einem anderen Stern.

2.11 Alltag mit einem Alien

Ich möchte niemanden abschrecken und auch niemandem davon abraten, sich einen Bluthund zu kaufen, vor allem, wenn er nach einem idealen Partner für Einsätze sucht. Ich möchte nur davor warnen, sich unbedacht für diese Rasse zu entscheiden. Bluthunde sind sehr speziell, im Vergleich zu anderen Gebrauchshunderassen fast wie Wesen von einem anderen Stern. Sie sind quasi liebenswerte Alien, die ein hohes Maß an Toleranz erfordern.

Tanja Schweda
Thema: Wohngemeinschaft mit einem Bluthund

INTERVIEW

JoJo wohnt mit uns im Haus. Wir haben uns von Anfang an dafür entschieden, ihn nicht im Zwinger leben zu lassen, um die Beziehung zu fördern. Es ist etwas anderes, wenn ich eine ganze Meute Bluthunde halte. Dann können sie gemeinsam gut außerhalb des Hauses sein, also einen Großteil der Zeit ohne menschlichen Sozialkontakt verbringen, so wie sie es schon Jahrhunderte tun. Aber wir arbeiten in einer engen Beziehung zum Hund und sollten uns gut kennen. Wie bitte sehr soll ich eine enge Beziehung aufbauen, wenn der Hund drei Viertel des Tages in einem Zwinger lebt?

Dementsprechend bedeutet die Wohngemeinschaft mit Bluthund einen sehr hohen Reinigungsaufwand. Wenn meine Malinoishündin säuft, kann ich getrost im Sessel sitzen bleiben. Säuft der Bluthund, muss ich aufspringen und ihn abwischen, sonst putze ich am nächsten Tag den hartnäckigen Schlabber viel länger weg. Denn wenn er säuft, trielt das Wasser an den Lefzen runter und bildet Schleimpfützen auf dem Boden. Das ist an sich ja nicht so schlimm, aber oft schüttelt er sich hinterher und dann hängen die Schlatzen im ganzen Haus.

Bluthunde haben außerdem einen ziemlich starken Eigengeruch, leicht süßlich. Man kann sagen, sie stinken. Der eine mehr, der andere weniger. Das kommt durch die vielen Hautfalten und den vielen Speichel. JoJos Decken im Auto und seine Liegeplatzüberzüge im Haus muss ich daher häufig waschen.

Wer einen Bluthund aus einer Arbeitslinie hat, lernt die destruktiven Seiten eines Vierbeiners kennen. Unabhängig davon, ob der Übeltäter ausgelastet ist oder nicht. Bluthunde stürzen sich mit Vorliebe auf Dinge, die nach Mensch riechen. Hausschuhe, Handschuhe, Mützen sollten außer Reichweite aufbewahrt werden. Eigentlich sollte die ersten drei Jahre alles, was wertvoll ist, außer Reichweite sein. Denn Bluthunde knabbern nicht an Gegenständen herum, sie zerstören sie. Gerald hatte die damals zweijährige Bluthündin Joosy für ein paar Stunden in seinem beheizten und gefliesten Kellerraum alleine gelassen. Diese Möglichkeiten braucht man einfach, um sich mal vom Bluthund Luft zu verschaffen. Da hat dann das Ventil vom Heizungsthermostat dran glauben müssen, was an sich ja ein fester, harter Stoff ist. Diese Hunde wollen einfach viel mit dem Maul tun und haben einen gewissen Sinn dafür, etwas zu zerstören. Matratzen werden nicht nur angeknabbert, sondern fein säuberlich zerlegt. Der Begriff »Entkernung« ist unter Bluthundebesitzern durchaus geläufig.

JoJo hat nicht zu allen Räumen im Haus Zugang. Trotzdem muss ich immer nachschauen, wenn irgendwo was scheppert. Wenn ich nicht nachschaue, dann ist hinterher vielleicht etwas zerlegt. Es wird zwar besser, wenn die Hunde älter sind, aber es passiert auch noch mit einem sechs- oder achtjährigen Bluthund, wenn der Mal alleine zu Hause ist und Langeweile hat. Und die Birkenstocksandalen müssen noch heute dran glauben, wenn sie nicht weggeräumt sind.

Bluthunde sind auch mit den Pfoten sehr aktiv, selbst wenn man sich diese Feinarbeit bei ihnen nicht vorstellen kann. So öffnen sie mit Leichtigkeit Tür und Tor und verschaffen sich Zugang zu Räumen, in die sie besser nicht gehen sollten. Deshalb sind Geralds Türklinken abgesägt und senkrecht angebracht, und unsere Gartentüren haben immer ein extra Schloss oder eine zusätzliche Schnur.

Um den Hund irgendwohin mitzunehmen, brauchst Du viel Management. Du brauchst auf jeden Fall ein großes Auto, am besten mit einer Box. Ansonsten besteht die Gefahr, dass er Dir das Auto innen auffrisst. Wenn es zu heiß oder zu kalt ist, um den Hund im Auto zu lassen, kann man manche Dinge einfach nicht machen. Zum Beispiel kann ich meine Oma im Hochsommer nicht besuchen. Sie ekelt sich vor diesem Hund und hat es nicht gern, wenn ich ihn mitbringe.

Wenn Du einen Bluthund hast und ihn in Dein Leben integrierst, verändert sich Dein soziales Umfeld. Das sagt Dir zwar jeder erfahrene Bluthundehalter, aber Du glaubst es nicht. Du hast keine Vorstellung von dem Ausmaß der Belastung, wenn Deine Vorrichtungen und Dein Management nicht stimmen. Da ist es nicht verwunderlich, dass ich über unser amerikanisches Bluthunde-Netzwerk verfolgen kann, wie in den USA fast jede Woche ein Bluthund ein neues Zuhause sucht. Meist von Privatleuten abzugeben, die sich solche Kerlchen als Begleithund halten und dann nicht mehr zurechtkommen.

Wenn ich vom Einkauf zurückkomme, konnte ich bisher bei all meinen Hunden die Einkaufstaschen vor unserer Haustür abstellen, um aufzuschließen. Nicht so, wenn JoJo dabei ist. Schwupp die wupp hängt seine Riesennase und der einsetzende Speichelfluss an Wurst- und Käseverpackung. Auch Handtaschen werden gerne schlabbernd inspiziert, falls in Reichweite.

Wir haben extra einen Zaun gebaut, damit er nicht auf die Terrasse laufen kann, wenn Gäste kommen. Es ist wichtig, die Gäste durch den Zaun zu schützen, denn immer, wenn Essen auf den Tisch kommt, ist JoJo außer Rand und Band. Er trielt, er schlabbert und er schüttelt sich. Also haben wir diesen Zaun gebaut, damit er dabei sein kann, aber keinem auf dem Schoß sitzt oder den Kopf auf dem Tisch legt. Und ich rate jedem dazu, auch im Haus eine Anbindevorrichtung für solche Momente zu installieren. Am Schwierigsten ist, dass Du sehr viel Vorausdenken und die Befindlichkeiten Deiner Mitmenschen berücksichtigen musst, denn so ein stinkendes, schlabberndes Tierchen ist nun mal nicht jedermanns Sache. Und da kannst Du noch tausendmal sagen, er ist für einen guten Zweck, aber das interessiert niemanden in dem Moment, wo er einen vollsabbert. Da fühlt sich jeder in seinem Komfort einfach eingeschränkt.

Um ihn im Urlaub mal unterzubringen, brauchst Du wirkliche Freunde oder vernarrte Schwiegereltern. Am besten, die haben einen großen, ausbruchsicher eingezäunten Garten oder aber sie lassen sich durch die Gegend ziehen. Der Hund sollte nämlich zur Sicherheit aller an der Leine laufen. So muss also jemand bereit sein, bei diesen 55 Kilo hinten dran zu hängen.

Mit acht Jahren Bluthunderfahrung, die ich jetzt habe, wird es natürlich leichter. Du weißt, was Du erwarten kannst und was nicht. Anfangs habe ich gedacht, ich probiere mal ein bisschen aus, vielleicht kann der Hund ja »Platz« lernen oder apportiert. Ich bin da sehr ambitioniert und engagiert rangegangen, musste im Laufe der Zeit aber feststellen, dass dieser Hund einfach eine »Synapse« zu wenig hat, nämlich die »Synapse für Zusammenarbeit«. Für JoJo ist es viel lustiger, sein Ding zu machen und mir etwas abzuluchsen, anstatt mir was zu bringen. Das ist ein ganz großer Spaß vom Bluthund, dass er etwas in Besitz nimmt und dann absichert. Er knurrt Dich auch furchtbar gerne an, nach dem Motto: Komm jetzt nicht näher, das ist meins! Manchmal brummt er schon rum, weil ein Geruch in der Luft liegt, den er für sich beansprucht. Da kannst Du noch so oft Handfütterung machen. Das ändert nichts.

Hoch spezialisiert, aber außerhalb seiner Geruchswelt zu kaum etwas zu gebrauchen: Der Bluthund.

Aufgrund seiner Besonderheit muss dem Thema »Bluthund im Alltag« ein eigenes Kapitel gewährt werden. Ich beschreibe den Bluthund gerne als »geruchlichen Autisten«. Ich weiß, dass die Bezeichnung »Autist« nicht ganz zutreffend ist, denn der Hund ist weder entwicklungsgestört, noch hat er Probleme mit der Informationsverarbeitung. Was ich damit ausdrücken möchte, ist, dass diese Hunde, ähnlich wie Autisten, in ihrer eigenen Welt leben und viele Dinge anders wahrnehmen und verarbeiten als andere Rassen. Man dringt nicht so leicht zu ihnen vor. Wenn Sie Ihren Schäferhund oder Ihren Cockerspaniel mit zu Freunden nehmen, können Sie ihn mit einem Kommando dort ins »Platz« legen. Den Bluthund müssen Sie entweder anbinden, oder er läuft erst mal eine zeitlang rum, sabbert die Einrichtung voll, und wenn er schließlich genug davon hat, legt er sich hin und schläft.
Der durchschnittliche Bluthund kann draußen auch nicht frei laufen, denn er hat im Grunde ständig etwas in der Nase und rennt gedankenversunken – kilometerweit. Er schaltet komplett ab, geht also ins **OFF** und ist nicht abrufbar. Um das zu ändern, müsste man entweder sehr kommunikativ spaziergehen, sich also zum Beispiel andauernd verstecken, oder sehr massiv einwirken. Was für andere Hunde richtig wäre, ist beim Bluthund leider falsch. Der **STAND BY** Modus, den andere Rassen ohne weiteres halten können, schlüsselt den Bluthund ein Stück weit auf. Das bedeutet, man holt ihn dadurch teilweise aus seiner Geruchswelt heraus. Daher muss man vorsichtig sein. So mühsam das auch ist, aber gerade in dieser Eigenschaft, komplett abzuschalten und

sich völlig in der Geruchswelt zu verlieren, liegt die Qualität dieser Hunde beim Trailen. Die Kunst ist, sie so zu führen, dass man sie nicht aufschlüsselt, sie also so weit als möglich in ihrer Welt belässt, ihnen aber trotzdem Führung vermittelt, so dass sie an der Aufgabe bleiben, die ihnen gestellt wird. Das kann bedeuten, den Hund ein Leben lang an der langen Leine zu führen, weil die Leine schlichtweg verhindert, dass er sich und andere im Alltag in Gefahr bringt.

Dieses T-Shirt habe ich aus Amerika mitgebracht. »Sit Happens«, »Sitz ist ein Zufall,« beschreibt genau den Charakter des Hundes.

Elke Grießmayer, Rettungshundestaffel DLRG OG Radolfzell
Linus, Bluthund
Dakota, Bluthund

BEISPIEL

Ohne Febreze und Feuchttücher gehe ich mit meinem Bluthund nirgends hin. Diese zwei Sachen habe ich immer dabei. Meiner sabbert zwar nicht so viel wie andere, aber wenn der sich schüttelt, hängt das Zeug am Sofa, an den Gardinen und an der Tapete. Man braucht mit einem Bluthund schon ein sehr tolerantes Umfeld.
Wenn ich mich morgens fürs Büro fertig mache und sauber angezogen bin, kann ich nicht mehr durch die »Bluthundzone« gehen. Das muss man alles planen. Zuhause brauchst Du einen Raum, in dem Du ihn einfach mal »parken« kannst. In seiner Penetranz und Hartnäckigkeit kann er einem sonst zu sehr auf den Geist gehen. Im Urlaub findet man kaum jemanden, der diesen Hund betreut. Außerdem sind Bluthunde sehr sensibel, deswegen nehmen wir unseren Linus lieber mit. Aber das geht nur in einem Ferienhaus mit großem umzäunten Garten. Man schafft sich keinen Bluthund an, man tut sich einen Bluthund an! Und das ist definitiv kein Familienhund, das ist ein Arbeitshund. Man muss überzeugt sein und von vorne herein wissen, worauf man sich einlässt, um bewusst sagen zu können: »Ich will das!«

Ich empfehle für den Bluthund sogar ab und zu das Halti. Denn es vermittelt klare Führung, ohne dass wir diskutieren müssen. Das Halti signalisiert: Die Führungsfrage stellt sich jetzt nicht. Die wenigsten Menschen schaffen auf Anhieb die Balance, diesem Hund Führung zu erklären, ohne ihn einzuschüchtern. Außerdem hat das Halti den Effekt, dass wir Menschen beim Laufen nicht ständig auf den Hund zu achten brauchen. Die dauernde Kommunikation, der dauerende Wechsel zwischen Gas und Bremse – lauf, komm her, stop, weiter, lass das, langsam – wird durch das Halti ersetzt. Wir bewegen uns unbefangener und natürlicher, wodurch die Botschaft: »Die Frage, wer führt, stellt sich gerade nicht«, verstärkt wird. Diese selbstverständliche Autorität wird erleichtert. Durch das Halti bekomme ich die Nase des Hundes und somit auch seine Bewegungen unter Kontrolle. Um Missverständnissen vorzubeugen, betone ich nochmals:

Das Halti ist kein Ersatz für die Erziehung und soll nur gezielt und temporär eingesetzt werden.

Natürlich, jedes Hilfsmittel ist so gut oder schlecht wie derjenige, der es verwendet. Das gilt für etwas so Alltägliches wie die Leine ebenso, wie für das Halti. Man darf den Hund damit keinesfalls aus dem Lauf herumreißen oder wild daran zerren. Das Halti ist als reine Führhilfe für einen reflektierten Umgang gedacht. Die richtige Handhabung sollte unbedingt mit einem Trainer eingeübt werden.

Das Halti ist auch gut geeignet, um dem Bluthund etwas beizubringen, was außerhalb seiner Geruchswelt liegt. Denn ich kann verhindern, dass die Nase ständig am Boden ist. Wenn ich mit ihm am Halti durch die Stadt gehe, kann er mehr optisch und akkustisch wahrnehmen, als wenn die Nase sein ganzes Denken bestimmt. Ich kann ihn seine Umwelt stärker mit anderen Sinnen erfahren lassen, als es ohne Halti möglich wäre.

2.12 Frage & Antwort

Was ist das Besondere an Deiner Ausbildungsmethode?
ARMIN SCHWEDA: Es gibt für mich keine Methode beim Trailen. Es gibt nur eine Gesamtphilosophie. Und die umfasst das Zusammenleben mit dem Hund als Ganzes und nicht allein einzelne Trainingseinheiten. Das Training ist lediglich ein Teil des Gesamtpakets. Zu diesem Gesamtpaket gehört auch der Alltag. Wer im Alltag nicht auf Kleinigkeiten achtet, dümpelt bei der Arbeit immer in der Mittelmäßigkeit herum. Denn Mantrailing selber können wir gar nicht ausbilden. Suchen kann der Hund bereits, er muss finden wollen. Es ging zu lange immer nur um die Nase, um die Riechfähigkeit, die Anzahl der Riechsinneszellen usw. Das ist nicht der springende Punkt, sondern die drei Komponenten:

1. KONZENTRATIONSFÄHIGKEIT,
2. ALLTAGSNEUTRALITÄT und
3. OPFERBINDUNG,

die kann ich am Hund ausbilden, mehr nicht.

Warum hast du dir einen Bluthund zum Mantrailing gekauft?
ARMIN SCHWEDA: Der Bluthund ist für mich das geeignete Tool, das »beste Werkzeug« zum Trailen. Die Rasse ist aber keine Garantie dafür, dass der Hund auch einsatzfähig wird. Manche Teams mit Gebrauchshunden sind um Längen besser, wenn sie aufeinander abgestimmt sind, als das unabgestimmte Team mit einem Bluthund.

Was müssen Leute, die sich eventuell einen Bluthund kaufen wollen, für den Umgang im Alltag wissen?
ARMIN SCHWEDA: Der Bluthund lebt in seiner eigenen Welt. Daher ist das Ohne-Leine-Laufen kontraproduktiv zu dem, was wir tun. Und zwar aus einem einzigen Grund: Wir schlüsseln den »Autisten« auf. Mit meinem eigenen Hund wollte ich es damals ausprobieren und mir und anderen beweisen, dass es geht. Ich wollte Antworten geben können auf Fragen wie: Warum kann ich mit einem Bluthund keine Unterordnung machen? Meine schweizerischen und amerikanischen Ausbilder waren damals entsetzt. Dafür kann ich heute diese Antwort geben: Ich schlüssele mir diesen »Autisten« auf. Ich mache mir das, warum diese Rasse eigentlich so genial ist, teilweise kaputt. Denn ein frei laufender Hund reagiert auf meine Körpersprache, zumindest sollte er das! Er kommuniziert, er achtet auf mich, passt sich an und ist nicht mehr nur in seiner eigenen

Welt. Das geht natürlich auch mit einem Bluthund. Aber dieses Experiment hat mich ein ganzes Jahr zusätzliche Ausbildung gekostet. Weil JoJo in Schlüsselsituationen, an Entscheidungspunkten, wenn er in einen Konflikt geraten ist, lieber zum »Papa« geguckt hat, als seinen Job zu tun. Die Ursache dafür oder das, was es zumindest schlimmer macht, liegt im Alltag. Obwohl es dort eigentlich blendend läuft, eben weil der Hund beim Gassigehen mit mir kommuniziert und nicht nur in seiner eigenen Welt lebt.

Würdest Du es, rückblickend betrachtet, anders machen?
ARMIN SCHWEDA: Ich habe es sehr genossen, dass mein 55 kg schwerer Hund frei laufen konnte. Das hat mit diesem Hund, in der Kombination mit mir, super funktioniert. Ob ich es allerdings nochmal tun würde, weiß ich nicht. Wir hatten ja zwei Bluthunde in der Staffel. Die Schwester meines Rüden wurde zeitgleich von meinem befreundeten Kollegen Gerald Schaller angeschafft. Gerald führte den Hund von Anfang an nur an der Leine Gassi, er hat Joosy nie frei laufen lassen. Dadurch hat Gerald die ersten Jahre viel leichter arbeiten können als ich, und er hat auch kein Jahr verloren. Aus einem entscheidenden Grund: Der Hund kannte nicht diesen ständigen Rückbezug zum Hundeführer. Er ist in Entscheidungssituationen bei der Arbeit geblieben, wo meiner sich dann umgedreht und gefragt hatte: Kleiner Tipp?

Mein Freund und Staffelkollege Gerald Schaller (links) mit Joosy und ich mit JoJo im Winter 2003.

Was ist die wichtigste Regel für einen Mantrailer im Alltag?
ARMIN SCHWEDA: Den Hund im Alltag nichts ausleben zu lassen, was dir im Trailen auf die Füße fallen kann, und das ist leider sehr vieles. Das heißt nicht, den Hund ständig zu maßregeln oder andauernd in die Unterordnung zu nehmen. Das geht beim Bluthund sowieso nur bedingt. Es muss Respekt da sein und Vertrauen, mehr will ich gar nicht. In meiner Welt nenne ich das Hausstandsregeln oder Per se-Regeln.

Und wie setze ich die durch?
ARMIN SCHWEDA: Das hat viel mit Einstellung und Prioritäten zu tun. Das, was einem wirklich wichtig ist, setzt jeder für sich persönlich irgendwie durch. Es gibt zum Beispiel eine Per se-Regel die beherrscht selbst der Dackel von der Oma Maier: An

der Straße, wenn der Hund sich erlaubt, da einfach reinzulaufen, kriegt er selbst von der Oma den Regenschirm drauf. Warum? Es könnte ihn umbringen.
Aber genau diese Regel gibt es für Trailer nicht.

Warum darf ein Trailer diese Regel nicht lernen?
ARMIN SCHWEDA: Ich erlebe viele Gebrauchshunde, die möchten beim Trailen gerne eine Straße überqueren, aber haben schon als Baby gelernt: Auf jeden Fall anhalten an der Straße! Und dann haben die immer einen Konflikt, weil ihnen drinnen eine Art Code sagt: VERBOTEN! Aber ansonsten: Mülltüten anlaufen, Döner am Boden fressen, Hundehaufen in Parkanlagen studieren, Kinder verfolgen: NEIN. Das heißt aber nicht, diese Situationen zu meiden, sondern es heißt, sich zu konfrontieren und es dem Hund zu erklären. Ich muss dem Hund sagen, was mir passt und was mir nicht passt. Deshalb spreche ich von Respekt, aber nicht von Unterordnung. Hier geht es nicht um Dressur. Ich habe diese Diskussion oft mit Diensthundeführern, die behaupten, sie hätten mit Katzen kein Problem. Katzen sind nämlich das Thema Nr. 1 für einen Trailer. Katzen sind viel kritischer als Karnickel, denn es gibt jede Menge von ihnen und zwar überall. Es hilft aber nichts, wenn ich zu meinem Hund sage: LASS DIE KATZE! FUSS!! und laufe unterordnungsmäßig dran vorbei. Entscheidend ist, was tut der Hund, wenn er frei läuft? Sagt er dann zu mir: »Rückmeldung, ich habe verstanden, geht mich nichts an.« Oder wird er nur durch meine Unterordnung im **ON** gehalten? Ist letzteres der Fall, taugt es nicht fürs Trailen, denn beim Trailen muss ich dem Hund vertrauen können. Es gibt viele Trailer, die verschwinden in Hinterhöfen »weil sich dort der Geruch fängt«. Die Hunde scannen den ganzen Balkonbereich ab und man überlegt, ist da vielleicht die gesuchte Person? Oder man denkt an Thermik, Kamineffekt und so weiter. Dabei hockt bloß so ein fetter Kater hinter der Betonwand.

Bloß eine Katze oder doch die vermisste Person?

Wie übt man diese Neutralität gegenüber potentieller Beute?
ARMIN SCHWEDA: Nicht indem man zum Wildgehege geht oder sich vor eine Katze stellt und sagt: Guck mal, das ist verboten! So werden viele Hunde erst aufmerksam auf eine Sache. Es muss eine Normalität gelebt werden, so dass der Hund zu einer Alltagsneutralität gelangt. Das hat wieder sehr viel mit der Einstellung des Menschen zu tun und seiner Durchsetzungskraft im Sinne von: »Ich will es nicht, also lass es!« Wenn Schluss ist, dann ist Schluss. Und beim Bluthund sieht das so aus: Hingehen, nicht diskutieren, mitnehmen.

Welche weiteren Regeln sind für einen Trailer besonders wichtig?
ARMIN SCHWEDA: Bevor sich der Mensch beim Trailen der Führung seines Hundes überlässt, sollten ein paar Grundregeln erarbeitet worden sein, natürlich unter Berücksichtigung des jeweiligen Alters- und Ausbildungsstandes des Hundes.
Erstens: Ablenkungen neutral begegnen. Alles, was mir während des Trailens an Ablenkungen begegnen kann, sollte mein Hund auch im Alltag gelassen hinnehmen. Wenn der Hund beim Gassigehen nach Mäusen buddeln oder Krähen aufscheuchen darf, wird er das auch während der Suche tun, wenn ihm danach ist. Jede Nachlässigkeit im Alltag büßt der Hundeführer auf dem Trail.
Zweitens: Gewisse Grundbedürfnisse müssen immer erfüllt sein. Zu diesen Grundbedürfnissen gehört neben den selbstverständlichen Dingen wie genügend Schlaf- und Ruhezeiten auch ausreichender Sozialkontakt. Wichtig ist, dass der Hund auch fremde Artgenossen trifft und nicht immer mit denselben Kumpels spielt, damit das Kennenlernen neuer Hunde nichts Besonderes ist. Allerdings sollten diese Dinge durch den Mensch klar geregelt werden. Das bedeutet, beim Gassigehen deutlich zu unterscheiden zwischen Phasen, in denen der Hund Freizeit hat und Arbeitsphasen, in denen er sich auf den Hundeführer oder eine gemeinsame Beschäftigung konzentrieren soll. Die »Jagdzeitung lesen« ist selbstverständlich generell tabu.
Drittens: Den Hund möglichst wenig sich selber überlassen, die Führung übernehmen und immer kommunikativ spazieren gehen. Ein Hund, der nicht gelernt hat, sich ohne »Wenn und Aber« an die vom Menschen aufgestellten Regeln zu halten, wird nicht zuverlässig arbeiten.

Mal ehrlich: Wie realistisch ist es, dass der Hund beim Gassigehen von sich aus nichts vom Boden frisst, keiner Katze nachgeht und keinem Hasen, nicht buddelt und keine Pinkelflecken studiert? Ist das nicht eine zu hohe Erwartung, schließlich können wir alle keine Wunderhunde produzieren.
ARMIN SCHWEDA: Es ist unrealistisch, wenn man erwartet, dass der Hund diese Dinge einmal lernt und dann für immer sein lässt. Das klappt natürlich nicht, sondern man muss ständig dran bleiben und nachjustieren. Deshalb ist ja der Alltag so wichtig und entscheidend für den Erfolg des Teams bei der Arbeit. Bis man überhaupt mal soweit kommt, dass der Hund zuverlässig ist, vergehen oft Jahre. Der erste und wichtigste Schritt für diese Alltagsneutralität ist, dass der Mensch den Hund ohne großen Aufwand von allem, was verboten ist, abhalten kann. Geht er zum Beispiel frei, also ohne Leine, auf eine Katze zu, sollte ein kurzes »Nein« reichen, um jede Spannung aus dem Hund zu holen und er akzeptiert, dass ihn die Katze nichts angeht. Mit der Zeit wird der Hund dann die Ablenkungen immer gelassener hinnehmen! Das Ganze lebt aber von der Bereitschaft des Hundeführers, immer aufmerksam zu sein, um notwendige Korrekturen rechtzeitig vornehmen zu können und nichts »anbrennen« zu lassen!

Mist! Der schrille Alarmton des Piepsers erwischt sie an der Fleischtheke des Supermarktes. Sie greift in die Jackentasche, schaltet ihn aus und schätzt ab, wie lange es noch dauert, bis sie ihre Bestellung aufgeben kann. Zu lange! Auch an der Kasse hat sich bereits eine Warteschlange gebildet. Sie reißt sich zusammen, unterdrückt den aufkommeden Ärger. Jetzt geht es nur darum, pragmatisch und schnell zu sein. Sie nimmt den halbvollen Einkaufswagen und schiebt ihn vor das Regal mit den Zeitschriften. Mit etwas Glück fällt er dort niemandem auf, und sie kann später wiederkommen und den Einkauf fortsetzen. Sie verlässt den Supermarkt durch die automatische Tür, greift zum Telefon und ruft ihren Staffelleiter an. Natürlich besetzt. Was jetzt kommt, hat sie schon oft durchgespielt: Auf dem schnellsten Weg nach Hause fahren, unterwegs vielleicht noch tanken. Die Tasche mit der Einsatzkleidung aus dem Keller holen und den Rucksack mit Funkgerät, GPS, Erste-Hilfe-Ausrüstung, Taschen- und Stirnlampe sowie sämtlichen Ersatzakkus. Während sie die Skiunterwäsche anzieht, kommt die SMS mit der Anfahrtsadresse. Auch das noch. Dreißig Kilometer über die Autobahn. Sie ruft eine

Kollegin an: »Bist Du dabei? Wir haben Einsatz. Soll ich Dich mitnehmen oder fährst Du selbst?« Der Akku des Handys ist fast leer. Den wird sie im Auto am Zigarettenanzünder aufladen. Bloß das Kabel nicht vergessen! Und den Kilometerstand vor der Abfahrt notieren! Bevor sie sich weiter anzieht, geht sie in die Küche und setzt Wasser auf, um Tee zu kochen. Etwas Warmes für später – so viel Zeit muss sein. In einer Stunde wird ihr zehnjähriger Sohn aus der Schule kommen. Während das Teewasser kocht, schreibt sie ihm einen Zettel, legt ihn mit etwas Geld auf den Esstisch. Der Kühlschrank ist leer, er wird sich etwas holen müssen. Sie wird ihn von unterwegs anrufen, fragen, wie es in der Schule war. Und daran erinnern, dass er seine Hausaufgaben macht und Mathe lernt. Eigentlich wollten sie das zusammen machen. Vielleicht würde ihr großer Sohn einspringen. Sie wird ihn später anrufen. Sie sucht den Zettel mit der Adresse des Zahnarztes. Lieber den Termin gleich absagen. Falls sie überhaupt rechtzeitig zurück sein würde, braucht sie die Zeit für Haushalt und Kinder. Und schließlich wartet der Einkaufswagen noch vor dem Zeitschriftenregal.

3. KOMPONENTE

Opferbindung – Der Wille zu finden

Lernen braucht
Wissen, Zeit und gute Gefühle.

Tanja Schweda

3.1 Opferbindung – Die Freude am Menschen

»Mein Hund sucht so gerne. Ständig hat er die Nase am Boden, das wäre bestimmt ein toller Mantrailer«, meinen viele. Doch mit Freude suchen, ist das eine. Die viel wichtigere Frage ist, will er Menschen finden? Gerüche von Rehen und Hasen ziehen Hunde an wie ein Magnet. Das ist genetisch in ihnen angelegt. Die Suche nach Menschen aber ist zu 100 Prozent künstlich. Was können wir also tun, um im Hund die Motivation zu erzeugen, Menschen zu finden? Das ist das Thema der Komponente OPFERBINDUNG*.

OPFERBINDUNG ist die Kunst, das »Findenwollen« im Hund herauszubilden und zu fördern. Das heißt nicht, den Hund ständig zu bespaßen, ihn mit Futter zu bestechen oder zum Balljunkee zu machen. Wie soll sich ein Hund, der ständig nur an Spielzeug oder Futter denkt, auf den Individualgeruch eines Menschen konzentrieren? Ein Hund der nach Mensch sucht, sollte dabei auch den Mensch im Kopf haben. Insofern wäre die Bezeichnung »Menschenbindung« hier eigentlich treffender.

Diese generelle Bindung an den Menschen ist eine Mischung aus Motivation und festem Regelwerk mit dem Ziel, dass der Hund aus sich heraus finden möchte. Er soll die fremde Person aus eigenem Antrieb finden wollen und sie daher ausdauernd und konzentriert suchen. Nur so kann man dem Hund wirklich vertrauen. Diese intrinsische, von innen kommende Motivation in ihm zu wecken, ist mehr als eine Arbeit, es ist eine Handwerkskunst.

* In diesem Buch verwenden wir verschiedene Begriffe für denjenigen, dessen Geruch der Hund suchen soll. Im Ernstfall spricht man eher von Opfer oder von der vermissten Person. Im Übungsbetrieb hingegen eher von Spurleger, Runner, Läufer, Versteckperson oder Trailleger.

TEIL I: DIE MOTIVATION

3.2. Overdose – Der Wille zum Erfolg

Overdose heißt ein krummbeiniges ungarisches Rennpferd, das immer nur siegen will. 2009 hob ihn die New York Times auf ihre Titelseite, und Menschen aus 21 Ländern traten seinem Fanclub bei. Für die Ungarn ist Overdose zu einem Nationalheld geworden. Seine Geschichte erinnert stark an die eines anderen Galoppers, den legendären Seabiscuit, dessen Karriere in den 1930ern ebenfalls nicht sehr vielversprechend begann, und der zum erfolgreichsten Rennpferd seiner Zeit wurde. In Seabiscuit, der klein, faul und verfressen war, schlummerte nämlich das Herz eines Kriegers, der sich selbst aus einer ausweglosen Situation nach vorne kämpfte. Laura Hillenbrand schrieb 2001 ein Buch über sein Leben

Finden wollen ist beim Mantrailing der Schlüssel zum Erfolg.

und 2003 erschien der Film »Seabiscuit – Mit dem Willen zum Erfolg«, der für sieben Oscars nominiert wurde. Was fasziniert uns so an diesen Pferden? Es ist jener »Wille zum Erfolg«, der letztendlich entscheidender ist, als ein idealer Körperbau oder teure Trainingsmöglichkeiten. Übertragen wir diesen »Willen zum Erfolg« aufs Mantrailing, sind wir wieder beim Thema OPFERBINDUNG.

Weder Seabiscuit noch Overdose siegten, weil am Ende ein Sack Hafer oder ein paar Möhren auf sie warteten. Sie waren auch nicht deshalb so schnell, weil sie panikartig vor etwas flüchteten. Sie rannten sich die Seele aus dem Leib, weil sie als erster durchs Ziel kommen wollten. Ross und Reiter verfolgten dieselbe Absicht, nämlich zu gewinnen. Was im Rennsport die Ziellinie ist, ist beim Mantrailing das Auffinden einer Person. Dafür brauchen wir Hunde, die nicht nur suchen, sondern vor allem finden wollen, und zwar Menschen und nicht Futter. Möchte der eine Futter oder sein Spielzeug finden und der andere Personen, haben beide Teampartner unterschiedliche Interessen; keine gute Voraussetzung für ein erfolgreiches Duo.

Anstatt zusammen an einem Strang zu ziehen, wird versucht, Leistungsbereitschaft mit Leckerlis zu erkaufen. Das hängt insbesondere damit zusammen, dass die Hundeerziehung seit einigen Jahrzehnten von dem Gedanken beherrscht wird, Verhalten ließe sich am besten durch die Aussicht auf Belohnung oder Bestrafung steuern. Die Beziehung von Mensch und Hund tritt dabei komplett in den Hintergrund und macht so genannten »Verstärkern« Platz, mit denen das Verhalten des Hundes geformt werden soll. Der größte Teil dieser »Verstärker« geht durch den Magen. Hundeerziehung ohne Futterbelohnung ist praktisch undenkbar geworden.

»Stell Dir vor, du machst Sitz und es gibt nichts zu fressen!«

3.3 Die Bestechungsfalle

Die Gefahr, als Erzieher in die Bestechungsfalle zu geraten, ist groß. Vor allem, wenn der Mensch einen oberflächlichen und einfachen Weg sucht, das Verhalten des Hundes zu beeinflussen. Probleme entstehen, weil der Hund die Freiheit hat »Nein« zu sagen und sich aktiv gegen den Menschen entscheiden kann. Ein Beispiel für die Eltern unter uns: Sie möchten, dass Ihr achtjähriger Sohn sein Zimmer aufräumt und versprechen ihm zehn Euro dafür, frei nach dem Motto: Belohnung ist die beste Motivation. Das lässt Ihrem Sohn die Freiheit, sich gegen die zehn Euro zu entscheiden, weil ihm das Geld die Mühe nicht wert ist. Das Zimmer bleibt unaufgeräumt.

Motivieren und führen, das ist irgendwie eins geworden, in dem Glauben, jegliches Verhalten könne durch Belohnungen manipuliert werden. Gemeint ist aber nicht das unerwartete und ehrlich gemeinte Lob, sondern ein kühl kalkulierter Leistungsanreiz. Doch derartige Anreizsysteme wirken nur dann, wenn sie immer wieder gesteigert werden. Um beim oben genannten Beispiel zu bleiben: Wenn Ihr Sohn für zehn Euro nicht aufräumt, dann vielleicht für zwanzig. Fällt die Belohnung mal ganz weg, sinkt die Leistungsbereitschaft sofort ins Bodenlose. Das ist bei Hunden nicht anders als bei Menschen. Daher stammt die Angst vieler Hundeführer vor so genannten Leersuchen, vor allem in Einsätzen, wo man nur in höchstens einem Drittel aller Fälle die Person tatsächlich findet (mehr dazu auf Seite 226). Ist die Opferbindung jedoch gefestigt, hat der Hund eine innere Motivation, Menschen zu suchen. Dann muss man sich keine

Sorgen machen, wenn mal eine Leersuche vorkommt. Ein weiterer, oft vergessener Aspekt ist, dass alle Konditionierungstheorien letztendlich davon ausgehen, dass Tiere weder denken noch besonders viel fühlen können. Die Väter der operanten Konditionierung, John B. Watson und Burrhus Frederic Skinner, betrachteten den Hund als leeres Blatt Papier, das mittels Reiz-Reaktionsmuster beschrieben werden kann. Sie gestanden den Vierbeinern nur einige grundlegende Gefühle wie Angst und Schmerz zu, der Rest war Instinkt und rein triebgesteuert. Obwohl dem kaum ein Hundehalter heutzutage noch zustimmen würde, werden Hunde überwiegend konditioniert. Alle Hörzeichen basieren nur auf Konditionierung. Natürlich lassen sich dem Hund durch Konditionierung bestimmte Verhaltensmuster beibringen, das sind aber nicht mehr als oberflächliche Kunstgriffe. Ich sehe im Hund keine Maschine, die es richtig zu programmieren gilt. Ich sehe ihn als fühlendes und denkendes Lebewesen und möchte ihn daher auf einer viel tieferen Ebene erreichen, als durch Konditionierung je möglich ist. Ich möchte ihn zur Mitarbeit für mich gewinnen.

Für Hunde macht es einen Unterschied, ob das, was sie lernen sollen, zu ihrer Eigenart und ihren Fähigkeiten passt oder ob der Zweck einer Handlung nur darin besteht, am Ende ein Stück Futter zu bekommen. Bieten wir dem Hund Aktivitäten an, die seiner Natur entsprechen, hält er diese für sinnvoll. Für artgerechte Aktivitäten ist der Hund von sich aus (intrinsisch) motiviert und braucht keine künstliche, von außen kommende (extrinsische) Motivation. Für einen Pointer ist eine Stöberjagd inklusive Vorstehen und Anpirschen das Nonplusultra, für einen Schweißhund das Verfolgen einer Wildfährte. Das Fressen nach der Jagd gehört zwar mit dazu, ist aber eher das Sahnehäubchen auf dem Stück Kuchen. OPFERBINDUNG hat das Ziel, dem Hund die Suche nach einem Menschen als einen naturnahen Ersatz zu präsentieren. Man könnte es auch in Computersprache sagen: Die »Datei Wild« wird still gelegt und die »Datei Mensch« aktiviert. Die Futter- oder Spielzeugbelohnung verstärkt die Motivation des Hundes, ist aber, zumindest bei meiner Ausbildung, nicht der alleinige innere Antrieb bei der Suche, sondern das Sahnehäubchen.

3.4 Extra-Cash: Ist Motivation käuflich?

Mir ist ein weiteres Problem bei ständiger Futterbelohnung aufgefallen: Die Hunde beginnen, uns zu manipulieren. Sehr schnell haben die Tiere begriffen: »Tue ich was, bekomme ich was dafür« und drehen den Spieß um: »Ich tue nur was, wenn ich etwas dafür bekomme.« Wer bewegt also wen, der Mensch den Hund oder der Hund den Menschen? Leistung bringt Wurst, aber gilt deswegen auch der Umkehrschluss? Bringt Wurst auch Leistung? Wir wissen aus der menschlichen Verhaltensforschung, dass durch die Erhöhung des Reizniveaus von außen, also durch Belohnungen oder durch so genannte Boni, der Eigenantrieb sinkt.

Geld schafft Erbsenzähler

»Kinder sind per se motiviert zu helfen«, meint Harvard-Psychologe Felix Warneken »Wer sie für ihre Hilfeleistungen belohnt, der schwächt dadurch ihren inneren Drang, helfen zu wollen.« Ähnliches sagt der Psychologe Edward Deci von der University of Rochester. In einem seiner Experimente belohnte er Kinder fürs Puzzlespielen – also für eine Tätigkeit, die sie von sich aus gerne ausführen. Wiederum wirkte die Belohnung destruktiv. Geld schafft Erbsenzähler. Jene Kinder, die Süßigkeiten fürs Puzzeln bekamen, verloren schneller die Freude daran als Kinder, die gar nicht erst entlohnt wurden. Mark Lepper schließlich, Psychologe an der Universität Stanford, wies bereits vor Jahren nach, dass sich die Fähigkeit von Kindern, Denksportaufgaben zu lösen, auf eine ganz einfache Weise zerstören lässt: indem man ihnen eine Belohnung verspricht.

»Nach Angaben der Psychologin Nicola Baumann von der Universität Trier belegen mittlerweile mehr als 100 Studien, dass Belohnung die Eigenmotivation schwächt. Und diese Aussage gelte nicht nur fürs Kinderzimmer, sondern auch in den Bürogebäuden und Produktionsstätten erwachsener Menschen, wo man glaubt, dass am ehesten Geld, Urlaub oder Sonderzahlungen die Leistungsbereitschaft steigerten.

Das Gegenteil sei der Fall, sagt Lepper. Wer für seine Arbeit bezahlt wird, der folgert unwillkürlich, dass er nicht um der Sache selbst willen arbeitet, sondern nur fürs Geld – und das sei eine fatale Umdeutung. Ein profaner äußerer Anreiz schiebe sich dann über das ursprünglich hehre innere Handlungsmotiv. Verhalten lässt sich nicht durch äußere Anreize oder Sanktionen beliebig an- und ausschalten. Und Projekte wie die Online-Enzyklopädie Wikipedia beweisen mittlerweile, dass motivierte Menschen auch für Null-Honorar ihr Bestes geben.«*

Diese Erkenntnisse aus der menschlichen Verhaltensforschung stimmen nachdenklich. Sicherlich lässt sich nicht alles 1:1 auf den Hund übertragen, aber eins ist klar:

Anstatt: »Was kann ich noch tun, um ihn zu motivieren?« könnte man auch fragen: »Was habe ich alles getan, um ihn zu demotivieren?«

Viele Hunde arbeiten deshalb nicht zuverlässig, weil das Fundament nicht richtig gelegt und OPFERBINDUNG mit einem »Bezahlsystem« verwechselt wird. Eine gute Arbeitseinstellung entsteht aber nicht durch materielle Abhängigkeit. Im Gegenteil, durch die ständige »Bezahlung« verschieben sich die Gewichte von dem Interesse am Tun hin zum Interesse an der Belohnung. Im Übungsbetrieb kann man häufig beobachten, dass sich Hunde vom »Opfer« abwenden, sobald sie merken, dass dieses kein Futter mehr hat. Ohne Futter oder Spielzeug, kein Interesse am Menschen.

* N. Westerhoff in der Süddeutschen Zeitung vom 02.09.2009

Anreizen mit Futter oder Spielzeug, leider ein gängiges Prozedere bei den meisten Ausbildungen.

Oft werden auch – wie hier – übertrieben energiegeladene Aktionen seitens des Helfers gezeigt, um den Hund »triebig« zu machen. Ein Ausbildungsfehler, der dem Hund eine »Ich-werde-bedient-Mentalität« beibringt.

Außerdem drängt die Aussicht auf Belohnung den Hund dazu, nach einfachen und schnellen Lösungen zu suchen. Doch ich bin überzeugt: Eine an der Aufgabe orientierte Aufmerksamkeit kann durch eine von außen kommende, nicht in der Sache selbst liegende Belohnung nicht gesteigert werden!

Der Irrglaube vieler Hundeführer, den Hund durch immer höhere Anreize zum zuverlässigen Arbeiten bewegen zu können, schlägt mir auf vielen Seminaren, aber auch schon vorher entgegen. Zum Beispiel bei den Fragebögen zur Selbstauskunft, die ich gerne im Vorfeld verschicke.

Hier ein Beispiel:

Was können wir gut?
Ball spielen

Wo haben wir Probleme:
Ich finde den Schalter nicht, mit dem ich meinen Hund zum Arbeiten bekomme.

Was erhoffe ich mir?
Noch interessanter für meinen Hund zu werden.

Spezielle Fragen?
Mein Hund benötigt zum Finden in einem fremden Revier ständig neue Anreize, um bei der Sache zu bleiben. Was kann ich tun?

Spezielle Wünsche
Anregungen für ein Training, das meinen Hund hinter dem Ofen hervorlockt.

Die geschilderten Probleme haben meistens denselben Ursprung. Ich erkläre das anhand eine Vergleichs:
Mal angenommen, ich würde als Dienstleistung kein Hundetraining anbieten, sondern einen Backkurs. Zu mir kommen Kunden, die wissen möchten, wie sie ihren Lieblingskuchen verfeinern und verbessern können. Viele kommen mit derselben Frage nämlich: »Herr Schweda, mein Kuchen ist zu süß. Wie viel Zucker muss ich noch hinzufügen, damit der Kuchen besser schmeckt?«
Dann erkläre ich meinen Back-Schülern, dass hier ein Missverständnis vorliegen muss, und es ja auch widersinnig sei zu meinen, mehr Zucker würde helfen. Es braucht weniger Zucker – und, das ist für die meisten Backgehilfen zunächst überraschend, – auch eine Prise Salz!

Der Hund soll sich um die Aufmerksamkeit des Menschen bemühen, nicht umgekehrt. Er wird zu viel bestochen statt bestätigt. Futter kann ein Hilfsmittel sein, ebenso gut wie Spielzeug. Futter oder Spielzeug sind aber nie das eigentliche Ziel an sich. Im Mittelpunkt steht immer der Mensch.

Die Mineralölfirmen »Super« und »Hyper« veranstalten alljährlich nach dem Vorbild der Universitäten Oxford und Cambridge einen Ruderwettkampf im Achter. In den letzten Jahren hat das »Super«-Boot immer verloren. Die Geschäftsleitung von »Super« beschließt darauf hin, die Videoaufzeichnungen der letzten Rennen zu analysieren: Im »Hyper«-Boot erkennt man acht Ruderer und einen Steuermann. Zum allgemeinen Erstaunen sieht man im »Super«-Boot aber acht Steuermänner und nur einen Ruderer. »Was können wir da machen?«, fragt der Geschäftsführer den Personalleiter? Darauf dieser: Motivieren! Den Mann besser motivieren!«*

*Reinhard K. Sprenger: Mythos Motivation

TEIL II: DAS REGELWERK

3.5 Die Basis: Die Waage aus Respekt und Interesse

Die Grundlage für eine stabile OPFERBINDUNG ist die Beziehung zwischen Hund und Halter. Hier lernt der Vierbeiner die Grundregeln im Umgang mit dem Menschen und die Waage aus Respekt und Interesse kennen. Bei der OPFERBINDUNG soll der Hund das, was er »zu Hause« kennen gelernt hat, auf Fremde übertragen. Mangelt es an Respekt oder an Interesse gegenüber dem Hundeführer, fehlt die Basis, um genau diese auf fremde Personen zu beziehen.

Um herauszufinden, wie stark das Zugehörigkeitsgefühl eines Hundes zu seinem Menschen ist, stelle ich dem Besitzer beim ersten Treffen gerne verschiedene Aufgaben. Eine davon ist, den Hund in einem vorgegeben Radius an sich zu binden, ohne dabei Hilfsmittel wie Futter, Spielzeug, den Namen des Hundes oder Hörzeichen zu verwenden. Wenn das Interesse des Hundes an seiner Bezugsperson schon gering ist, wie soll er sich dann für fremde Personen interessieren können?

Zum Vergleich: Es ist beinahe unmöglich, Kindern in der Schule etwas beizubringen, wenn sie zuvor nicht gelernt haben, stillzusitzen, zuzuhören und mitzudenken. Der Lehrer muss viel Energie investieren, nur um sich Gehör zu verschaffen. Viel leichter ist es, wenn Kinder die »Gesprächsregeln« von zu Hause kennen und so verinnerlicht

Die Grundlage jeder Spezialisierung ist die Beziehung: Egal, ob Flächensuchhund, Trümmersuchhund oder Mantrailer, am Anfang jeder Ausbildung steht immer das Team aus Mensch und Hund.

haben, dass sie sie nicht mehr in Frage stellen. Hunde, die gelernt haben, sich sozial angepasst zu verhalten, mit »ihrem« Menschen »Ja« und »Nein« zu kommunizieren, sind ebenso leicht auszubilden, wie gut erzogene und aufnahmebereite Schüler. Solche Hunde sind es gewohnt, zuzuhören, gesprächsbereit zu sein und Interesse am Menschen zu zeigen. Selten muss der Helfer solchen Hunden aktiv Grenzen setzen, so dass Lernen am Erfolg und durch Lob und Bestätigung geschieht. Fehlt diese Basis, tun sich Ausbilder und Helfer ebenso schwer, wie Lehrer mit desinteressierten Schülern, die weder still sitzen noch aufmerksam sein wollen.

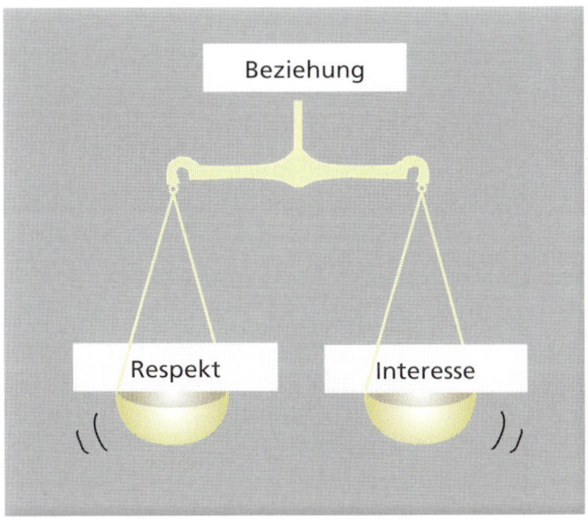

RICHTIG: Eine Mensch-Hund-Beziehung, bei der die Waage aus Respekt und Interesse/Vertrauen im ausgependelten Gleichgewichtsbereich ist. Der Mensch bedient beide Waagschalen gleichermaßen, um eine ausgeglichene Beziehung aufzubauen.

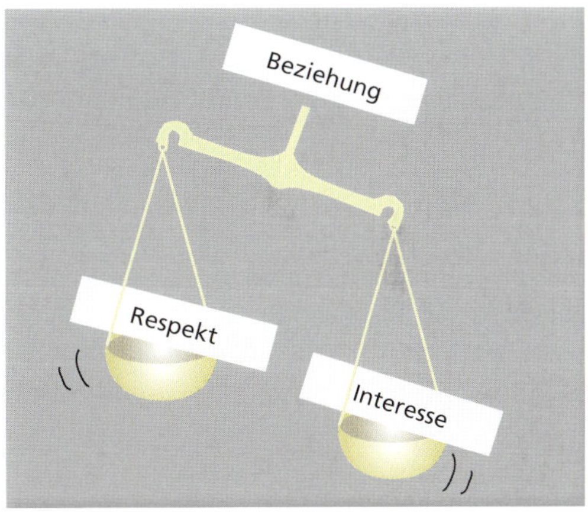

FALSCH: Eine Mensch-Hund-Beziehung, die aus dem Gleichgewicht geraten ist. Hier investiert der Mensch über die Maßen in soziale Interaktionen. Er ist sehr bemüht, die Aufmerksamkeit des Hundes über »bitte, bitte, mach doch mit« aufrecht zu erhalten. Die Folge: Die Waage aus Respekt und Interesse kippt. Durch eine gezielte Respektsmaßnahme »jetzt handle ich und gebe etwas vor« könnte dieses Ungleichgewicht wieder in die Waagrechte gebracht werden.

Ist der Respektanteil beim Hund zu gering, versuchen die Helfer oft, die fehlende Gesprächsbereitschaft durch Anreize auszugleichen. Nach dem Motto »Nun motivier ihn mal so richtig!« wird der Hund nach allen Regeln der Kunst bedient. Futter oder Spielzeug können zwar einen gewissen Anreiz schaffen, meistens sind die Hunde aber nicht bereit, allein dafür lange und intensiv zu suchen.

OPFERBINDUNG, nach meinem Verständnis, bedeutet idealerweise, dass der Hund so stark auf den fremden Menschen fixiert ist, dass alles um ihn herum nebensächlich wird und es keiner weiteren Stimuli bedarf. Ziel der OPFERBINDUNG ist, dass der Hund eigenständig und zuverlässig arbeitet, egal, was kommt! Viel wichtiger als die Aussicht auf eine Futterbelohnung oder ein Spielzeug ist die Aussicht auf eine echte Beziehung.

Besser als nur Wiener Würstchen oder Käse: Ein Mensch, dem man vertraut und bei dem man sich geborgen fühlen kann.

Dazu müssen die Vierbeiner lernen, sich intensiv auf den Menschen einzulassen. Gelingt dies, ist die innere Verbundenheit zum Menschen ein weitaus stärkeres Fundament als Würstchen je sein können.
Die OPFERBINDUNG ist für uns der wichtigste, zeitintensivste und komplexeste Teil der gesamten Ausbildung. Sie ist Kommunikation mit einer guten Portion Intuition. Wir veranschlagen dazu einige Monate. Bei Hunden, die das Regelwerk nicht schon als Junghund erfahren haben, sogar über ein halbes Jahr. Das setzt voraus, dass die jeweiligen »Opfer« im Übungsbetrieb selbst auch motiviert, spielfreudig und bereit sind, sich in diese Beziehung einzubringen.

»Intuition ist Blitzgeschwindigkeit potenziert mit Urteilsvermögen«,

meint Frank Farrelly, Begründer der provokativen Therapie.

Polizeihauptmeisterin Bianka Mauermann von der sächsischen Diensthundeschule in Naustadt kam 2009 mit dem bereits einjährigen Bluthund Franklin zu mir in die Ausbildung. Franklin hatte keinerlei »Vorbildung« in Sachen Mantrailing und interessierte sich für alles andere mehr als für fremde Menschen. Nach meinem Motto: Suchen kann der Hund bereits, haben wir mit Franklin sieben Monate lang nur OPFERBINDUNG gemacht. So wurde aus Franklin ein erfolgreich arbeitender Einsatzhund.

OPFERBINDUNG beschreibt die Beziehung des Hundes zum Menschen an sich und seine Motivation, sich auf fremde Personen willig einzulassen und sich an sie zu binden.

OPFERBINDUNG ist ein festes Regelwerk, bestehend aus

- **Interesse und Vertrauen**
  Wird erzeugt durch Körpernähe, Bewegung, Aktion, Kreativität. Die Botschaft: Ja, das ist richtig. Ja, das gefällt mir.

- **Respekt**
  Wird erzeugt durch Grenzen:
  1. passiv: durch Bewegungseinschränkung wie Leine halten und nicht weiter lassen und
  2. aktiv: durch das Stören oder Angriff. Die Botschaft: Nein, das ist falsch! Nein, das gefällt mir nicht, also lass es sein.

Der Hund soll auf der Basis eines klar vereinbarten Regelwerks handeln, ohne auf weitere Anreize zu bestehen. Diese Rahmenbedingungen nennen wir auch Gesprächs- oder Höflichkeitsregeln. Sie gelten zwischen Mensch und Hund generell.

Wie viel Spaß beide miteinander haben können, wenn der Hund die Gesprächsregeln kennt und der Mensch kreativ ist, zeigen die folgenden Bilder:

1. Die simpelste Form der OPFERBINDUNG: Den Hund an die Leine nehmen und losgehen. Auch hier gilt, nicht bitten oder locken, sondern führen.

2. Ist der Hund gesprächsbereit, dann ist alles möglich, zum Beispiel auch eine überraschende Wendung ...

3. Ganz wichtig dabei, positive Rückmeldung, wenn's passt.

4. Es gibt jetzt nichts Wichtigeres, als diesen einen Menschen. Solange er es einfordert, bleibe ich im Gespräch.

5. Jetzt will der Mensch spielen ...

6. ... und der Hund macht mit, auch ohne Futter oder Spielzeug.

7. Auch mal abwarten können ...

8. Dann findet der Hund die Lösung ...

9. ... und wird dafür jetzt mal mit Futter belohnt.

10. Komm, ich will weiter mit Dir spielen, aber nach meinen Regeln!

11. Anschluss verpasst

12. Wiedergefunden

13. Weitergespielt – aber nach wie vor nach den Regeln des Menschen.

14. Und das tut noch nicht mal weh!

Ein wesentlicher Punkt meiner Ausbildungsphilosophie ist, dass zuerst einmal der Hund lernt, worum es bei der Opferbindung und der anschließenden Suche eigentlich geht. Und zwar bevor ein Mensch, der noch nicht weiß, was er tut, ans andere Ende der Leine gehängt wird. Wenn beide Anfänger sind, und der Hund noch nicht gelernt hat, was er machen soll, wird er durch unsachgemäßes Leinenhandling und falsche Bewegungen beeinträchtigt. Deshalb lege ich Wert darauf, dem Hund durch die Arbeit mit einem geschulten Helfer erst mal klar zu machen, was von ihm erwartet wird. Dann erst fange ich mit dem Hundeführer an.

Praxistipp

Mit Junghunden nie zwei Trails mit unterschiedlichen Läufern direkt hintereinander machen, ohne eine Pause dazwischen einzulegen. Das bedeutet: Den Hund ausschirren, ins Auto bringen, ein paar Minuten warten und dann neu starten. Erst wenn der Hund gefestigt ist, sollte man zwei unterschiedliche Gerüche unmittelbar hintereinander abarbeiten

3.6 Regel Nr. 1: Bestätigen statt bestechen

Die wichtigste Regel bei der Opferbindung lautet: Nicht bestechen, sondern bestätigen! Der entscheidende Unterschied zwischen Bestechung und Bestätigung ist, dass Sie bei der Bestechung dem Hund immer erst die Belohnung in Aussicht stellen müssen, damit er mitmacht. Die Bestätigung erhält er immer erst danach, also nachdem er sich entschieden hat, das zu tun, was Sie von ihm erwarten. Ein einfaches Beispiel: Wenn Sie möchten, dass ein fremder Hund Kontakt zu Ihnen aufnimmt, besteht die Möglichkeit, ihn mit hoher freundlicher Stimme und Futter in der Hand heranzulocken. Die Entscheidung zu kommen, liegt dann beim Hund. Die andere Möglichkeit ist, sich in der Hundesprache auszudrücken und ihn körpersprachlich einzuladen, ihn regelrecht neugierig zu machen, indem man z.B. abgewandt in die Hocke geht, wenn er gerade mal herschaut und interessiert an etwas herumnestelt. So sieht er nicht, was der Mensch gerade tut, und muss ganz herankommen. Das erfordert gutes Timing und das richtige Maß an Einladung und Kreativität. Eine andere Möglichkeit ist, einfach zu abzuwarten, bis er von sich aus entscheidet, sich Ihnen zuzuwenden und diese Entscheidung dann zu bestätigen.

OPFERBINDUNG

bedeutet, sich aufeinander zu beziehen, nicht einseitig zu bedienen! Zu Beginn werden die Übungen so aufgebaut, dass der Hund kaum Fehler machen und daher am Erfolg lernen kann.

Falsch: Bestechung! Die Belohnung wird demonstrativ in Aussicht gestellt. Das Futter steht dadurch in der Wertigkeit über dem Menschen.

Richtig: Körpersprachliche Einladung, die den Hund neugierig machen soll.

Richtig: Bestätigung! Das Futter wird erst gezückt, wenn der Hund gekommen ist und sich dafür interessiert, was der Mensch tut.

3.7 Regel Nr. 2: Korrektur erwünscht

Ein Kardinalfehler, der nicht nur bei der OPFERBINDUNG gemacht wird ist, dem Hund eine Alternativhandlung anzubieten, statt ihm die Information zu geben, was er falsch macht. Ich erkläre das zunächst an einem alltäglichen Beispiel: Wir alle geben unserem Hund oft das Hörzeichen »Sitz«. Wenn er das Hörzeichen zwar befolgt, aber nach kurzer Zeit selbständig wieder auflöst, was machen wir dann meistens? Wir sagen wieder »Sitz« und meinen: »Oh, jetzt war ich aber konsequent und habe ihm gesagt, dass es falsch war aufzustehen.« Nein, haben wir eben nicht. Genau hier liegt der Denkfehler. Die Information, dass er etwas falsch gemacht hat, bekommt der Hund nicht. Für ihn beginnt lediglich ein neues Hörzeichen, nämlich ein zweites Mal »Sitz«. Um die Information »Du machst gerade einen Fehler« anzubringen, muss ich just in dem Moment korrigieren, wo der Hund entscheidet, sein Hinterteil einen Zentimeter vom Boden zu nehmen. Und das mit einer Unterlassungsgeste und nicht mit einem erneuten Hörzeichen, nachdem der Fehler schon lange vorbei ist.
Dasselbe passiert bei der OPFERBINDUNG. Wenn der Hund sich abwendet, um sich mit anderen Dingen zu beschäftigen, versuchen die meisten Leute ihn zu animieren, wieder zu kommen. Sie machen »psssst«, locken, kramen Futter oder Spielzeug aus der Tasche, ohne dem Hund die Information zu geben, was er eigentlich falsch macht. Wir dagegen sagen deutlich: »HEY!« Damit versteht der Hund ganz klar, weggehen ist falsch. Wenn er danach wieder kommt, wird er bestätigt. Also wichtig: Erst die Korrektur, damit der Hund versteht, was er nicht soll. Dann die abgestimmte und freundliche Information, wenn er das Richtige tut.

Es ist ein Riesenunterschied, ob wir uns bei der OPFERBINDUNG erlauben zu sagen: »HEY! FALSCH!« Oder ob wir den Hund ohne diese Information heranlocken. Die wichtigste Regel, nämlich, dass es unerwünscht ist, das Opfer zu verlassen, bekommt der Hund sonst nicht mit.

Bei der Arbeit mit dem Helfer lernt der Hund: Am Opfer gibt es keine Diskussion. Sondern, dort sein, dort bleiben, anzeigen, fertig. Dieses Regelwerk muss durch die OPFERBINDUNG ganz klar definiert werden. Genau so, wie bei der Beziehung zum Besitzer. In manchen Hundeschulen wird den Kunden vorgemacht, Sie könnten Ihren Vierbeiner ohne jedes »Nein«, ohne Konflikte, nur »positiv« erziehen. Das ist realitätsfern. Das klappt bei Hunden genauso wenig wie bei Kindern. Wenn Ihre Kinder zu Hause die Wände mit Wachsmalkreide bemalen, werden Sie auch nicht versuchen, sie mit Nintendo davon abzulenken. Und wenn der Hund Ihnen die Tapeten abnagt oder die Möbel demoliert, werden Sie ihn nicht in die Mitte des Wohnzimmers locken und dort ins »Platz« legen.

Der innere Antrieb, finden zu wollen, ist der Motor des Hundes in der Suche.

Sondern Sie machen ihm klar, dass das nicht geht. Das ist der springende Punkt. Und deshalb ist auch die OPFERBINDUNG kein einseitiges Bespaßen des Hundes, sondern es ist ein Regelwerk. Und das Regelwerk heißt: Da sein, da bleiben und dafür gibt es auch noch was zu fressen!
OPFERBINDUNG nach diesem Regelwerk formt und intensiviert den Findewillen.

Der Geruch einer fremden Person soll den Hund anziehen wie ein Magnet.

Die Voraussetzungen für eine gute OPFERBINDUNG sind:

- **Ein Hund** mit einer natürlichen Unbefangenheit gegenüber Menschen. Diese Unbefangenheit ist großteils genetisch bedingt und kann nicht ausgebildet, sondern nur gefördert werden.
- **Ein Hundeführerr**, der in der Beziehung zu seinem Hund die Waage aus Respekt und Vertrauen im Gleichgewicht hält.
- **Helfer**, die mitdenken, mitfühlen und blitzschnell handeln können, um in der Kommunikation mit dem Hund immer derjenige zu sein, der führt, also Aktionen setzt, anstatt nur zu reagieren.

1. Begrüßung und ...

2. ... Kontakt aufnehmen.

3. Nette Unterhaltung ...

4. ... mit Freundlichkeiten/Zärtlichkeiten.

5. Keine Lust mehr auf Unterhaltung ...

6. .... Mensch ist nicht einverstanden

Opferbindung über Bewegung:

7. Gespräche führt man gerne auch in Bewegung.

8. Wer nicht mehr zuhört, wird ermahnt …

9. … es wird abgewartet …

10. … und danach unterhält man sich wieder.

11. Auf Menschen achten und die Futtertube sein lassen …

12. … bis Mensch meint, Futtertube könnte interessant für alle sein.

13. Sie wissen beide, was drin ist …

14. … aber nur einer bekommt die Leberwurst. 🙂

15. Kein Boden ist zu hart, um ehrliche Sympathie auf Augenhöhe zu zeigen …

16. … damit das Gespräch sogleich wieder albern werden kann.

17. Der Mensch beendet das Gespräch, …

18. … indem er den Hund ins Auto zurückbringt.

»Zwei allein« im Stadtgetümmel.

Ganz beiläufig werden spielerisch die unterschiedlichsten Körperhaltungen, Auffindesituationen und Verhaltensweisen eines Opfers eingeübt. Im Umgang mit dem Hund kann der Helfer singen, hüpfen, springen, liegen – der Fantasie sind keine Grenzen gesetzt! Der Hund lernt: Es gibt nichts Wichtigeres, als den Menschen, der sich gerade mit mir beschäftigt! Hat der Hund das Regelwerk verinnerlicht, macht man OPFERBINDUNG sogar am Bahnhof, in der Fußgängerzone oder neben der Hundewiese im Park. Wichtig ist, dass der Hund zu Beginn der Ausbildung an einem Übungstag bei allen Durchgängen mit demselben Helfer arbeitet. Während des Übungstages kann der Hund ohne weiteres drei oder vier Sequenzen mit diesem Helfer arbeiten, aber nie so lange, bis das Tier die Lust verliert. Ein Wechsel der Helfer innerhalb eines Übungstages empfiehlt sich erst später, wenn der Hund verinnerlicht hat, dass das Regelwerk der Mensch-Hund-Beziehung auch für wechselnde Personen gilt. Bekommt er zu kurz hintereinander verschiedene Helfer an einem Übungstag präsentiert, hat er die Chance, direkt zu vergleichen. Er merkt schnell, dass das eine Opfer geschickter und interessanter als das andere ist, und trifft eine Entscheidung für den einen und gegen den anderen Menschen. Außerdem, ohne es zu wollen, entwickeln wir als Hundeführer Verständnis und denken: »Na ja, der stellt sich auch komisch an. Mit dieser ungeschickten Person würde ich jetzt auch nicht gerne spielen.« Und das ist bereits der erste Schritt in die falsche Richtung.

3.9.2. Zweite Stufe – Tritt an!

1. Anschirren mit Fokus nach vorne auf das Opfer.

2. Ausblenden, dass der Hundeführer am Geschirr nestelt.

3. Für das »Konzentrieren nach vorne« gibt es Bestätigung aus der Futtertube.

1. Lernen »sich ins Geschirr zu legen« …

2. … »sich gegen den Hundeführer durchzusetzen« …

3. … und dafür eine Bestätigung zu bekommen.

4. Den Antritt üben: Hund wird am Halsband gehalten, dann losgelassen …

5. Der Hundeführer soll lernen, mit der Leine am Geschirr die Vorwärtsbewegung ohne Rucke und mit konstanter Spannung zu regulieren.

6. Für diesen Vorwärtsdrang wird die Bestätigung aus der Jackentasche geholt.

3.9.3 Dritte Stufe – Riech dran!

1. Der Hund wird am Halsband gehalten, die Jacke als Geruchsartikel ausgelegt.

2. Das Opfer ist nach wenigen Metern außer Sicht …

3. … und geht so weit, dass der Hund, nachdem er um die Ecke ist, die Nase benutzen muss.

4. Der Hund wird am Halsband zum ausliegenden Geruchsartikel geführt …

5. … läuft darüber und kann dabei den Geruch aufnehmen.

6. Der Hund kommt um die erste Ecke und …

7. ... setzt die Nase ein.

8. Gefunden!

9. Freude!

10. Warten auf das Futter. Dazu setzt sich dieser Hund schon mal hin.

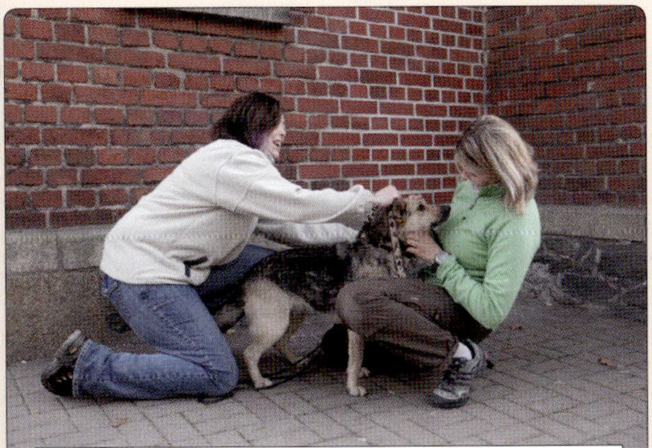

11. Ausschirren während das Opfer noch mit dem Hund spielt.

12. So nicht: Lange Optikflucht und hoher Triebanreiz durch Rennen und Rufen.

Nicht die Optik, sondern der Geruch soll das Team bei der Suche zum Opfer führen. Daher ist so ein Tarnanzug ein tolles Hilfsmittel, wenn der Helfer im Grünen sitzt und sein Gesicht verbirgt. Gut vorbereitet blieb der AHA-Effekt für den Hundeführer selten aus.

3.10 Geruchsbilder kontra Opferbilder

Bei der Flächensuchhundeausbildung ist es üblich, so genannte »Opferbilder« zu trainieren. Zuerst lernen die Hunde, nur sitzende und liegende Personen anzuzeigen. Haben sie das verstanden, beginnt man, dieses optische Opferbild zu erweitern und bringt ihnen bei, auch gehende, vor sich hin sprechende, kriechende, um sich schlagende oder nach Alkohol riechende Menschen anzuzeigen. Bis auf den Alkoholgeruch ist das für einen Mantrailer nicht nur völlig überflüssig, sondern auch nicht zielführend, denn der Hund soll ja lernen, nur mit der Nase zu suchen und nicht auf Optik umzusteigen. Durch Opferbilder werden Hunde ausgebildet, die im Zielgebiet mit dem Auge, statt mit der Nase suchen. Der Hund fängt an, Memory zu spielen nach dem Motto: Dieses Bild passt nicht in mein Schema, hmm, dann also weiter, denn du bist es wohl nicht. Außerdem lassen sich nie alle Situationen nachstellen, auf die ein Einsatzhund treffen könnte. Anstelle von optischen Bildern ist es allerdings sinnvoll, verschiedenste Geruchsbilder zu trainieren, denn Blut, Erbrochenes, Urin, Alkohol, Medikamente usw. beeinflussen das Geruchsbild eines Menschen. Außerdem habe ich die Erfahrung gemacht, dass verschiedene Kulturen mit den jeweiligen Essgewohnheiten unterschiedliche Geruchsbilder erzeugen. Daher ist es sinnvoll, mit einem möglichst bunt gemischten Völkchen zu trainieren.

3.11 Tiersuche

Immer häufiger werden Suchhunde nicht nur zur Personensuche, sondern auch zur Haustiersuche eingesetzt. Frisch vermittelte Hunde aus Tierheimen oder ehemalige Straßenhunde werden leider oft zu früh von der Leine gelassen. Oder sie schlüpfen aus Halsband beziehungsweise Geschirr und kommen so beim Spazierengehen abhanden. Auch wenn das Hauptarbeitsfeld der Pettrailer entlaufene Hunde oder Katzen sind, kann prinzipiell alles gesucht werden, vom Meerschweinchen über die Schildkröte, die aus dem Garten gekrochen ist, bis hin zur entlaufenen Kuh.

Rein technisch gesehen, macht es für den Suchhund keinen Unterschied, ob er einem menschlichen oder einem tierischen Duft folgt. Der Vorgang an sich ist derselbe. Was einen großen Unterschied macht, ist die Motivation, also der Findewille, des Suchhundes. Und damit wären wir wieder beim Thema Opferbindung. Beim Pettrailer ist der innere Antrieb, dem Geruch anderer Tiere zu folgen, natürlicherweise gegeben und muss nicht extra antrainiert werden. Ein Hund interessiert sich aus eigenen Stücken für tierischen Duft. Bei der Ausbildung eines Tiersuchers ist die Opferbindung daher meistens kein Thema.

Dieser natürliche Findewille ist ein Grund dafür, dass die Trefferquote der Pettrailer in der Regel um ein Vielfaches höher ist, als die der Personensucher. Hinzu kommt, dass das gesuchte Tier per Pfotenabrieb und auch körperlich meistens präsent ist. Tiere verschwinden nicht regelmäßig in mehrstöckigen Gebäuden oder fahren mit einem Fahrzeug weg. Es gibt daher in der Regel keine Spurabrisse, sondern das Tier ist mit einer hohen Wahrscheinlichkeit in natürlicher Umgebung irgendwo anwesend. Des Weiteren ist der Ort des Entlaufens meistens genau bekannt, das heißt, der Pettrailer startet genau dort, wo die frischeste Spur liegt.

Wird ein Tier angebunden, damit ein Mantrailer-Hund es suchen kann, hilft so ein Hinweisschild Passanten zu erklären, dass das gesuchte Tier nicht ausgesetzt wurde, ...

Trotz alledem hat auch der Pettrailer mt Verleitungen zu kämpfen und muss lernen, sich in seiner Arbeitsumgebung zu konzentrieren. Daher sind die ersten beiden Säulen des Mantrailings, KONZENTRATION und ALLTAGSNEUTRALITÄT, beim Tiersucher ebenso wichtig wie beim Mantrailer. Auch wenn die Opferbindung vernachlässigt werden kann, sollte der Pettrailer unbefangen gegenüber Menschen sein. Denn auch der Pettrailer lernt zuerst Menschen zu suchen, bevor er Tiere suchen darf. Nur mit Hilfe von menschlichen Spurlegern lässt sich die Ausbildung nämlich gezielt steuern und Schritt für Schritt aufbauen.

... sondern zu Trainingszwecken kurz warten muss. Ein menschlicher Aufpasser sollte in Sichtweite sein, um Notfalls einzugreifen.Natürlich sollten beide Hunde verträglich sein, der gefundene, wie der zu suchende.

Später, wenn der Hund Tiere anstelle von Menschen sucht, muss beim Legen der Übungstrails sorgfältig gearbeitet werden, um nicht versehentlich einen menschlichen Leitgeruch mit der Tierspur zu verknüpfen. Deshalb führen am besten mehrere Leute etappenweise das zu suchende Tier. Diese Helfer laufen aber nicht gesammelt von einem Punkt los und übernehmen dann nacheinander den Hund. Sonst hätte man neben der Tierspur nämlich eine durchgehende menschliche Spur, an der der Suchhund sich orientieren könnte. Besser ist, wenn die Helfer nicht zusammen losgehen, sondern willkürlich zu den vorher vereinbarten Übergabetreffpunkten laufen.

Falls es die Umgebung erlaubt, empfehle ich, den Hund auch ein Stück frei laufen zu lassen und von einem Helfer zum anderen abzurufen. In diesem Fall wäre kein menschlicher Geruch mit der Tierspur verknüpft.

Zusammengefasst kann man sagen, dass die Ausbildung des Pettrailers im Wesentlichen wie die eines Mantrailers abläuft. Hilfreich ist, dass der Pettrailer von vorne herein einen natürlichen Findewillen mitbringt. Um den Hund detailgenau auszubilden, sollte er allerdings unbefangen gegenüber fremden Menschen sein und erst einmal Personen anstelle von Tieren suchen. Werden die Trails mit Tieren gelegt, braucht man genügend Helfer und muss gut planen, um sicher zu stellen, dass der Hund tatsächlich die Tierspur sucht und nicht einen verknüpften menschlichen Leitgeruch.

Katja mit ihrem Rudel in einer großen Hightech-Lebendfalle mit Infrarotauslöser. Solche Fallen werden aufgestellt, wenn der Hund mit Futter angelockt aber nicht eingefangen werden kann. Wenn ein Tier die Schranke passiert, um an das innen liegende Futter zu gelangen, fällt die Tür automatisch zu. Eine zugehörige App benachrichtigt dann den Besitzer.

Meine eigene Erfahrung mit der Suche nach Tieren ist beschränkt. Daher gibt nun meine Kollegin Katja Culbertson ein paar Tipps, wie man sich am Besten verhält, falls der eigene Hund oder die Katze entläuft. Katja habe ich übers Mantrailen kennengelernt, bevor sie sich auf die Suche nach Tieren spezialisiert hat. Sie kommt seit einigen Jahren regelmäßig mit Ihren Bluthunden Crumble und Apple Pie zu mir ins Training. Die Comic-Zeichnungen zu diesem Kapitel stammen übrigens auch von ihr.

Haare aus der Bürste sind nur dann ein guter Geruchsträger, wenn ausschließlich das gesuchte Tier damit gepflegt wurde. Außerdem müssen die Menschen ausgeschlossen werden, die die Bürste in der Hand hatten.

Mein Hund ist weg – was nun?

10 Tipps von Katja Culbertson

Tipp 1 Der wichtigste Rat überhaupt: Keine Panik aufkommen lassen, sondern Ruhe bewahren! Nur ausgeruht und reflektiert sind wir in der Lage, alles zu organisieren und beim Zusammentreffen mit dem entlaufenen Tier entsprechend bedacht zu reagieren.

Tipp 2 Wenn der Hund an einem fremden Ort entlaufen ist, bleiben Sie am Ort des Entlaufens, die meisten Hunde kehren in den ersten Tagen zurück. Am besten im offenen Auto warten, eine Decke rauslegen oder den Kofferraum öffnen. Manche Hunde springen dann nämlich einfach ins Auto.

Tipp 3 Wenn der Hund daheim entlaufen ist, lassen Sie, falls möglich, Tore und Türen offen stehen. Auch ein vertrauter Geruch kann helfen. Legen Sie eine Decke aus dem Hundekorb oder ein Kleidungsstück von Ihnen vors Haus.

Tipp 4 In jedem Fall am Entlaufpunkt eine Futterstelle mit etwas Leckerem einrichten und diese mit einer Wildtierkamera überwachen, falls man nicht ständig vor Ort bleiben kann. Solche Kameras kann man ausleihen.

Tipp 5 Umgehend Flyer ausdrucken und in der Umgebung ausgiebig aufhängen. Vordrucke erhält man zum Beispiel bei www.Tasso.net, bei Suchdiensten oder man macht sie selbst: Wann, Wo, Bild vom Hund, 24h Telefonnummer, besondere Merkmale und die Bitte, den Hund nicht zu jagen, müssen unbedingt darauf. Die Bitte, Sichtungen zu melden, natürlich auch.

Tipp 6 Sichtungen bitte nicht veröffentlichen, weil dann möglicherweise selbsternannte Helfer losziehen und den Hund eher jagen (siehe Tipp 8). Stattdessen Sichtungen in eine Karte oder bei Google Maps eintragen, um ein Bewegungsmuster zu erkennen.

Tipp 7 Informieren Sie folgende Behörden, Personen und Institutionen:

- Polizei
- Tierheim(e)
- Ordnungsamt
- Tierärzte und -kliniken
- Forstamt und ggf. Jagdpächter
- Feuerwehr (in manchen Städten zuständig für Tiersicherung)
- Radiosender und Fernsehsender (lokal)
- Zeitungen (lokal)
- Taxifahrer
- Briefträger
- Autobahnmeisterei
- Züchter (bei Welpen)
- Vorbesitzer Pflegestelle bzw. Tierschutzorganisation von der der Hund eventuell stammt

Sie müssen an manchen Stellen durchaus mehrfach nachfragen. Gerade Polizei und Tierheime arbeiten mit unterschiedlichen Besetzungen; da kann es schon mal sein, dass nicht alle jede Information erhalten. Je größer die Öffentlichkeit umso besser.

Tipp 8 Untersagen Sie selbstorganisierte Suchtrupps Unbeteiligter, laufen Sie nicht in Großgruppen rufend umher. Oft reagieren die entlaufenen Hunde nicht darauf, und die Gefahr des Vertreibens ist hoch. Die Hunde gehen nach einigen Stunden draußen in eine Art Überlebens- und Instinktmodus und verhalten sich dann eben nicht mehr wie ein gut erzogener Haushund, sondern eher wie ein Wildtier. Seien Sie nicht enttäuscht, das ist durchaus normal. Die Hunde spüren, dass sie gejagt werden. Bei Angsthunden oder ehemaligen Straßenhunden sind aktive Suchen definitiv kontraproduktiv. Ruhe reinbringen ist hierbei das A und O; fahren Sie runter, essen und schlafen Sie genug. Im Stressmodus schaden Sie Ihrem Hund und der Suche mehr als sie denken.

Tipp 9 Legen Sie eine Duftspur mit Fleischbrühe, eine sogenannte (Heimweg-) Schleppe. Bewährt hat sich folgendes Rezept:

6 Liter Fleischbrühe
250 Gramm Leberwurst
2 Hand voll Frolic oder Trockenfutter
1 Dose Thunfisch

Alles zusammen in einem großen Suppentopf aufkochen. Dann mit dem Pürrierstab zerkleinern. Das Ganze absieben und die Flüssigkeit in Plastikflaschen abfüllen. In die Deckel der Flaschen je drei Löcher machen. Es darf nicht zu viel heraustropfen, aber auch nicht zu wenig.

Bei 6 Litern kommt man etwa einen Kilometer hin; aber das hängt natürlich von der Menge ab, die man verteilt. Die festen Überbleibsel kann man in die Futterstelle packen.

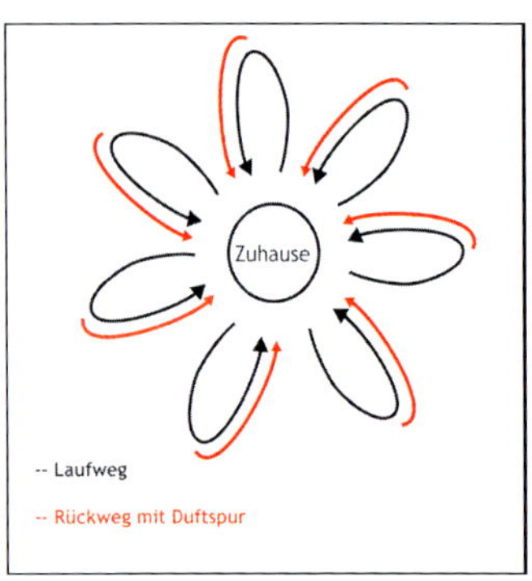

Heimwegschleppe

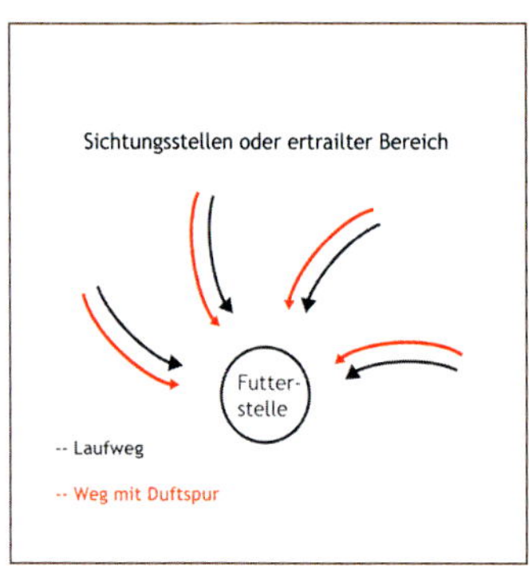

Schleppe aus Gebiet

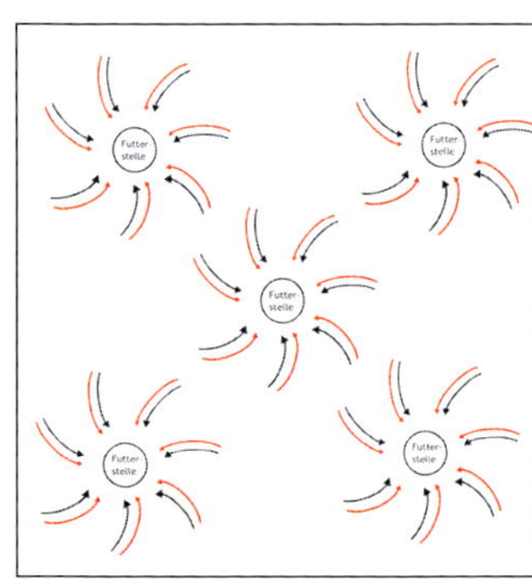

Mehrere Futterstellen

Bei der sogenannten Heimwegschleppe läuft man zuerst sternförmig von dem Punkt, an den man locken will, weg. Man verharrt jeweils »außen« und läuft dann das Wasser tropfend zurück. Einfach alle paar Schritte etwas auf den Boden tropfen. Man kann auch mit dem Auto rausfahren und dann zurück laufen. Die Spuren werden immer zu der Futterstelle, zu dem Entlaufpunkt oder nach Zuhause gelegt. Die Hunde verfolgen Spuren instinktiv von alt nach frisch. Die Spuren enden also alle an ein und demselben Punkt.

Wenn möglich, die Schleppen nicht über stark befahrene Straßen oder Schienen legen! Zudem sollte man nach dem Legen der Schleppen erst mal Ruhe in die Situation bringen, d.h. nicht aktiv suchen und die Schleppen nicht kreuzen oder in die entgegengesetzte Richtung laufen. Damit wären die Schleppen nämlich zerstört und wirkungslos. Zumal der entlaufene Hund auch Ruhe braucht, um ggf. der Spur zu folgen

Tipp 10 Wenn Sie Ihrem Hund begegnen, nicht auf ihn zulaufen oder freudig schreien; erteilen Sie auch keine Befehle, das kann Ihren Hund vertreiben. Gehen Sie in die Hocke, positionieren Sie sich seitlich, nicht in die Augen starren, nur leise sprechen. Lassen Sie den Hund kommen. Riskieren Sie kein Verscheuchen.

3.11.1 10 Fragen an Katja Culbertson

1. Warum laufen Tiere weg, was ist der häufigste Grund?
Die meisten Tiere laufen weg, weil sie sich vor irgendetwas erschrecken, laute Geräusche etwa oder ein Stromschlag am Zaun. Viele Hunde erschrecken auch vor der Flexileine. Dem Halter fällt aus irgendeinem Grund das Gehäuse aus der Hand, der Hund erschrickt, rennt los und dann klappert das Gehäuse hinter ihm her. Nicht selten rennen die Hunde dann bis zur Erschöpfung. Gerade bei ängstlichen Hunden können die Rollleinen eine Katastrophe sein.

Ein weiterer Grund fürs Entlaufen sind Jagdausflüge, von denen manche Hunde nicht wieder zurückkommen.

2. Warum laufen verschreckte Hunde selbst vor Ihren Besitzern weg oder kommen nicht, wenn man sie ruft?
Das liegt an dem oben erwähnten Überlebensmodus. In Extremsituation fällt auch der bestens erzogene Haushund innerhalb weniger Stunden oder Tage auf sein Instinktverhalten zurück. Als Halter muss man sich bewusst machen, dass wir nur einen relativ geringen Teil des Verhaltens über Erziehung und Erfahrungen beeinflussen können. Ich schätze, das sind kaum 10 %. Der Rest setzt sich aus Instinkten und der Rassedisposition zusammen. In dieser Ausnahmesituation, auf sich gestellt, ohne Verbindung zu seinem Menschen, ist der Hund darauf angewiesen, möglichst schnell in diesen Instinktmodus zu gehen. Der Rest ist wie abgeschaltet, selbst bei Schoßhunden. Was zählt, ist, zu überleben, zu fressen und sich in Sicherheit zu bringen. Das kann dazu führen, dass er in dieser Situation Menschen und Artgenossen eher beängstigend findet und ihnen ausweicht. Das deutet aber in keinster Weise auf eine fehlende Bindung zu seinen Menschen hin und normalisiert sich, wenn der Hund wieder zu Hause ist, meist innerhalb kürzester Zeit.

3. Was ist der häufigste Fehler den Halter machen, deren Tier entlaufen ist?
Die meisten bleiben nicht lange genug am Entlaufpunkt und verpassen dann den Moment, wo das Tier zurück kommt. Wenn niemand da ist, läuft der Hund weiter.

4. Wie lange würdest Du warten, denn Dein Hund nachmittags beim Spaziergang entlaufen würde?
Bis Abends auf jeden Fall, und wenn es irgendwie geht, auch über Nacht. So lange wie eben möglich. Falls ich gehen muss, lasse ich Futter zurück und etwas, das nach mir riecht. Futter ist wichtig, um das Tier an den Entlaufpunkt zu binden, damit kein Grund besteht, von dort abzuwandern.

5. Was war das ungewöhnlichste Tier, das Du bisher gesucht hast?
Ein Känguru, das aus einem privaten Gehege entlaufen war. Wir konnten das Gebiet, in dem das Känguru sich aufhielt, eingrenzen. Mit Hilfe der Polizei und Jägern wurde es dann in ein Netz getrieben und zurück gebracht.

6. Wie häufig wirst Du alarmiert?
In den letzten beiden Jahren durchschnittlich ein Mal pro Woche. Viel häufiger noch berate ich nur und gehe gar nicht mit meinen Hunden suchen. Denn bei Angsthunden und mobilen Tieren besteht die Gefahr, dass man sie vor sich her treibt.

7. Woran erkennt man einen qualifizierten Pettrailer?
Hierzu habe ich eine Checkliste erstellt und auf meiner Internetseite veröffentlicht https://mantrailer-pettrailer.eu/woran-erkenne-ich-den-anbieter-fuer-mich

Nicht jeder gute Anbieter wird unbedingt alle Punkte auf dieser Liste erfüllen, das muss er auch nicht. Auf jeden Fall sollten Sie den Mut haben, Fragen zu stellen, etwa nach der Ausbildung des Einsatzhundes, der Erfahrung als Einsatzteam und ob das Team einer übergeordneten Organisation angehört. Stehen Hilfsmittel wie Fallen, Kameras oder Distanznarkosen zur Verfügung? Am Ende ist die Wahl des Anbieters eine individuell zu treffende Entscheidung, getroffen von Kopf und Bauch.

8. Was ist der größte Unterschied zwischen Tiersuche und Menschensuche?
Es gibt zwei große Unterschiede. Erstens: Das größte Problem beim Pettrailen ist nicht, das Tier zu finden, sondern es einzufangen. Deshalb arbeiten wir mit Lebendfallen, Futterstellen und Wildtierkameras.

Zweitens: Der Mantrailer ist nur ein kleiner Teil einer großen Rettungskette. Dazu gehören Polizei und Rettungsdienste mit Sanitätern und Seelsorgern. Im Gegensatz dazu arbeite ich als Pettrailer völlig alleine. Ich suche nicht nur nach dem vermissten Tier, sondern betreue und berate deren Besitzer teilweise über Wochen. Als Mantrailer-Hundeführer hast Du in der Regel keinen Kontakt zu der Familie des Vermissten, das übernehmen Fachleute. Als Pettrailer musst Du die Menschen, die Dich beauftragen, beraten, sie einschätzen können, wissen, was man ihnen zumuten kann, gegebenenfalls Hilfe organisieren und die Moral hochhalten. Die Beratung und Begleitung nimmt also viel mehr Zeit in Anspruch, als die eigentliche Suche.

9. Ist es beim Pettrailing ebenso schwierig einen sauberen Geruchsartikel zu finden wie beim Mantrailing.
Ja, absolut! Weil alles, was die Tiere haben, vom Menschen angefasst worden ist.

Ich verlasse mich nicht darauf, dass meine Hunde menschlichen Geruch von vorne herein ausschließen. Deshalb ist bei mir immer die ganze Familie am Startpunkt anwesend. Jeder, dessen Geruch am Geruchsträger haften kann, muss da sein, selbst die Katze, die zum Haushalt gehört, sonst starte ich nicht. Ich bin entsprechend pedantisch, weil ich ja aus der Schweda-Schule komme.

10. Was motiviert Dich, so viel Zeit und Kraft in dieses Ehrenamt zu stecken?

Mir macht diese Arbeit unglaublich Spaß. Ich mag Menschen! Sie belasten mich auch nicht. Ich mache es tatsächlich einfach gerne und meine Hunde auch. Und der Bedarf ist riesig.

3.12 Frage & Antwort

Kann man die Opferbindung fördern, indem man den Hund hungrig suchen lässt und das Opfer ihn dann füttert?
ARMIN SCHWEDA: Nein, das hat man früher mal so gemacht. Aber wenn der Hund Hunger hat, fördert das lediglich den Trieb aufs Futter. Wir suchen aber Menschen und keine Würstchen. Dasselbe gilt übrigens auch für Spielzeug und das ganze Anreizen am Start. Durch Anreizen entsteht eine Triebspitze und der Hund ist gestimmt wie eine geschüttelte Sektflasche kurz vor dem Knall. Ich möchte aber, dass die Sektflasche einen Dauerdruck hat, den ich dosiert abgeben kann.

Kann denn der Hund bei der Opferbindung überhaupt innerhalb kurzer Zeit eine Beziehung zu fremden Menschen aufbauen?
ARMIN SCHWEDA: Es geht nicht darum, dass der Hund in kürzester Zeit eine Beziehung zu irgendjemandem aufbauen soll. Er soll eine gute Beziehung zu Menschen an sich haben und sich an das bei der Opferbindung geltende Regelwerk gebunden fühlen. Die Beziehungsfähigkeit lernt der Hund beim Hundeführer und daraus wird dann generalisiert. Wenn der Hund sich mit einem fremden Menschen in einer für ihn annehmbaren Situation vorfindet, dann sollte er verstanden haben, dass hier dieselben Regeln gelten, wie bei seinem Hundeführer. Die Leitplanken, die um ihn herum gesetzt werden, sind verbindlich. Opferbindung ist das Regelwerk: Mensch finden, dort bleiben, fertig. Und nicht entscheiden, wann gehe ich, wann mag ich nicht mehr, wann will ich woanders hin. Das sind alles Fragen, die bereits ganz klar beantwortet sind. Wenn der Hundeführer im Zusammenleben mit seinem Hund kein so klares Regelwerk lebt, hat der Helfer es sehr schwer. Und wenn Du Helfer hast, die das nicht durchsetzen, lernt der Hund, es gibt Dödel und es gibt Menschen, die wissen, was sie wollen und sich auch durchsetzen.

Gibt es keinen anderen Weg, als über die Opferbindung zu arbeiten? Was ist mit Futter oder Spielzeug als Motivationsmittel?
ARMIN SCHWEDA: Den meisten Hunden geht es beim Spielen nur um den blöden Ball, nicht um den Menschen. Der Hund spielt erst mal mit und versucht, eine Strategie zu entwickeln, wie er schnellstmöglich an den Ball herankommt. Genau das will ich nicht, den Hund mit einer Ersatzhandlung bespaßen. Wenn ich einen Menschen suchen will, dann kann nur der Mensch das Endziel sein und zwar gerne mitsamt dem Ball. Außerdem ist diese Arbeit zu anstrengend und dauert zu lange, als dass der Hund nur über Spaß bis zum Ende durcharbeiten wird. Das Abitur schafft auch niemand bloß mit der Aussicht auf eine tolle Reise hinterher. Disziplin und Durchhaltevermögen gehören eben dazu, wenn man gewisse Ziele erreichen möchte.

Die Arbeit macht dem Hund also nicht immer nur Spaß?
ARMIN SCHWEDA: Richtig, Arbeit macht nicht immer nur Spaß. Unterwegs gibt es ja

so viele interessantere Dinge zu entdecken. Da sind wir wieder bei dem Thema, dass das »Menschen finden« eine künstliche Beschäftigung ist. Wäre der Mensch im Hund genetisch so verankert wie ein Reh, bräuchten wir keine Opferbindung.

Aber viele Hunde sind doch ganz verrückt nach ihrem Spielzeug und tun alles dafür.
ARMIN SCHWEDA: Das ist ja gerade das Problem. Wenn Du das so aufbaust, dass Du ein anderes Triebziel hast als den Menschen, muss der Hund sozusagen über den »Umweg Mensch« an seinen »Kick« kommen. Also wird er Strategien entwickeln, um diesen Umweg zu umgehen. Er wird den direkten Weg suchen. Allein der Gedanke, wie käme ich denn anders ran, wie könnte es auch anders gehen, ist überflüssig und auch kontraproduktiv. Wenn das Ziel Mensch heißt, dann sollte der Hund sich gar nicht erst fragen, wie er den Menschen umgehen könnte.

Die Opferbindung kann ich alleine nicht aufbauen. Dazu braucht es viele gute Helfer. Ist das nicht ein Problem?
ARMIN SCHWEDA: Du hast nun mal gute Helfer und weniger gute. Da wurde früher oft der taktische Fehler gemacht, wenn Helfer A nichts getaugt hat, hat man den Tag wenigstens mit einer guten Übung abgeschlossen, nämlich mit Helfer B, der gut war. Im »Idealfall«, weil der Hundeführer sonst die Krise bekommen hätte, nicht erst am Ende des Trainingstages sondern gleich im Anschluss an die »misslungene« Übung. Das ist derselbe Denkfehler wie in diesem Spielkreis. Im Spielkreis lernt der Hund innerhalb von fünf Minuten, es gibt fähige Menschen, die etwas durchsetzen, und es gibt Dödel. Und genau das will ich dem Hund nicht beibringen. Bei meiner Art der Opferbindung hat der Hund, wenn er im Aufbau ist, pro Übungstag nur einen Menschen. Egal, ob der fähig ist oder nicht. Da es ja nicht rein um Bespaßung geht, kann jeder Mensch das durchsetzen. Natürlich erfährt der Hund, wenn er beim Opfer bleibt, dort angenehme Dinge – was das auch immer ist. Darüber hinaus liegt auch hin und wieder der Futterbeutel am Boden und in dem Moment, wo der Hund dorthin gehen würde, erlaubt sich der Helfer zu sagen: »Lass das! Es geht um mich, nicht um die Wurst.« Und der Hund ist trotzdem freudig mit dabei. Das erleben wir ja ständig.

Was antwortest Du jemandem, der einen Hund hat, der sozial sehr unsicher ist und trotzdem Mantrailing machen möchte?
ARMIN SCHWEDA: Die Opferbindung ist eine Chance für den Hund. Wenn aber der Hund ein Einsatzhund werden soll, und nicht davon überzeugt werden kann, dass Mensch gut und findenswert ist, dann ist das nicht vereinbar.
Wer trailen will, kommt am Menschen nicht vorbei. Eine Alternative wäre vielleicht, Familienmitglieder zu finden, zu denen der Hund eine gute Bindung hat. Auch bei Familienmitgliedern kommt es allerdings vor, dass der Hund jemanden favorisiert und sagt: »Der Paul, der ist mir relativ egal, aber die Maja, o.k., da mache ich mit.«
Du kannst das Leben des Hundes rosa anstreichen, aber hilfst Du ihm damit wirklich?

Kann man mit jeder Hunderasse trailen?
ARMIN SCHWEDA: Im Prinzip ja. Man kann mit jeder Rasse oder jedem Hundetyp trailen, so wie man mit jedem Auto von A nach B fahren kann. Zum Trailen muss der Hund im Wesentlichen zwei Dinge können: Individualgerüche und frische von alten Spuren voneinander unterscheiden. Dazu ist jeder Hund von seiner Genetik her in der Lage. Allerdings ist nicht jedes Individuum gleich gut geeignet. Ganz zu Anfang des Buches habe ich ja schon beschrieben, dass es Hunde gibt, die eher stöbern und solche, die eher vorhandenem Geruch nachgehen. Das ist eine Frage der individuellen Veranlagung. Einen typischen Stöberer zum Trailer auszubilden ist in etwa so sinnvoll, wie von einem Rechtshänder zu verlangen, mit links zu schreiben. Ein Stöberer kann ebenso gut Trailen, wie ein Rechtshänder mit links Tennis spielen. Die Frage ist also, wie sinnvoll das ist, nicht ob er es prinzipiell könnte. Daher sollte man, unabhängig von der Rasse, unbedingt zuerst testen, wie der Hund veranlagt ist, bevor man eine Ausbildung anfängt. Das kann man zum Beispiel machen, indem man den Hund »seinen« Menschen suchen lässt und beobachtet, wie er das macht. Guckt er, stöbert er oder nimmt er das, was da ist, also den Trail oder eine Bodenverletzung? Bringt er die entsprechende Veranlagung zum Trailen mit, muss man zudem schauen, ob der Hund nicht nur trailen kann, sondern ob der auch trailen will. Und damit sind wir wieder beim Thema Opferbindung.

Wie ist das zu verstehen?
ARMIN SCHWEDA: An der Rettungshundearbeit ist das Künstliche das »Findenwollen« eines Menschen. Die Suche an sich ist das Natürliche. Die Frage ist, verspürt der Hund den Drang, dem Geruch eines fremden Menschen zu folgen und diese Person unbedingt finden zu wollen? Die Komponente Opferbindung handelt davon, den Hund so auszubilden, dass er fremde Personen überhaupt auffinden will. Eine gute Opferbindung ist stärker als jeder Strick. Die Opferbindung ist der Motor des Hundes in der Suche und ihre Bedeutung wird oft unterschätzt oder nicht richtig verstanden.

Was genau wird oft falsch verstanden bei der Opferbindung?
ARMIN SCHWEDA: Anstatt eine Opferbindung aufzubauen, wird der Hund lediglich konditioniert, sein Spielzeug oder seine Lieblingsleckerlis zu suchen. Während der Mensch auf der Suche nach einer vermissten Person seinem Tier hinterherläuft, sucht der Hund nach Spielzeug oder Futter. Mensch und Hund haben unterschiedliche Ziele und sind daher kein gutes Team. Die Aussicht auf Spielzeug oder Futter reicht bei langen und schwierigen Trails oft nicht aus, um den Hund bei der Stange zu halten. Kommen die Hunde nicht an, liegt es meistens nicht daran, dass sie nicht könnten, sondern daran, dass sie nicht besonders viel Lust haben, einen fremden Menschen zu finden. Oder wenn man es weniger psychologisch und mehr biologisch ausdrücken möchte: Der Geruch einer fremden Person löst den Hund einfach nicht aus. Ein Hund mit einer guten Opferbindung dagegen, wird von fremden Menschen praktisch angezogen wie ein Magnet. Ziel der Opferbindung ist es also, im Hund den inneren Antrieb zu wecken, sich so brennend für fremde Personen zu interessieren, dass Mensch und

Hund in der Suche dasselbe Ziel verfolgen. Je besser die Opferbindung im Hund verankert ist, also je mehr Findewillen er hat, desto erfolgreicher wird das Team sein.

Klingt logisch, aber warum machen es so viele falsch?
ARMIN SCHWEDA: Laien denken oft, man müsse den Hund in der Suche ausbilden. Das ist falsch, denn suchen kann jeder, auch der Schoßhund von nebenan. Opferbindung ist ein soziales Lernen, kein formales. Der übliche Weg über Futter oder Spielzeug ist deshalb schwierig, weil dem Lernziel der soziale Bezug fehlt. Es geht um Menschen, nicht um Futter.

Wie lange dauert es, bis der Hund eine gute Opferbindung hat?
ARMIN SCHWEDA: Ich rechne meistens mit einem guten halben Jahr. Denn einen guten Rettungshund zu formen ist zu 90 % Basisarbeit. Diese Basisarbeit besteht im Wesentlichen darin, den Hund im »Findenwollen« auszubilden. Die Abstimmung von Mensch und Hund in der Suche, beansprucht nur etwa 10 % der ganzen Ausbildungszeit. Suchen können die Hunde ja bereits; was sie allerdings lernen müssen ist, einen Geruch zu suchen, der ihnen vorgegeben wird. Hier geht es also mehr um das Thema »Wollen« als um das Thema »Können«. Außerdem sammeln die Hunde im Laufe der Zeit jede Menge Erfahrungen. Es ist ein großer Unterschied, ob ich einen Jungspund oder einen alten Hasen an der Leine habe.

Wie finde ich den passenden Hund, wenn ich gerne Mantrailing machen möchte?
ARMIN SCHWEDA: Die Frage ist, was will ich erreichen? Für professionelles Mantrailing ist der Hund nicht nur ein Familienmitglied oder Partner, sondern ein Arbeitsmittel, dessen Qualität an bestimmte Eigenschaften gebunden ist und von dem Menschenleben abhängen können. Die Frage, wie hoch die Ziele des Halters sind, ist also essentiell für die Auswahl des passenden Hundes. Kein Jäger geht mit einem Border Collie auf die Pirsch und Schäfer pferchen ihre Schafe nicht mit Terriern ein. Warum soll man also ausgerechnet dort, wo es um Menschenleben geht, wahllos irgendeinen Hund einsetzen?

Kommt im professionellen Bereich nur der Bluthund in Frage?
ARMIN SCHWEDA: Für das Trailen ist der Bluthund in etwa dasselbe, wie der Ferrari für die Formel 1. Ein Bluthund macht weder Obedience, noch Agility. Du hast Glück, wenn Du mit ihm einigermaßen durch den Alltag kommst. Aber zum Trailen gibt es keine Rasse, bei der man mit größerer Wahrscheinlichkeit ein geeignetes Tier findet.

Wie geeignet ist denn der Schäferhund, das ist doch der klassische Hund für den Polizeidienst?
ARMIN SCHWEDA: Einen Schäferhund kannst Du, wenn er eine Trailveranlagung hat, natürlich auch ausbilden. Aber er ermüdet viel schneller, zum Beispiel wenn er durch ein Einkaufszentrum trailen muss. Nach 10 Minuten ist oft Schluss, weil der Hund mental-konditionell am Ende ist. Von der Nase her könnte er noch weiterar-

beiten, aber seine Konzentration ist einfach dahin. Wenn dagegen der Bluthund den Geruch aus der Tüte bekommt, dann schaltet der alles andere ab. Wenn ich meinen JoJo früher nach so einem Trail hätte fragen können: »Na, wie viele Menschen hast Du denn unterwegs gesehen?«, hätte er wahrscheinlich geantwortet: »Waren da andere Menschen?« Deshalb rennt ein Bluthund in einer Suche auch mal irgendwo gegen. Diese Rasse hat halt nur ihre Geruchswelt, ansonsten kann man nicht viel mit ihnen anfangen. Aber mit einem Bluthund hast Du andererseits die Chance, die gesamte Bandbreite des Trailens abzudecken. Diese Rasse ist, was Spuralter und -länge betrifft, allen anderen überlegen. Ausdauernd, laufstark und mit der allerfeinsten Nase ausgestattet, brauchst Du Dir mit einem Bluthund an der Leine keine Sorgen darüber zu machen, wie lang der Trail sein wird, und auch ältere Spuren von drei Wochen und mehr sind machbar. Vorausgesetzt natürlich, der Hund ist richtig ausgebildet. Ein Bluthund ist keine Garantie dafür, einsatzfähig zu werden. Seine Ausbildung erfordert immense Sachkenntniss, eben weil diese Rasse so speziell ist.

Kann ich schon mit dem Welpen anfangen zu arbeiten und wenn ja, wie lang dürfen die Übungseinheiten sein?

ARMIN SCHWEDA: Ja, man kann vom ersten Tag an mit dem Welpen arbeiten, im Wesentlichen an der Beziehung zum Hundeführer und an der Opferbindung. Die Sucharbeit kommt erst später. Erst mal muss der Hund lernen, was er finden soll. Wie lange eine einzelne Trainingseinheit bei der Opferbindung dauert, spielt für den Hund keine so große Rolle, wenn die Übung richtig gemacht wird. Es ist also ohne weiteres möglich, auch mit einem Welpen eine Viertelstunde am Stück Opferbindung zu machen. Meistens halten es die Menschen aber nicht so lange durch und machen Fehler. Die Frage ist also, kann der Mensch über einen längeren Zeitraum konsequent die einfache Grundstruktur durchhalten – warten bis der Hund kommt bzw. da bleibt und nicht bestechen sondern bestätigen? Verliert der Welpe nach einer Zeit das Interesse, geraten wir schnell unter Stress. Anstatt einfach abzuwarten, bis er wieder Kontakt aufnimmt, greifen wir automatisch in die Tasche, holen ein Würstchen raus oder machen die typischen lockenden Geräusche. Und schon sind wir wieder in die Bestechungsfalle geraten. Wenn der Mensch also lange am Stück Opferbindung macht, ist die Gefahr groß, dass der Hund etwas Falsches lernt.

Wann ist die Opferbindung abgeschlossen?

ARMIN SCHWEDA: Wenn der Hund zu mir als Opfer kommt und hinter sich das Gatter schließt, ohne mein Dazutun. Der Hund gibt sich selber den Rahmen, sagt, hier bin ich hier bleibe ich, hier fühle ich mich wohl.

Oder bildlich ausgedrückt: Ich steige mit meinem Hund in ein Flugzeug und fliege nach New York. Am Times Square übergebe ich meinen Hund einem fremden Menschen und der Hund »klebt« an ihm dran. Dann ist die Opferbindung abgeschlossen.

Die Hoffnung stirbt nicht, sie krepiert. »Willst Du mich nicht wiederhaben?«, stand in ihrer letzten SMS. Er hat sie nicht beantwortet. Sie hatten sich gestritten, mal wieder. Vorwürfe hagelten. Dann war sie gegangen, hatte die Türe hinter sich zugeknallt. Nun brannte das schlechte Gewissen. Sie hatte das Haus schon vor vielen Stunden verlassen. Sich bei niemandem gemeldet. Wenn Menschen verschwinden, tauchen plötzlich Wahrheiten auf. Der Polizeibeamte sagte nüchtern, ihr Fahrrad sei auf einem Wanderparkplatz am Ortsrand gefunden worden, in den Büschen. Keiner hat etwas gesehen, niemand weiß, was geschah. Nichts von ihren privaten Dingen fehlt, sie hat nichts mitgenommen, in der Pfanne noch Reste ihrer letzten Mahlzeit.

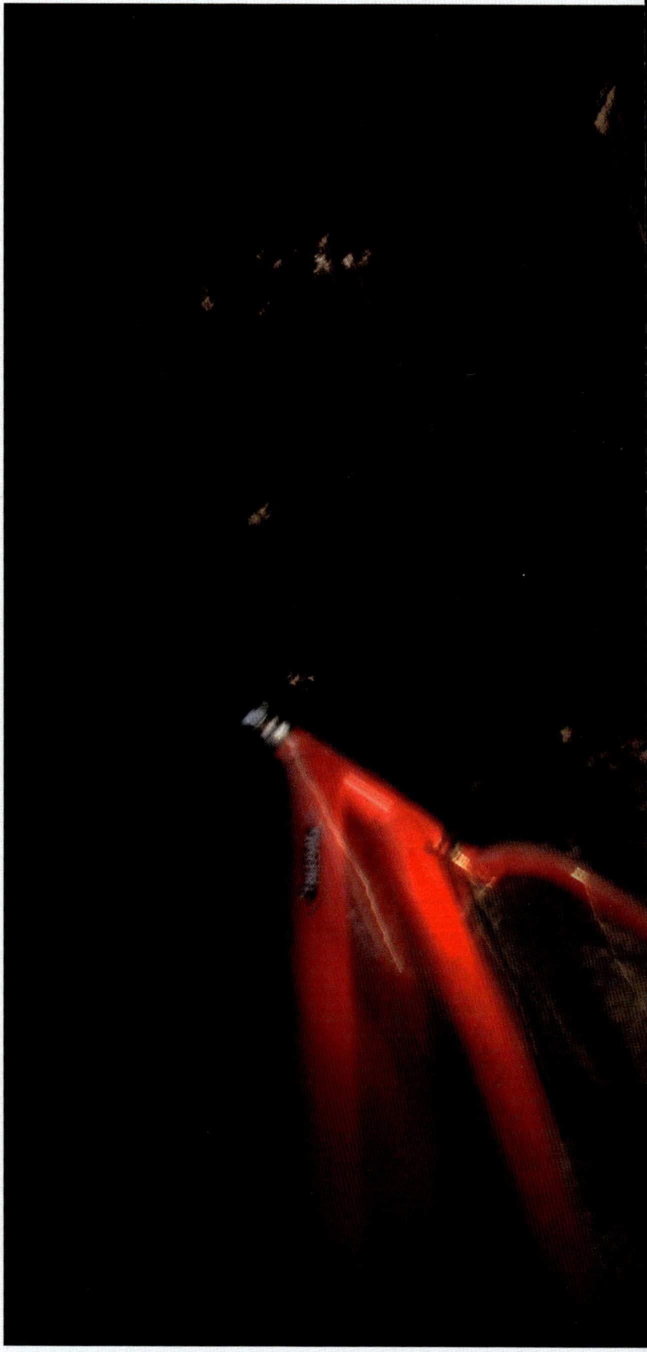

Fragen über Fragen von schlichten Beamten. Das Blaulicht, dutzende rottragende Einsatzkräfte. Der Trubel vor seinem Haus mitten in der Nacht hatte schon längst alle Nachbarn an die Fenster und Haustüren geholt. Doch er ist sich sicher, dass es das einzig Richtige war, die Vermisstenanzeige aufzugeben. So etwas hatte sie noch nie gemacht. Doch nichts ist, wie es zu sein scheint, plötzlich steht alles in Frage. Ein Abgrund tut sich auf. Und Wut macht sich breit: Was mutet sie mir da überhaupt zu! Lüge, Verbrechen, Selbstmord? Oder Rache?

Menschen gehen verloren. Gestern waren sie noch da, telefonierten, plauderten, verabredeten sich. Heute sind sie spurlos verschwunden. Warum auch immer.

4. KOMPONENTE

Der Handwerkskoffer

Ob du denkst, du kannst es,
oder du kannst es nicht:
Du wirst in jedem Fall Recht behalten.

Henry Ford, US-amerikanischer Autobauer und Gründer der Fordwerke (1863–1947)

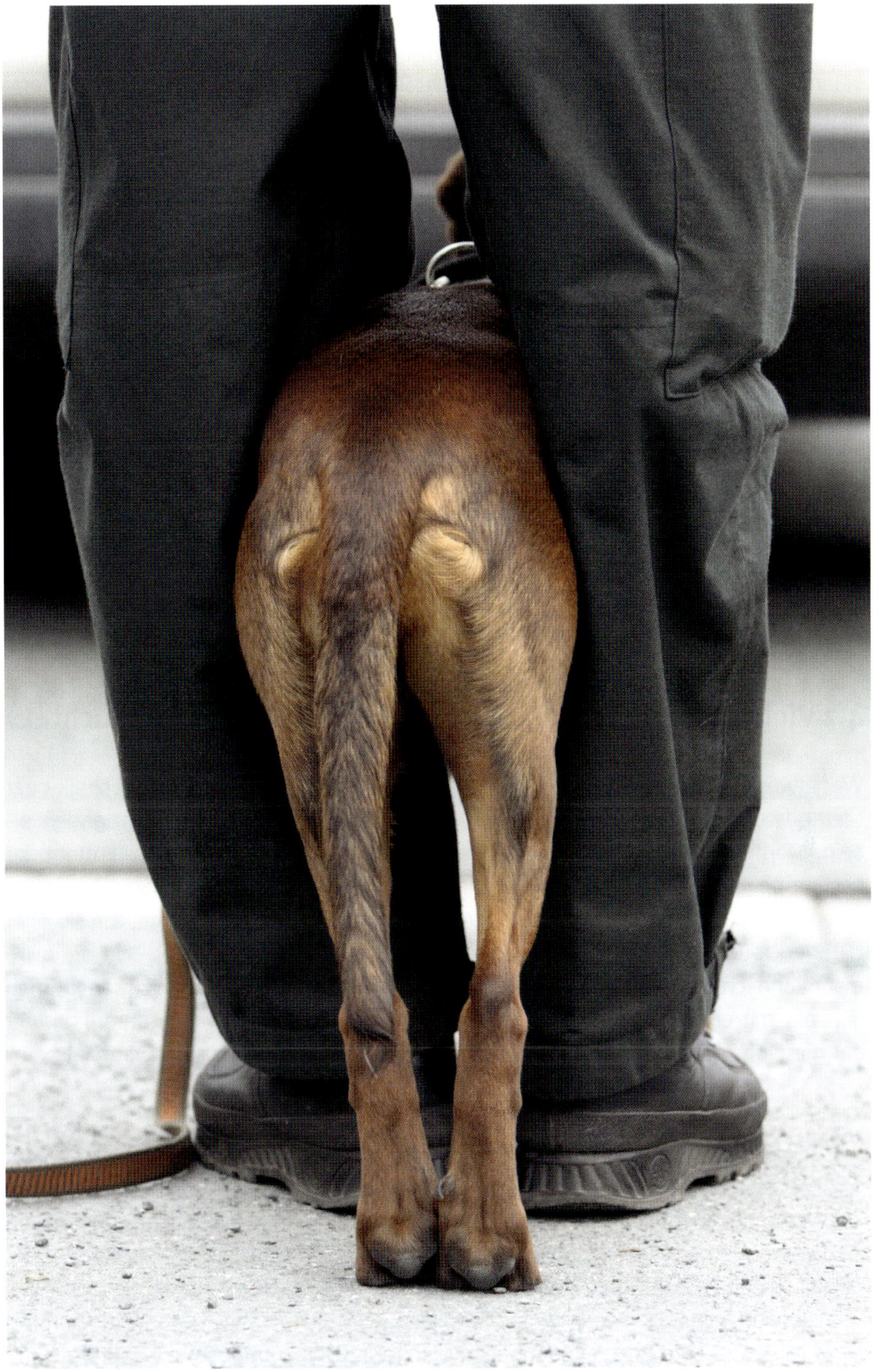

Wer viel draußen ist, weiß es zu schätzen: Mit einem GPS-Gerät lassen sich Trails hervorragend ausbringen und dokumentieren. Die besten Erfahrungen haben wir mit den Geräten der Firma Garmin gemacht.

Garmin hat in Zusammenarbeit mit der Rettungshundestaffel des BRK Kreisverband Hof vor einigen Jahren das spezielle Gerät Astro® 320 für den Rettungshundebereich weiter entwickelt, das an einem Halsband befestigt ist und GPS Daten in Echtzeit an ein GPS Handgerät übermittelt. Die Nachfolgemodelle heißen Alpha 50 bzw. Atemos 50 und 100.

4.4 Das passende Suchgeschirr

Braucht man überhaupt ein Suchgeschirr?

Ja, denn es hat drei Funktionen.

- Erstens kann der Hund im Geschirr ungehindert ziehen und freier mit dem Kopf, sprich mit der Nase arbeiten. Denn dazu wurden Geschirre ursprünglich gefertigt: als Zuggeschirr für Hunde, die Karren oder Schlitten ziehen oder zur Schweißarbeit.
- Zweitens stimmt das Anlegen des Suchgeschirrs den Hund auf die Sucharbeit ein. Es bedeutet Arbeitsstart – das Ablegen kennzeichnet das Arbeitsende.
- Drittens lernt der Hund im Laufe der Zeit: Ist die Leine am Halsband befestigt, hat der Mensch die Führung inne. Ist die Leine am Geschirr eingehakt, führe ich.

Hier führt der Mensch. Als Symbol dient die Leine, die am Halsband eingehakt ist. Für Hunde, die sehr stark in ihrer Geruchswelt leben, empfehle ich zusätzlich das Halti, das am anderen Ende der Leine hängt. Damit erleichtert man sich die ständige Diskussion, ob »Meister Nase« nun schnüffeln darf oder nicht, erheblich (vgl. Seite 87). Der Hund soll im Alltag kontrolliert an der Leine gehen und lernen: Ist die Leine am Halsband befestigt, führt der Mensch.

Und hier führt der Hund. Er weiß: »Im Suchgeschirr darf ich ungehindert ziehen.«

Die Machart des Geschirrs kann Einfluss auf die Arbeit des Hundes haben. Dazu folgendes Beispiel: Eine meiner Schülerinnen, Christin, kam eines Tages völlig aufgelöst vor der Ausbildung zu mir und sagte: »Zum ersten Mal in drei Jahren Mantrailing geht mein Hund am Start nicht los. Und auf dem Trail läuft er ganz komisch.« Christin hatte sich bereits viele Gedanken gemacht und überlegt, was die Ursache sein könnte, war aber zu keiner Lösung gekommen. Ich bat sie, einfach ganz normal zu starten. Vielleicht konnte ich ja am Ablauf oder am Verhalten des Hundes erkennen, wo das Problem liegt.

Das erste, was mir sofort auffiel, war, dass der Hund beim Anlegen des Geschirrs wie auf Zehenspitzen stand. Ihm war deutlich unwohl. Deshalb fragte ich sie, ob alles wie gewohnt ablaufe, oder ob sie irgendetwas Neues verwenden oder tun würde. Es stellte sich heraus, dass Christin zwei Wochen zuvor ein neues Suchgeschirr – extra nach Maß – hatte anfertigen lassen, weil die handelsüblichen ihren Hund unter Zug stark würgen. Dabei hatte der Hersteller darauf geachtet, dass der Druck auf den Körper des Hundes nicht vorne auf der Brust liegt, sondern seitlich an den Rippen. Doch die Einengung an ungewohnter Stelle hatte den Hund, ein temperamentvoller, aber kapriziöser Weimaraner, so irritiert, dass er sagte: »Trailen geht nicht.« Zur Kontrolle machten wir einen Trail mit dem alten Geschirr und tatsächlich, der Hund arbeitete wie gewohnt. Die Aufgabe für Christin: Der Hund soll das neue Geschirr über die nächsten Wochen »lieben« lernen.

Dass ein neuartiges Geschirr in der ersten Zeit befremdlich ist, kann passieren. Daran muss sich der Hund gewöhnen wie unsereins an neue Schuhe. Aber unbequem sollte es natürlich nicht sein oder den Hund gar behindern. Das Problem bei vielen Geschirren ist, dass der Schwerpunkt, also die Öse zum Einhaken der Leine, nicht weit genug hinten am Rücken des Hundes liegt. Dadurch rutscht der Brustriemen unter Zug hoch. Nicht selten drückt er dabei in den Hals des Tieres oder sogar in dessen Kehle. Der Hundeführer bemerkt das oft nicht mal, weil er sich beim Trailen hinter dem Vierbeiner bewegt. Deswegen ist es wichtig, beim Anprobieren eines Geschirrs auch von vorne einen Blick darauf zu werfen und zu testen, ob es auch unter Zug noch an der richtigen Stelle bleibt.

Zum Trailen sollte der Hund neben dem Geschirr immer auch ein Halsband tragen. Am besten eines mit breiter Auflagefläche. Das Halsband ist wichtig, um ihn vor dem Start und auch später auf dem Trail umhängen zu können. Darauf komme ich später noch zu sprechen.

Die besten Erfahrungen haben wir mit diesem handgefertigten Ledergeschirr gemacht. Die breite Auflagefläche auf der Brust und der tiefe Schwerpunkt am Rücken sorgen dafür, dass es den Hund bei der Arbeit nicht beeinträchtigt.

Die meisten Geschirre sehen dagegen so aus. Sie haben eine geringe Auflagefläche an der Brust und tendieren dazu, vor allem unter Zug, in den Halsbereich zu rutschen und dem Hund auf die Kehle zu drücken oder ihm die Luft abzuschnüren, ... so wie hier (rechtes Bild).

Halsband mit breiter Auflagefläche.

4.5 Die Leine und das Leinenhandling

4.5.1 Das Material

Leinen sollen gut in der Hand liegen. Aber gute Gefühle sind individuell. Deswegen möchte ich an dieser Stelle kein bestimmtes Material empfehlen. Nur so viel: Bewährt haben sich flache Leinen, da die runden schneller durch die Hand rutschen und ohne Handschuhe leichter Verletzungen verursachen können. Ansonsten kann ich nur raten: Probieren Sie aus, mit welchem Material Sie am besten zurechtkommen. Für das Führen von schweren und starken Hunden empfehle ich unbedingt Handschuhe.

4.5.2 Die passende Länge

Die jeweils passende Leinenlänge ist in erster Linie abhängig davon, wo Sie trailen. Deswegen ist es nicht sinnvoll, sich pauschal auf eine bestimmte Meterzahl festzulegen, aber tendenziell ist es besser, mit einer kurzen als mit einer langen Leine zu arbeiten. Dafür gibt es mehrere Argumente: In Stadtgebieten ist es schon aus Sicherheitsgründen kaum möglich, dem Hund viel Spielraum zu lassen. Auf dem Bürgersteig nehme ich die

Leine sogar so kurz, dass ich unmittelbar hinter dem Hund bin. Damit verhindere ich, dass er plötzlich in die Straße tritt. Und im Wald verheddert man sich hoffnungslos im Gestrüpp oder zwischen Bäumen, wenn die Leine lang ist. Mit einer größeren Distanz zum Hund kann man daher nur in offenem Gelände laufen, ohne dass es entweder gefährlich wird oder man mit der Leine irgendwo hängen bleibt.

Ein weiteres Argument für die kurze Leine ist die leichtere Handhabung. Für den Hundeführer ist es wesentlich schwerer mit einer langen Leine zu arbeiten, als mit einer kurzen. Je mehr Meter Sie in der Hand haben, umso mehr sind Sie auf dem Trail mit Aufnehmen und wieder Nachgeben beschäftigt. Zudem tendieren einige Hunde an der langen Leine dazu, aufgeregt hin und her zu peitschen, während sie an kurzer Leine ruhiger und konzentrierter geführt werden können. Je besser Sie es schaffen, selbst bei ruckartigen und schnellen Bewegungen des Hundes die Spannung immer gleichbleibend aufrecht zu

Das ist in etwa die Leinenlänge, die ich in der Stadt empfehle. Die Spannung der Leine ist gleichbleibend und wird stets aufrechterhalten.

erhalten, desto länger darf die Leine sein – sofern die Sicherheit es zulässt. Zugegeben, besser beobachten können Sie den Hund aus einer größeren Distanz. Aber wiegt dieser Grund alle anderen Gründe auf? Wie gesagt, probieren Sie aus, mit welcher Länge Sie und Ihr Hund wo am besten zurechtkommen.

Als Merksatz gilt

Ein Hund, der es gewohnt ist, an kurzer Leine zu arbeiten, arbeitet auch an der langen. Aber nicht umgekehrt. Deshalb lieber an der kurzen Leine einarbeiten, bis das Leinenhandling beim Hundeführer sitzt, um dann alle Leinenlängen optimal auszunutzen.

An der Straße darf die Leine auch noch kürzer sein, bei Hindernissen, zum Beispiel einer Treppe, gerne auch länger.

Hier kann die Leine ruhig auch mal länger sein. Die Spannung wird aber trotzdem aufrechterhalten.

4.5.3 Die richtige Handhabung

Die richtige Handhabung der Leine ist vor allem eines: Übungssache! Man kann sie erst mal ohne Hund mit einem Menschen als Partner trainieren. Hin und wieder sehe ich auch bei Anfängern schon ein tolles Leinenhandling, meistens wenn sie vorgeschult sind. Zum Beispiel durch Kutsche fahren, Pferde longieren oder Seile bedienen, wie beim Klettern.

Fast alle Zweibeiner, die bei dieser Übung »an die Leine genommen« werden, erzählen hinterher, dass der konstante Zug ihnen ein Gefühl der Sicherheit vermittelt hat, dass es sich so ähnlich anfühlt, wie an der Hand gehalten zu werden. Nach meiner Erfahrung empfinden auch die Hunde die konstante Leinenspannung nicht als einschränkend, sondern als stabilisierend. Wie kann das sein? Vielleicht liefert folgende Begebenheit eine Erklärung:

Über den bekannten amerikanischen Bestsellerautor John Irving wurde bisher keine Biographie veröffentlich. Es heißt, sein Leben sei zu langweilig. »Er steht morgens früh auf, schreibt sieben Stunden, treibt zwei Stunden Sport und geht pünktlich um 21 Uhr wieder schlafen. Ich habe meinem Verleger den Vorschuss zurückgegeben«, sagte ein US-Journalist der Irvings Leben aufschreiben wollte und verzweifelt aufgab.

Auch andere bekannte Künstler, darunter Thomas Mann, hatten einen ähnlich strukturierten Tagesablauf. Vielleicht braucht gerade Kreativität als Gegengewicht auf der anderen Seite besonders viel Struktur. Auch wenn der Bogen weit gespannt ist, könnte man darin eine gewisse Parallele zu dem Verhalten der Hunde sehen, wenn sie in schwierigen Situationen geruchlich eine Entscheidung treffen müssen: Hier hat es sich bewährt, dem Hund nicht viel Leinenfreiheit zu geben, sondern im Gegenteil, mehr Struktur über die kurze Leine. Vielleicht bekommen sie dadurch einen ähnlich festen Rahmen wie John Iriving durch seinen streng geregelten Tagesablauf, der ihm auf der andren Seite so viel Kreativität und Konzentration auf seine Arbeit ermöglicht.

4.5.4 Der heiße Draht zum Hund

Für den Hundeführer kann die Leine mit der Zeit wie ein zusätzlicher Tastsinn werden, mit dem er spürt, was der Hund vorne gerade macht. Unser amerikanischer Freund, der ehemalige Detective Buck Garner Jr., Louisa County Sheriffs Office, Virginia, der über 26 Jahre Bluthunde geführt hat, geht sogar soweit, dass er sich schon mal einen Trail im Park legen lässt und diesen dann mit verbundenen Augen abarbeitet. Nicht unbedingt zum Nachahmen empfohlen! Über die Leinenspannung werden Informationen weitergegeben, natürlich wechselseitig. »The shit runs down the leash«, ist ein beliebter Spruch meiner amerikanischen Ausbilderfreunde. Er bedeutet: Die schlechten Gefühle des Menschen kommen beim Hund ebenso über die Leine an, wie die guten. Beides wirkt sich auf das Verhalten des Hundes aus und ist daher gleichermaßen beeinflussend.

Deshalb kann der Hundeführer viel bewirken, wenn er positiv nach vorne strahlt, wenn er stolz ist auf seinen Teampartner. Allein dass der Mensch so fühlt, reicht aus, damit sich der Hund getragen fühlt, und das hilft ihm durch schwierige Situationen. Wenn aber der Mensch schon sozusagen die »Rute einklemmt«, Zweifel hat, klemmt der Hund auch. Die Einstellung des Zweibeiners am Ende der Leine trägt den Hund. Geht der Mensch mit dem Gefühl »Wir schaffen das« in die Suche, bringt er diese Stärke über die Leine nach vorne.

Die wichtigste Regel beim Leinenhandling ist: Der Hund muss nach vorne immer etwas stärker ziehen können, als der Mensch hinten dagegenhält. Dieses ausgewogene Kräfteverhältnis nenne ich fortan Leinenspannung. Erhöht der Mensch die Leinenspannung, indem er zu stark dagegenhält, bremst er den Hund aus, so dass dieser stoppt oder umkehrt. Der Hundeführer sollte seine Laufgeschwindigkeit der Geschwindigkeit des Tieres anpassen, ohne dabei zu rennen. Gleichzeitig muss er die Leinenspannung konstant aufrechterhalten. Wenn der Hund vorne beispielsweise mit einer Stärke zieht, die ich fünf nenne, sollte hinten mit nicht mehr oder weniger als vier dagegengehalten werden. Verringert der Hund vorne auf drei, weil er langsamer wird, »schalte« ich hinten auf zwei runter. Wenn der Hund vorne weniger zieht, halte ich also hinten weniger dagegen.

Der Arm, der die Leinenspannung aufrechterhält, in meinem Fall der rechte, arbeitet wie ein Stoßdämpfer, um Rucke zu vermeiden, wenn der Hund das Tempo wechselt.

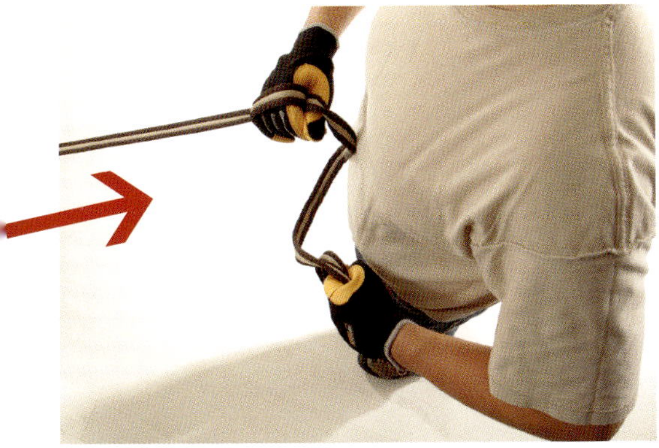

Verlangsamt der Hund das Tempo, ziehe ich den Arm etwas näher an den Körper, um die Leinenspannung aufrechtzuerhalten. Erst dann fasse ich, falls nötig, mit der linken Hand die Leine nach.

Zieht der Hund an, ist der Führarm erst mal der Puffer, der den Stoß leicht abfängt. Dann lasse ich bei Bedarf noch mit der linken Hand mehr Leine raus.

Und wieder rannehmen ...

... und wieder nachgeben, wenn der Hund anzieht.

Angenommen, mein Hund läuft einen Hang hoch und wird dabei immer langsamer, dann schleiche ich in genau derselben Geschwindigkeit hinter ihm her und verringere die Leinenspannung entsprechend. Würde ich das nicht tun, würde der Hund irgendwann stehen bleiben oder umdrehen, denn dann wäre hinten ein viel stärkerer Zug als vorne. Läuft der Hund wieder los, renne ich nicht hinterher, sondern ich halte dagegen und lasse mich in der mir angenehmen Geschwindigkeit ziehen.

Doch Achtung: Achten Sie immer darauf, dass hinten nicht stärker dagegengehalten wird als der Hund vorne zieht. Machen Sie sich also nicht zu schwer, sonst ist es für Ihren Hund wie Fahren mit angezogener Handbremse. Gehen Sie gelassen im eigenen Tempo. Sprechen Sie einen hektischen Hund auch mal mit ruhiger Stimme an.

Die wichtigsten Regeln beim Leinenhandling

1. **Bei der Suchleine gilt dasselbe Prinzip wie bei der Flexileine: Sie ist immer gespannt. Durch das Spiel der Hände und Arme wird sie ständig angenommen oder rausgelassen. Die Flexileine tut das automatisch, aber leider eignet sie sich nicht zum Trailen, weil man mit ihr nicht sensibel genug führen kann. Der Einzugs-/Ausstoßmechanismus würde jedes Mal einen Ruck verursachen. Den gilt es beim Trailen möglichst zu vermeiden.**
2. **Vorne muss immer etwas mehr Zug sein als hinten. Denn die gleichmäßige Leinenspannung stabilisiert den Hund. Vor allem hektische Tiere werden dadurch ruhiger und arbeiten konzentrierter.**

Und noch etwas: Je mehr die Leine durchhängt, desto schneller kann der Hund werden. Es besteht die Gefahr, dass er sozusagen wegtreibt. Durch die Leinenspannung wird eine gewisse Langsamkeit produziert. Durch diese Langsamkeit gewinnt man einen Hund, der genauer »nachdenkt«. Und keine Angst: Der Trieb des Hundes geht dadurch nicht verloren.

Geruch ist Information

Hunde übersetzen diese für uns unlesbare Information und machen sie durch ihr Verhalten für uns erkennbar. Übersetzt der Dolmetscher jedoch zu schnell, sagen wir: »Langsamer bitte! Ich komme nicht mehr mit.«

Falsch: Nicht ins Hetzen kommen, denn die Füße sind oft schneller als die Nase! Durch die hängende Leine verlieren Mensch und Hund außerdem diesen wichtigen Kontakt.

Jeder Ausbilder hat spezielle Themen, bei denen sich ihm die Nackenhaare sträuben. Ein solches Thema ist für mich die Empfehlung: »Mach Dich schwer!« Dahinter steckt die weit verbreitete Meinung vieler »Experten«: »Wenn Du wissen willst, ob der Hund gerade richtig ist, mache Dich hinten schwerer. Ist der Hund richtig, zieht er Dich weiter. Wenn es falsch ist, wird er umdrehen.« Der Hundeführer zieht also an der Leine und ist dann beruhigt, wenn der Hund mit Gegenzug reagiert und sich vorne noch stärker ins Zeug legt. Das Hinterfragen lebt aus der Vorstellung: »Wenn es richtig ist, setzt sich der Hund durch.« Das beinhaltet die Vorannahme, dass der Hund immer zerrt, wenn er sich sicher ist, dass er richtig liegt. Aber ich behaupte, diese Vorannahme ist unzutreffend.

Meiner Erfahrung nach hat der Hund in ca. 50 Prozent der Fälle in denen er nach Kräften zieht, etwas anderes in der Nase. Egal, wie sehr man ihn »hinterfragt«, der Hund geht trotzdem weiter in die falsche Richtung. Und ebenso behaupte ich, in 50 Prozent der Fälle, bei denen die Hunde langsam sind, sind sie trotzdem richtig. Würden wir da jetzt noch hinterfragen, also an der Leine ziehen, würden viele Hunde unsicher werden und umdrehen nach dem Motto: »O.k., du weißt es besser, dann gehen wir halt nicht hier lang.« Denn im Alltag lernen die Hunde schließlich, nicht ihrer Nase, sondern dem Hundeführer zu gehorchen. Selbst wenn der Hund verstanden hat, dass er im Geschirr die Führung innehat, setzen sich viele in dieser Situation nicht notwendigerweise gegen Herrchen oder Frauchen durch. Vielleicht spüren sie den Zweifel des Menschen an der Leine und beziehen ihn auf das, was sie gerade tun. Das Hinterfragen über die Leine ist daher in meiner Ausbildung ein Tabu.

Gute Erfahrungen haben wir hingegen mit dem Wort »Arbeiten!« gemacht. Damit ermahnen wir den Hund verbal, sobald der leise Eindruck entsteht, er könnte auch anderen Interessen nachgehen als dem zu suchenden Geruch. Über das Wort »Arbeiten!« fragen wir nach: »Machst Du eigentlich noch Deinen Job?« Falls der Hund sich nichts hat zu Schulden kommen lassen, machen wir damit nichts falsch, vergleichbar mit der Situation, wenn der Hund korrekt »Bei Fuß« läuft und wir sagen nochmals »Fuß«. Wenn wir das Wort »Arbeiten« neutral verwenden, ist es nicht beeinflussend, es verbietet nichts und gibt auch nichts vor.

Achtung Fehler

Die Nase darf beim Trailen niemals dem Hundeführer gehorchen, sonst läuft der Hund nach Befehl und nicht nach Geruch. Deswegen geben wir keine Hilfen und machen uns auch nicht schwer!

Das Hinterfragen ist grundsätzlich ein Vertrauensproblem. Der Mensch traut seinem Hund nicht und hinterfragt ihn, um sich selbst zu beruhigen. Aus diesem Grund sind die Komponenten ALLTAGSNEUTRALITÄT und OPFERBINDUNG so wichtig. Wer seinem Hund vertraut, weil er weiß, dass der Vierbeiner Umwelteinflüsse verarbeiten kann und dass er Katzen und Rehe links liegen lässt, muss ihn nicht ständig hinterfragen.

Solange Du zweifelst, kannst Du den Weg nicht finden.
Yogispruch

Wer merkt, dass er sein »Kopfkino« nicht kontrollieren kann und ständig zweifelt, tut gut daran, anzuhalten und einen Stopp einzulegen. Nach der Pause hat der Hund Gelegenheit, sich entweder neu zu orientieren oder die Richtung zu halten. Ein Mensch, der ständig hinterfragt und zweifelt, kostet den Hund außerdem viel Energie, da er sich andauernd gegen ihn behaupten muss.

Die häufigsten Fehler

- **Die Leinenlänge ist der Umgebung nicht angepasst, vor allem in der Stadt ist sie zu lang.**
- **Die Leine hängt durch.**
- **Die Leine wird zu straff geführt, d.h. hinten ist mehr Zug als vorne.**
- **Der Hundeführer ist unsicher und hinterfragt über die Leine.**

Terry Davis
Präsident der Virginia Bloodhound Search and Rescue Association (VBSAR) und Gründer der International Canine Academy for Search Training (ICAST)

Armin (links), Terry (Mitte) und Mike Belanger, ICAST Instruktor und ehemaliger Diensthundeführer u. -ausbilder, Connecticut State Police K-9 Training Center

Es gibt verschiedene Ansichten darüber, wie lang die Leine beim Trailen sein sollte. Diese Entscheidung muss zwar jeder Hundeführer selber treffen, doch es gilt einiges zu bedenken:

Je größer der Abstand zwischen Hund und Hundeführer ist, desto besser kann der Mensch seinen Hund beobachten und lesen. Das ist ein großer Vorteil. Allerdings ist die Leinenlänge in erster Linie davon abhängig, in welchem Gebiet Sie trailen. In der Stadt halte ich eine Länge zwischen zwei und drei Metern für ausreichend. In offenem Gelände können es durchaus auch mal bis zu acht Metern sein.

Ein gutes Leinenhandling ist wirklich eine Kunst, denn allzu leicht kann man den Hund durch die falsche Handhabung der Leine stören und beeinflussen. Das Wichtigste ist, die Leine stets gleichmäßig zu führen, also mit gleich bleibender Spannung. Die Technik dazu kann man mit dem Auf- und Abspulen einer Angelschnur vergleichen. So, wie man mit der Kurbel an der Haspel einer Angel die Schnur nachlässt und annimmt, ohne sie je durchhängen zu lassen, arbeitet man auch beim Trailen mit der Leine.

Die Leine straff zu halten, hat mehrere Vorteile:

- Zuerst müssen die Hunde lernen, dass es erwünscht ist, wenn sie ziehen. Natürlich nur im Zusammenhang mit dem Geschirr und beim Trailen. Sie müssen verstehen, dass es o.k. ist, während des Trailens den Hundeführer dorthin zu zerren, wo der Geruch sie hinführt. Und wenn die Leinenspannung dabei schön gleichmäßig bleibt, können keine Rucke entstehen, die der Hund als Korrektur auffasst. Jedes Mal, wenn die Leine locker durchhängt und der Hund anzieht, gibt es einen Ruck, und das ist zu vermeiden, ganz besonders bei den jungen Hunden, die noch eingearbeitet werden müssen. Bekommt der Hund einen unerwarteten Ruck über die Leine, ändert er möglicherweise sein Verhalten und bleibt vielleicht stehen, wechselt die Richtung oder wendet sich dem Hundeführer zu. Ältere und erfahrene Hunde können so einen Ruck eher verkraften, da sie gelernt haben, sich nicht darum zu kümmern, was der Hundeführer da hinten macht.
- Durch eine gespannte Leine kann der Hundeführer außerdem besser fühlen, was der Hund gerade tut. Insbesondere im Dunkeln, wenn man keine andere Möglichkeit hat, den Hund zu beobachten, ist der Kontakt über die Leine der einzige Weg, Reaktionen des Hundes zu erspüren.
- Eine durchhängende Leine bringt den Hund dazu, sehr viel mehr umherzulaufen. Ich habe beobachtet, dass Hundeführer, die ihren Hund schnell und mit durchhängender Leine laufen lassen, erst lange in die falsche Richtung gehen, bis der Hund etwas merkt und sich korrigiert. So zu arbeiten ist nicht effektiv, weil viel Zeit und Kraft dabei verloren gehen. In Einsätzen macht es außerdem Glauben, dass der Gesuchte in Gegenden war, wo er in Wirklichkeit nie hingekommen ist. Hunde, die an lockeren Leinen gearbeitet werden, gehen das Drei- und Vierfache der Distanzen, die Hunde zurücklegen, die an straffer Leine gehalten werden. Durch die straffe Leine fällt es dem Hund außerdem leichter, sich selbst zu korrigieren. Die Tiere arbeiten akkurater und gehen manchmal auch spurtreuer. Wir erwarten nicht, dass die Hunde spurtreu laufen, doch es ist angenehm, so spurnah wie möglich zu gehen.

4.6 Trainingsaufbau

Dieses Kapitel spricht Themen an, über die sich Hundeführer wie Ausbilder klar sein sollten, noch bevor sie damit beginnen, mit dem Hund zu trailen.

4.6.1 Stöbern oder Trailen, zwei Seiten derselben Medaille

Hunde haben unterschiedliche Findestrategien. Wie schon ganz zu Anfang des Buches erwähnt (vgl. Seite 18 f), gibt es Hunde, die nach Geruch stöbern, und solche, die vorhandene Geruchsspuren benutzen. Diese individuelle Findestrategie ist dem Hund angeboren, so wie uns Menschen eine Rechts- oder Linkshändigkeit. Stöbern und Trailen sind vom Ansatz her entgegengesetzte Suchmethoden und daher in ein und demselben Hund nur schwer vereinbar, zumindest auf einem hohen Leistungsniveau. Ohne es zu wollen, bilden manche Hundeführer und sogar Trainer Individualgeruchstöberer statt Mantrailer aus. Sie merken nicht – oder ignorieren – dass der Hund nur über Hochwind findet. Bevor die Arbeit im Trailgeschirr überhaupt beginnen kann, muss daher klar sein, welche Suchstrategie der Hund bevorzugt, ansonsten stochert man im Nebel und bildet ein Zufallsprodukt aus.

Der klassische Stöberer, von mir »Rechtshänder« genannt, ist der Flächensuchhund. Er startet am Ansatzpunkt meistens ohne Geruch und läuft so lange, bis er über die Luftströme den gesuchten Duft in die Nase bekommt. Daher bezeichnet man Stöberhunde auch als Quellensucher. »Linkshänder« dagegen durchsuchen nicht die Luftströme nach frischem Quellgeruch, sondern sie arbeiten sich an dem hinterlassenen Duft, den eine Person »verliert«, entlang (siehe dazu auch die Grafik auf Seite 19).

Natürlich kann man auch übers Stöberverfahren nach Individualgeruch suchen. Aber dann handelt es sich nicht um einen Mantrailer, sondern um einen Individualgeruchstöberer. Dieser Individualgeruchstöberer arbeitet über Hochwind und gleicht ständig ab, ob der frische menschliche Geruch, der ihm in die Nase weht, zu seinem Suchbild passt oder nicht. Ähnlich wie der Fährtenhund, der ohne Bodenverletzung nicht arbeiten kann, hat der Individualgeruchstöberer keine Möglichkeit, die gesuchte Person zu finden, wenn der Spurleger zum Beispiel in einem geschlossenen Gebäude ist. Denn der Individualgeruchstöberer arbeitet nicht mit dem hinterlassenen Geruch einer Person, sondern mit dem frischen Quellgeruch, der ihm über die Witterung zugetragen wird.

Um herauszufinden, welche Suchstrategie ein Tier hat, muss man es testen. Dazu bringt man den Spurleger, nach dem Legen des Trails, einige Kilometer aus dem Suchgebiet, so dass der Hund keine Chance hat, an frischen Quellgeruch zu kommen. Oder die Versteckperson wartet in einem Gebäude oder in einem Auto und kommt erst dann hinaus, wenn der Hund schon im Zielgebiet ist. Diese Methode hat den Vorteil, dass das Tier bestätigt werden kann. Noch klarer wird die Analyse, wenn die gelegten Spuren mehrere Stunden oder sogar Tage alt sind. Um aussagekräftig zu sein, sollte der Test-Trail außerdem eine gewisse Länge haben, sodass der Hund an mehreren Stellen hintereinander eine Entscheidung anhand des dort vorhandenen Geruchs treffen muss. Braucht der Hund sich nur ein- oder zweimal zu entscheiden und hat jedes Mal eine Chance von 50 Prozent, könnte es auch Zufall gewesen und der Test nicht eindeutig sein.

Zusammengefasst kann man sagen, dass prinzipiell jeder Hund das Zeug hat, ein Personensucher zu werden, denn:

1. jeder Hund kann gut genug riechen, um verschiedene menschliche Individualgerüche auseinanderzuhalten;
2. jeder Hund kann frischen Geruch von altem unterscheiden.

Allerdings gibt es drei Gründe, die das Mantrailing verhindern:

1. Der betreffende Hund ist ein ausgesprochener Stöberer.
2. Er kann sich nicht ausreichend konzentrieren und ist zu schnell abgelenkt.
3. Er meidet fremde Menschen.

Den Unterschied zwischen einem Stöberhund und einem Trailer ließe sich auch folgendermaßen erklären: Der Stöberhund arbeitet sozusagen im Frust. Das heißt, er startet meistens ohne Geruch und sucht so lange, bis er den gesuchten menschlichen Duft findet. Der Mantrailer dagegen sollte gar nicht in Frust geraten bzw. keinerlei Frust aushalten und deutlich zeigen, wenn er den Geruch verliert. Wer einen Hund am Startpunkt ansetzt, ohne dass der gesuchte Geruch da ist, bildet maximal einen Individualgeruchstöberer aus. Der Mantrailer, sofern er richtig ausgebildet ist, startet erst gar nicht, ohne den gesuchten Geruch in der Nase zu haben. Er arbeitet permanent a m Geruch. Der Stöberhund läuft los auf der Suche n a c h Geruch und sucht so lange, bis er ihn findet. Daher sind beide Sucharten in ein und demselben Hund schlecht vereinbar. Unabhängig von der Veranlagung des Hundes ist es auch ein Kommunikationsproblem: Mal soll der Hund suchen, ohne den vorgegebenen Geruch bereits in der Nase zu haben, mal soll er zeigen:

15 verschiedene Muskeln ermöglichen dem Hund, das Ohr aufzustellen, hängen zu lassen oder seitwärts zu drehen. Da sich beide Ohren unabhängig voneinander bewegen lassen, können Geräusche aus unterschiedlichen Richtungen lokalisiert werden.

Das Auge ist – noch vor dem Ohr – das zweitwichtigste Sinnesorgan des Hundes. Zwar hat ein Hund deutlich weniger Sehnerven als der Mensch, aber in zwei Bereichen ist das Hundeauge dem menschlichen sogar überlegen: Im Wahrnehmen von Bewegungen und im Sehen bei Dämmerung.

*Im Zuge der Evolution hat sich die Hundenase zu einem optimalen Instrument der Dufterkennung entwickelt, die allen Arten von elektronischen Instrumenten überlegen ist. Anders als wir Menschen warten Hunde nicht ab, bis sie zufällig einen Duft in die Nase bekommen, sondern nehmen ihn aktiv riechend auf. Während eines Spaziergangs stöbern sie nach Freßbarem, indem sie Botschaften aus den Luftströmen sammeln und verfolgen Spuren, wobei ihnen sowohl die niedergetretene Grasnarbe als auch Haare und Hautschuppen der potentiellen Beute wichtige Informationen liefern.**

* Informationen aus: »Die Geheimnisse der Hundesprache« von Stanley Coren, Franckh-Kosmos Verlag 2002, »Wie Hunde denken und fühlen«, Stanley Coren, Franckh-Kosmos Verlag 2005, »Hundesprache« von Matthew Hoffmann, Tandem Verlag, 2005 , »Schwanzwedeln« von Sophie Collins, Franckh-Kosmos Verlag 2009

Hier stimmt was nicht, ich habe den gesuchten Geruch verloren.
Nun wird immer wieder gesagt, Mantrailing sei eine Kombination aus verschiedenen Sucharten, nämlich Fährten, Stöbern und Trailen. Diese Aussage ist teilweise richtig, führt aber leicht zu Missverständnissen und muss daher näher erklärt werden:

Richtig ist:
Der Mantrailer darf Fährten benutzen. Er darf Informationen aus Bodenverletzungen mit hinzuziehen, wenn es welche gibt. Die Bodenverletzungen geben aber nur zusätzliche Hinweise. Denn die wichtigste Informationsquelle für den Mantrailer ist immer der hinterlassene individuelle Geruch.

Falsch ist:
Wenn der Hund ohne diese Bodenverletzung nicht mehr ans Ziel kommt. In diesem Fall kann man nicht von einem Mantrailer sprechen sondern von einem Fährtenhund.

Richtig ist:
Der Hund darf über Hochwind zum Erfolg kommen. Wenn er wittert, dass der gesuchte Geruch in einiger Entfernung frischer ist als an der Stelle, wo er sich gerade aufhält, darf der Trailer dieser Witterung nachgehen und abkürzen.

Falsch ist:
Wenn der Hund die Luft mit hoher Nase nach dem gesuchten Geruch durchforstet, anstatt permanent am Geruch zu arbeiten. Dann spricht man nämlich von stöbern.

Bei den klassischen Trailrassen kann jedes Individuum trailen. Bei allen anderen Rassen können manche Individuen trailen. Nur wenige Individuen können beides gleichermaßen gut ...

4.6.2. Mischformen

Wie bei den echten Rechts- und Linkshändern auch, gibt es bei den stöber- und spurveranlagten Hunden Rein- und Mischformen. Das bedeutet, es gibt Hunde, die beinahe ausschließlich nur eine der genannten Suchmethoden benutzen, und andere, die zwar beides können, aber eine Präferenz haben. Diese Präferenz kommt vor allem dann zum Vorschein, wenn es schwierig wird, wenn Stress, Ablenkungen oder Müdigkeit aufkommen.

Es kommt zwar selten vor, aber es gibt auch Hunde, die gleichermaßen »rechts-» wie »linkshändig« veranlagt sind. Dann kommt es darauf an, welche Seite man fördert. Allerdings muss man bei der Ausbildung dieser Hunde penibel darauf achten, dass bei-

... Ein Beispiel ist die sechsjährige American Staffordshire-Mix Hündin Klara. Sie ist sowohl Flächensuchhund als auch Mantrailer.

de Suchformen strikt getrennt werden. Das bedeutet u.a., keine Dummysuchen und Versteckspiele in der Freizeit, bei denen der Hund übers Stöbern Erfolg hat! Ansonsten verliert man diese Tiere fürs Trailen. Denn sie merken recht schnell, dass sie mit Stöbern schneller zum Ergebnis kommen und wenden das Trailverfahren dann nicht mehr an. Wenn man einen »beidhändig« verlangten Hund jedoch konsequent fürs Trailen aufbaut, kann man ihn dort dauerhaft verankern.

Bei den klassischen Trailrassen, also den Hounds, gibt es natürlich auch Mischformen. Meiner Erfahrung nach kann man bei diesen Tieren die Trailveranlagung allerdings nicht zerstören, indem man sie viel stöbern lässt, selbst wenn der Hund »beidhändig« veranlagt ist. Genauso gut kann man den »Rechtshänder« immer wieder zum Stöbern bringen, selbst wenn man mit ihn eine Zeitlang nur getrailt hat.

Ist die Auffindesituation schwierig oder der Trail an sich, sollte der Start unkompliziert sein.

Großer Ablenkungsfaktor: Paralleles Arbeiten von Flächensuchhund und Mantrailer muss trainiert werden. Natürlich mit sinniger Einsatztaktik. So eng wie hier wird es im Einsatzfall kaum aussehen.

4.7 Akklimatisieren

Mal angenommen, Sie halten Montagfrüh um 9 Uhr einen Vortrag vor Mitarbeitern und Kunden im Konferenzraum eines fremden Hotels. Wenn Sie als Redner Gelegenheit haben, ein paar Minuten vor den Teilnehmern im Raum zu sein, um die Stimmung wahrzunehmen, vielleicht ein Glas Wasser zurechtzustellen und die Technik nochmal zu probieren, sind das die besten Voraussetzungen, um entspannt und sicher bei Ihrem Vortrag zu wirken. Ganz anders ist die Situation, wenn Sie abgehetzt in der letzten Minute aus der überfüllten U-Bahn kommen.

So eine Gelegenheit, nämlich den fremden Arbeitsplatz erst mal in Ruhe wahrnehmen zu können, gibt man beim Trailen gerne auch den Hunden vor dem Start. Sie bekommen ein wenig Zeit, sich zu akklimatisieren, anstatt raus aus dem Auto und sofort an die Arbeit gehen zu müssen. Dieses Zeitfenster vor dem Start ist keine Freizeit, ebenso wenig wie das Kennenlernen des Konferenzraums vor dem Vortrag. Diese Phase des sich Umschauens und Eingewöhnens ist bereits Teil der Arbeit. Unter Akklimatisieren verstehe ich daher ein seriöses Ablaufen des Startgebietes.

Bei der Akklimatisierungsrunde übernimmt der Mensch deutlich die Führung.

Seriös heißt, der Hund darf sich natürlich lösen, hat auf dieser Runde aber keine Freiheiten im Sinne von Pinkelflecken studieren, Artgenossen begrüßen, markieren oder Unrat aufstöbern. Es geht darum, die Umgebung in Ruhe wahrzunehmen und sich auf sie einzustimmen.

Es würde den Hund überfordern, ließe man ihn bei der Akklimatisierungsrunde einfach machen, was er will. Er begreift nicht, wenn man ihm erst gestattet von Laternenpfahl zu Laternenpfahl zu ziehen und ab dem Start – von einer Sekunde auf die andere – erwartet, dass er diese Interessen zurückstellt und arbeitet.

Die Akklimatisierungsrunde

wird vom Hundeführer geleitet. Es ist keine Gassirunde, bei der der Hund den Weg bestimmt oder entscheidet, was er tut.

Ist der Start an einer Straßenkreuzung, geht man üblicherweise einen großen Kreis. Ist der Start auf einem Parkplatz, zum Beispiel bei einem Supermarkt, geht der Hundeführer möglichst einmal außen um den Parkplatz herum. Dabei hat der Mensch die Führung inne, das heißt, er läuft nicht seinem Hund hinterher, sondern definiert ganz klar den Arbeitsplatz, bestimmt das Tempo und die Richtung. Die Erfahrung zeigt, dass der Hund in der Lage ist, Gerüche zu speichern, die er auf dieser Akklimatisierungsrunde wahrnimmt. Bekommt er kurz darauf den Geruchsträger, erinnert er sich bei entsprechendem Training bestenfalls daran, wo dieser spezielle Geruch liegt. Dies kann wichtig sein, wenn man vor dem Start ein großes Gebäude umrundet, ein Seniorenheim oder ein Krankenhaus.

Praxistipp

1. **Wenn das Gebäude mehrere Ausgänge hat, dann umrunden Sie es komplett, damit der Hund überall vorbeikommt.**
2. **Es ist ungünstig, unmittelbar vor einem der in Frage kommenden Ausgänge zu starten. Geschickter ist, zwischen zwei Ausgängen oder ein Stück entfernt vom Gebäude anzusetzen. Dadurch hat der Hund eine bessere Chance, sich aus der Distanz die frischeste Spur des Vermissten herauszusuchen.**

Ein weiterer Vorteil dieser Akklimatisierungsphase ist, dass die Hunde schon ein wenig Energie abbauen können. Sie sind am Start dann weniger aufgeregt, konzentrieren sich besser und die Gefahr, dass sie einfach drauf losrennen, ist geringer.

Erst wenn das Team bereits einen hohen Ausbildungsstand erreicht hat, kann es durchaus auch mal ohne Akklimatisierungsrunde an den Start gehen, um die Bedingungen zu erschweren. Einem Einsatzteam macht man es in Übungen hin und wieder schwerer als nötig, damit der Einsatz tendenziell einfacher bleibt als das Training.

4.8 Das Anschirren

Das bewährte Prozedere sieht vor, dem Hund einige Meter vor dem am Boden liegenden Geruchsträger das Geschirr anzulegen, solange noch nicht mit der Tüte gearbeitet wird. Wird der Hund zu nahe am Geruchsträger angeschirrt, schnüffelt er gerne schon daran herum oder spielt damit. Damit macht man sich und dem Hund den Start unnötig schwer. Denn keinesfalls sollte man den Vierbeiner vom Geruchsartikel wegzerren oder ihn gar mit Kommandos wie »Nein« oder »Aus« verwirren. Die Geruchsaufnahme sollte immer konzentriert und nach einem vertrauten Ritual erfolgen. Damit der Start ruhig und klar ablaufen kann, ist es hilfreich, jeden Schritt vorab sorgfältig zu planen und zu durchdenken.

Als Geruchsträger eignen sich anfänglich große Dinge aus verschiedenstem Material. Sogar Metallgegenstände können ihren Dienst tun. Sie verhindern, dass der Hund den Geruchsartikel ins Maul nehmen will, was einige zum Abreagieren des Triebstaus gerne tun.

Ist das Team startklar, wird der Hund am Halsband zum Geruchsträger geführt. Der Fokus des Hundes sollte jetzt ganz klar vorne auf dem Geruchsträger liegen.

Beim Anriechen erfolgt das Hörzeichen »Such« oder jedes andere entsprechende Wort, das dem Hundeführer keinesfalls mehr während des Trails oder bei anderer Gelegenheit über die Lippen kommt. Dieses, nur einmal am Start gegebene Kommando, ist das »Heilige Hörzeichen«.

Als Geruchsträger eignen sich Kleidungsstücke nur sehr bedingt (siehe auch Kap. 4.9). Manche Hunde neigen dazu, insbesondere kleinere Sachen aus Stoff wie Mützen, Socken oder Handschuhe ins Maul zu nehmen und spielerisch zu schütteln. Die beste Strategie dagegen ist, sie diesen Fehler gar nicht erst machen zu lassen und Geruchsträger zu verwenden, die die Vierbeiner ungern aufnehmen oder die sie nicht zum Spielen verleiten. So wird verhindert, dass Mensch und Hund am Start unnötig diskutieren müssen. Bewährt haben sich Metallgegenstände, Holzbretter und Thermoskannen oder Plastiktüten (siehe Seite 188).

Manche Hunde sind anfangs noch sehr aufgeregt, vor allem, wenn sie verstanden haben, dass das Anlegen des Suchgeschirrs bedeutet, gleich arbeiten zu dürfen. Sie sind beim Anschirren derartig erregt, dass sie sich am Start nicht mehr konzentrieren können. Hier hilft als Gegenmittel nur Routine.
Ein Beispiel: Wenn Ihr Kind sehr aufgeregt ist, kann es sich vielleicht die Schuhe nicht mehr selbständig binden, obwohl es das eigentlich längst gelernt hat. Es zappelt herum und bringt einfach nicht die nötige Ruhe auf, die diese feinmotorische Arbeit anfangs erfordert. Ist das Schuhebinden aber zu einer Routine geworden, die man jederzeit blind und ohne nachzudenken ausführen kann, spielt die Aufregung keine Rolle mehr.

Es hat sich bewährt, den Hund am Brustkorb zwischen die Beine zu nehmen, um ihm die Tüte zu präsentieren. Sollte er den Rückwärtsgang einlegen, kann er nicht nach hinten ausweichen.

Diese selbstverständliche Gewandtheit ist die beste Medizin für zappelige Hunde. Damit sich diese Routine irgendwann einstellt, muss der Hundeführer zügig und planvoll agieren. Hier kommen wir wieder auf die Fertigkeiten der Komponente 1 zurück (vgl. Kap.1.9).

Oft beobachte ich nämlich, dass Hundeführer mit ihren zappelnden Tieren beim Anschirren schimpfen und sich dabei selbst völlig unkoordiniert verhalten. Wenn sie den Hund maßregeln ist es wichtig, dass es danach souverän weitergeht, also nach der Ermahnung keine längere Pause kommt, sondern gleich der nächste Schritt.

Aber die Leute sind selber angespannt, besonders dann, wenn sie von Ausbildern und Kollegen beobachtet werden. Sie verlieren die Geduld, rucken am Halsband und zischen: »Jetzt ist aber Schluss!« und merken dabei oft nicht mal, ob die Ermahnung beim Hund überhaupt ankommt. Oder: Der Hund ist nach der Ermahnung tatsächlich gesprächsbereit und sagt: »O.k., tu's«, – doch dann kommt oft nichts. Stattdessen wird das Geschirr noch ein paar Mal vor der eigenen Nase rumgedreht, überprüft, ob der Geruchsträger in der Tasche steckt, der Handschuh richtig sitzt usw. In der Zeit denkt der Hund: »Kommt ja nix« und zappelt wieder los. Und so dreht man sich im Kreis. Ideal ist der Start dann, wenn der Hundeführer durch kluges, zielführendes Handeln den Hund so managen kann, dass dieser erst gar keine Fehler macht.

Wenn du nicht weißt, wohin du gehst, wirst du bestimmt woanders hinkommen.
Laurence J. Peter
kanadisch-US-amerikanischer Gefängnislehrer und Universitätsprofessor

Ein nervöser, aufgeregter Hund braucht einen klar strukturierten Hundeführer, bei dem jeder Handgriff sitzt.

Zwei bis drei Schritte vor dem Geruchsträger hängt der Hundeführer die Leine vom Halsband ins Suchgeschirr, und führt den Hund mit der Hand am Halsband zum Anriechen an den Geruchsträger. Ich lege Wert darauf, den Hund in dieser Phase kurz vor dem Start am Halsband zu dirigieren, weil er sich so viel ruhiger führen lässt, als am Geschirr von seinem Körpermittelpunkt aus. Der Hund soll, während er hingeführt wird, zu 100 Prozent auf den Geruchsträger fokussiert sein. Dies hängt vor allem vom Geschick des Hundeführers ab, denn schnell ist der Weg dorthin »verstolpert«. Am Halsband lässt sich das Tier viel besser kontrollieren, drehen oder stoppen. Und noch etwas: Ich führe den Hund auch deshalb nie am Geschirr zum Geruchsträger, denn am Geschirr führt ja der Hund.

Ruhe erzeugt Ruhe. Bei diesen eingespielten Teams sitzt jeder Handgriff: Start mit Anriechen aus der Tüte.

Start mit liegendem Geruchsartikel.

Das heißt, immer wenn ich auf dem Trail etwas Konkretes vom Hund möchte, anhalten zum Beispiel oder eine Verhaltensänderung, greife ich über das Halsband ein oder benutze die Stimme. Sämtliche Einwirkungen über das Brustgeschirr sollten dem Hund egal sein. Was der Hundeführer hinten auch treibt, ob er versehentlich ruckt, mal nach rechts oder links pendelt, der Hund soll lernen, konzentriert nach vorne zu arbeiten, wie er es bei der OPFERBINDUNG gelernt hat. Einwirkungen über das Halsband dagegen sind ein klares Signal: Jetzt ist die Entscheidungsgewalt wieder beim Hundeführer. Und für diejenigen, die den Hund im Alltag am Geschirr führen und mit Halsband trailen gilt das alles umgekehrt. Hauptsache, es gibt zwei Einhängepunkte am Hund und der eine steht für: »Hier führe ich.« Der andere für: »Jetzt führst Du.«

ACHTUNG

Wer trailt, den Hund im Alltag aber am Geschirr führen möchte, sollte zum Trailen ein gut gepolstertes Halsband mit breiter Auflagefläche verwenden. Das Umhängen zwischen Geschirr und Halsband erfolgt dann immer umgekehrt wie beschrieben. Das heißt: Zum Unterbrechen der Arbeit wird die Leine vom Halsband ins Geschirr gehängt. Da, wo die Leine im Alltag hängt, führt der Mensch.

4.9 Geruchsträger

Als Geruchsträger werden sowohl bei Übungen als auch in Einsätzen gerne Kleidungsstücke verwendet, ein getragenes T-Shirt, ein Nachthemd oder Unterwäsche. Doch dahingehend bin ich inzwischen skeptisch geworden und verwende lieber Dinge, die nicht so häufig gewaschen werden, zum Beispiel ein Baseball Cap, einen Hut oder ein Haarband. Doch selbst diese Dinge werden manchmal von anderen Leuten angefasst und sind dann mindestens mit einem Zweitgeruch behaftet. Wer für einen Einsatz ein Kleidungsstück des Vermissten als Geruchsartikel wählt, kann selten davon ausgehen, dass dieser wirklich rein ist. Insbesondere in einem Altersheim oder in einem Krankenhaus empfehle ich, nicht den Schlafanzug, den Kopfkissenbezug oder ein Wäschestück des Gesuchten zu verwenden. Denn diese Dinge werden an einer zentralen Stelle zusammen mit den Sachen vieler anderer Leute gewaschen und so mit deren Gerüchen vermischt. Solche Wäschestücke sind daher kontaminiert, denn selbst der Kochwaschgang vernichtet nicht den menschlichen Geruch! Die Temperaturen sind zu gering. Das haben amerikanische Ausbilder mit einem eindrucksvollen Experiment bewiesen. Sie verbrannten das getragene T-Shirt einer Person und ließen die Hunde anhand der Asche als Geruchsträger suchen. Mit Erfolg. Dieses Experiment zeigt, wie widerstandsfähig Geruch ist. Selbst an gewaschener Kleidung hängt noch der Duft des Trägers. Aber dieser Geruch vermischt sich in der Maschine mit all den anderen Gerüchen, die den vorhandenen Wäschestücken anhaften. Insbesondere Einsatztrailern rate ich also, nicht mit solchen Textilien zu arbeiten, weil es entscheidend ist, einen eindeutigen Geruchsträger zu verwenden.

Der Geruchsträger ist die einzige Chance, dem Hund unmissverständlich zu sagen, wen er suchen soll und daher sollte man das Kontaminierungsrisiko so gering wie möglich halten. Für Einsätze empfehle ich Dinge, die man üblicherweise nicht zusammenwirft oder untereinander austauscht. Ich nehme gerne benutzte Ohrenstäbchen, Windeln, Nassrasierer, Gebisse, Zahnbürsten, abgeschnittene Nägel, eine Haarbürste oder Schuhe. Wer dennoch ein Kleidungsstück verwendet, sollte zumindest alle Personen vor Beginn der Suche ausschließen können, die mit diesem Gegenstand in Berührung gekommen sind. Das sind in der Regel alle Personen, die im selben Haushalt wohnen (siehe Seite 191).

Kontaminierte Geruchsträger sind ein wesentlicher Grund dafür, dass es unterschiedliche Erfolgsquoten bei Realeinsätzen, Übungen und Forschungsstudien gibt. Auch bei der in Komponente 5 vorgestellten Studie wurde auf die Reinheit der Geruchsträger mit wissenschaftlicher Genauigkeit geachtet. In Realeinsätzen dagegen haben wir nur selten einen wirklich reinen Geruchsartikel. Daher ist die Findehäufigkeit in den Studien signifikant höher als im Realeinsatz. Ich würde sogar sagen, dass 90 Prozent der Einsätze am Geruchsartikel entschieden werden.

Gut geeignete Geruchsträger: Eine benutzte Tasse, Schuhe, Windeln, Nassrasierer, Zahnbürste, Feuchttücher, Hörgerät, Brille, Ohrenstäbchen, Gebiss, Munition und Hülsen von Schusswaffen, Zigarettenkippen, angebissenes Essen, gekauter Kaugummi.

Doch nicht nur beim Einsatz, sondern auch zu Beginn der Ausbildung ist die Eindeutigkeit der Information auf dem Geruchsträger besonders entscheidend. Wenn der Hund unsauber eingearbeitet wird, entsteht von Anfang an eine Art »Mischkalkulation«. Ein mehrdeutiger Geruchsträger verleiht dem Vierbeiner eine gewisse Flexibilität in der Entscheidung, denn es ist unklar definiert, wonach er suchen soll, Geruch von Person A, B, C oder D? Daher bin ich inzwischen dazu übergegangen, in Übungen von Beginn an eine Plastiktüte als Geruchsträger zu verwenden, an der garantiert nur der Geruch des Läufers haftet. Und zwar verwenden wir dieselbe Art von Plastiktüten, in die später der Geruchsartikel deponiert wird. Das sind in der Regel einfache, drei oder fünf Liter fassende Gefrierbeutel, die auf einer Rolle aufgezogen sind und die es in jedem Supermarkt oder Drogeriemarkt zu kaufen gibt. Anstelle eines Kleidungsstückes nimmt der Läufer einen frischen Beutel von der Rolle, reibt sich mit der Innenseite der Tüte über die Haut oder über den Kopf und legt sie als Geruchsartikel anschließend auf den Boden. So vermeiden wir den Umweg über die Textilien und den damit verbunden Problemen.

Und noch etwas ist wichtig und zwar später, wenn der Hund den Geruch nicht mehr von dem auf dem Boden liegenden Geruchsartikel aufnimmt, sondern die Nase in die Tüte steckt: Beim Eintüten fassen viele Spurleger mit der Hand in die Tüte, um den Geruchsträger darin zu deponieren. Das ist nicht falsch, dadurch kann kein Fehler passieren. Aber so lässt sich nicht eindeutig feststellen, ob der Hund letztendlich nur anhand des Geruchsträgers gearbeitet hat, oder ob er die richtige Information bekommt, weil zusätzliche Hautzellen mit der Hand in die Tüte gelangt sind. Wer

Eineiige Zwillinge: Die Unterscheidung ist für den Hund machbar, wenn der Geruchsträger eindeutig ist.

sauber mit unterschiedlichen Geruchsträgern experimentieren möchte, sollte also darauf achten, dass der Läufer den Geruchsträger in die Tüte wirft, ohne diese dabei zu berühren.

Ist die Eindeutigkeit des Geruchsträgers gegeben, ist es für den Hund kein Problem unterschiedliche Familienmitglieder zu suchen. Selbst eineiige Zwillinge kann er unterscheiden. Um diese Eindeutigkeit zu gewährleisten, sollten keine Kleidungsstücke als Geruchsträger verwendet werden, die gemeinsam mit der Wäsche der gesamten Familie gewaschen worden sind. Besser sind in diesem Fall Tempotaschentücher, Armbanduhren, Geldbeutel oder Zahnspangen.

4.10 Der meiste oder der frischeste Geruch am Geruchsträger?

Manche Trainer meinen, über bestimmte Experimente herausfinden zu können, ob ein Hund eher den frischesten oder den meisten Geruch einer Person sucht. Nimmt man zum Beispiel die Mütze, die ein Mensch trägt, und setzt sie einer anderen Person für kurze Zeit auf, entsteht ein Geruchsträger, an dem viel Geruch der ersten Person haftet und weniger, aber frischerer Geruch von der zweiten. Dann lässt man beide Personen am Start in entgegengesetzte Richtungen gehen und schaut, welchem Geruch der Hund nachgeht. Meiner Erfahrung nach sind solche Experimente nicht mehr als eine Momentaufnahme. Manchmal entscheidet sich ein und derselbe Hund für den meisten Geruch, ein anderes Mal verfolgt er den frischesten.

Bei der Geruchsaufnahme von einem Autositz ist es gut möglich, dass die Person, die zuletzt gefahren ist, nicht der Besitzer des Fahrzeugs ist, also derjenige, der es üblicherweise fährt. In diesem Fall ist der meiste Geruch der am Sitz oder am Lenkrad haftet, der des Autobesitzers und der frischeste der des Fahrers. Derartige Geruchsträger bergen also immer einen gewissen Unsicherheitsfaktor. Denn man kann nie wissen, wie sich der Hund jeweils entscheidet.

Geruchsaufnahmen, die nicht direkt aus der Tüte erfolgen, sind immer ein Risiko. In Übungen experimentiere ich gerne mal, in Einsätzen verwende ich aber prinzipiell nur eindeutige Geruchsträger. Eindeutig sind Geruchsträger dann, wenn definitiv bekannt ist, wessen Gerüche darauf sind und ich die Personen, die nicht gesucht werden, ausschließen kann. In einem Altersheim kann das der Geruch der Pflegerin sein, bei einem Ehepaar der Geruch des Partners. Entscheidend ist, dass die Personen, deren Geruch ebenfalls auf dem Geruchsträger haftet oder möglicherweise haften kann, anwesend sind, um sie auszuschließen, bevor ich den Hund starte. Sind Gerüche auf dem Geruchsträger, die sich nicht zuordnen lassen, ist er nichts wert.

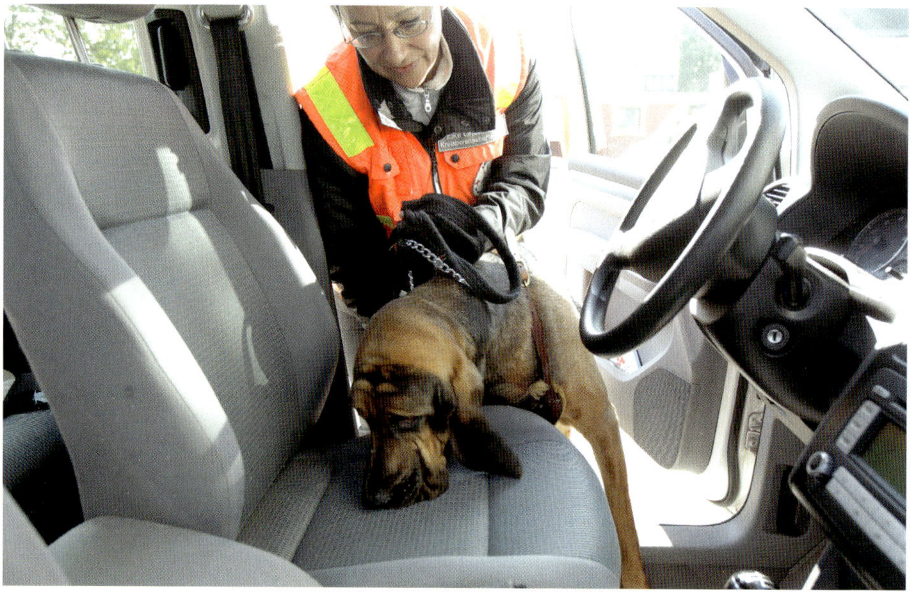

Hier ist die eindeutige Aufnahme des Fahrergeruchs wahrscheinlich, ohne allerdings zu wissen, ob es sich um den frischesten oder den meisten Geruch handelt, wenn nicht bekannt ist, wie viele Personen dieses Auto benutzen.

Eindeutige Aufnahme des Fahrergeruchs unwahrscheinlicher, weil evtl. noch andere Menschen in der Fahrgastzelle waren und sich diese Gerüche auch in der Luft aufhalten. Risikobehaftetes Ansetzen bei nicht eindeutigen Geruchsträgern.

Steigt der Gesuchte aus einem Fenster, kann man den Hund auch hier ansetzen. Im Grunde geht es vor allem darum, das Anriechen in den unmöglichsten Positionen zu üben.

4.11 Falsche Gerüche ausschließen

Das Ausschließen geschieht folgendermaßen: Der Hund ist noch ohne Geschirr, hat aber die Akklimatisierungsrunde schon gemacht. Dann darf er zunächst an den Personen schnüffeln, die er ausschließen soll. Der Hundeführer sagt währenddessen einmal laut und deutlich »Nein« – oder welches Wort auch immer er dafür verwenden möchte. Die Bedeutung für den Hund: Dieser Geruch ist tabu.

Danach wird er ganz normal angeschirrt, bekommt den zu suchenden Geruch über die Tüte eingegeben und das Suchkommando erfolgt.
Dieser Ausschluss kann ebenso gut über einen Geruchsträger gemacht werden. Der Vorteil: Die auszuschließenden Personen müssen nicht selbst anwesend sein. Der Ablauf ist der gleiche. Man beginnt wie immer mit der Akklimatisierung. Danach wird der zu negierende Geruch ausgeschlossen. Dazu nimmt man den entsprechenden Geruchsträger aus der Tüte und lässt den Hund anriechen. Dabei sagt man laut und deutlich »Nein«. Anschließend führt man den Hund ein Stückchen weiter, zieht ihm das Geschirr an und startet wie gewohnt mit der Geruchseingabe über die Plastiktüte. Der Unterschied zwischen dem Anriechen beim Ausschließen und beim Start ist lediglich, dass der Hund beim Ausschluss den zu ignorierenden Geruch au-

»Ausschließen« der Kontaminierungsperson.

ßerhalb der Plastiktüte bekommt. Denn die Tüte wird von vielen Hunden mit dem Startsignal, also dem Anriechkommando, verknüpft.

Zusammengefasst:

- Hund akklimatisieren
- Zu negierenden Geruchsartikel aus der Tüte nehmen, den Hund daran anriechen lassen und mit »Nein« ausschließen
- Hund anschirren
- Richtigen Geruchsartikel innerhalb der Tüte anriechen lassen und das Startkommando geben

4.12 Geruchskopien herstellen

Gerade in der polizeilichen Ermittlungsarbeit ist es wichtig, im Herstellen von Geruchskopien firm zu sein. Geruchskopien sind auch dann nötig, wenn es nur einen einzigen eindeutigen Geruchsträger für mehrere Einsatzteams gibt. So kam es schon häufiger vor, dass mein Staffelkollege Gerald und ich mangels mehrerer eindeutiger Geruchsartikel, Kopien erstellen oder Geruch von einem Autositz oder von einem Türrahmen nehmen mussten. Wann immer möglich, sollte man allerdings mit dem Original arbeiten. Als Träger für die Geruchskopien eignen sich entweder reine, unbedampfte Baumwollgaze oder schlichtweg parfümfreie Tempotaschentücher. Es gibt verschiedene Möglichkeiten, eine Geruchskopie herzustellen:

1. Durch Abrieb

Hierzu wischt man das Lenkrad oder das Glas, aus dem jemand getrunken hat, mit einem Tempotaschentuch oder der Gaze ab. Ich vereinfache das Ganze noch, indem ich beispielsweise das Lenkrad nur mit der umgestülpten Innenseite der Plastiktüte abwische. Den Umweg über das Taschentuch spare ich mir dabei. Ich trage auch keine Handschuhe, denn meinen Geruch, also den des Hundeführers, kennt der Hund, er lässt sich kaum ausschließen.

Das Herstellen einer Geruchskopie durch einfachen Abrieb. Die Handschuhe dienen eher der Hygiene und verhindern nicht, dass der Geruch des Trägers ebenfalls an der Geruchskopie haftet.

Handschuhe tragen – Ja oder nein?

Selbst wenn ich Handschuhe verwenden würde, zum Beispiel solche, die in den normalen Erste-Hilfe-Verpackungen stecken, sind sie mit meinem Geruch behaftet. Denn ich bewahre sie in meinem Rucksack, in der Hosentasche oder in der Jackentasche auf. Maximal sind die Handschuhe noch in irgendeinem Tütchen, aber das ändert auch nicht viel. Damit ist der Handschuh vor allem außen so mit meinem Geruch kontaminiert, dass ich ihn problemlos als Geruchsträger verwenden könnte, wenn ich selbst der Läufer wäre. Wenn dieser Handschuh selber ein Geruchsträger ist, dann würde ich ja mit einem Geruchsträger einen Geruchsträger sichern wollen. Das ist widersinnig.
Um eine Kontamination zu vermeiden, müsste es ein OP-Handschuh sein, der unter sterilen Bedingungen aus der Verpackung genommen und anzogen wird. Nur das würde Sinn machen. Aber das macht in der Praxis niemand. Die handelsüblichen Gefrierbeutel hingegen, die aufgerollt übereinander liegen, sind innen relativ neutral. Stülpe ich mir so einen Beutel über die Hand und stelle mit der Innenseite eine Geruchskopie her, ist diese wahrscheinlich in hohem Maße geruchsneutral. Beim normalen Einmalhandschuh ist aber genau das, was eigentlich geruchsneutral sein sollte, innen. Der handelsübliche Gummihandschuh ist innen »sauber«, aber da nützt es ja nichts. Wer Handschuhe verwenden möchte, muss also sicher stellen, dass eine Kontamination der Handschuhe im Außenbereich definitiv nicht gegeben ist. Sonst macht der Handschuh keinen Sinn. Im polizeilichen Bereich dagegen verhindert der Handschuh fremde DNA-Spuren.

Ein anderer guter Grund für das Tragen von Handschuhen ist, dass man hin und wieder in recht unappetitlichen Dingen wühlen muss, wie Müllbehältern, Windeleimern, Ausscheidungen, um einen guten Geruchsträger zu bekommen. Da ist es viel angenehmer und unter hygienischen Aspekten sicherer, Einmalhandschuhe anzuziehen.

2. Durch Auflegen

Das Taschentuch bzw. die Gaze wird für ein paar Minuten auf den Autositz, die Matratze oder in den Schuh der gesuchten Person gelegt. Manche Hundeführer decken dabei das Taschentuch noch mit einer Folie ab.

3. Die Kopie von der Kopie

Hier werfe ich ein oder mehrere saubere Taschentücher oder Gazestücke zu der eingetüteten Kopie dazu und warte ein paar Minuten. Immer wenn ich diesen geschützten Rahmen der Tüte öffne, um irgendwas rein oder raus zu tun, ist natürlich die Möglichkeit der Fremdkontamination wieder gegeben. Man sollte also darauf achten, dass ein eventuelles »Umtüten« nicht in einem Raum geschieht, in dem andere Menschen sind. Es sollte auch nicht hemdsärmelig draußen in der freien Natur, das Eine in das Andere geschüttet werden, wobei vielleicht noch eine Gruppe von Leuten dabei steht und der Wind ungünstig ist. Dies alles erhöht die Gefahr, dass Fremdgerüche in die Tüte gelangen.

Ebenso gut wie man zum Herstellen von Geruchskopien durch Abrieb nicht unbedingt ein Stück Stoff braucht, kann man pure Atemluft als Geruchsträger verwenden. Sie bitten einfach den Läufer in die Tüte zu pusten, so, als würde er einen Luftballon aufblasen. Die Atemluft enthält alle Informationen, die der Hund braucht, und sie ist zu 100 Prozent unkontaminiert, denn es haften garantiert keine Fremdgerüche anderer Personen daran. Um das zu überprüfen, bitten Sie jemanden mit Hilfe eines Strohhalms in die Tüte zu blasen, denn ansonsten haften daran zusätzliche Informationen durch die Berührung mit den Lippen. Was grundsätzlich nicht verkehrt ist, aber der Behauptung von »Ausatemluft allein genügt« nicht standhält.

Terry Davis, VBSAR Präsident und ICAST Gründer

Der Geruchsträger ist entweder der Schlüssel zu Deinem Erfolg oder der Grund für Dein Scheitern.

Das Kapitel »Geruchsträger« nimmt oft nur wenig Raum in der Mantrailingausbildung ein. Das Augenmerk liegt eher auf Themen wie: Wie gut war der Hund auf dem Trail? Wie hat er die Ablenkungen verkraftet? Im Training kann ich beobachten, dass einige Hundeführer ziemlich schlampig mit dem Geruchsträger um gehen, und das verursacht Probleme. Manchmal scheinen wir zu vergessen, dass kleine Unsauberkeiten im Umgang mit dem Geruchsträger den Hund vollkommen aus der Bahn werfen können. Ein Geruchsträger sollte mit derselben Umsicht behandelt werden, wie ein gerichtliches Beweisstück. Wir üben den Umgang mit kontaminierten oder schwierigen Geruchsträgern, aber im Training haben wir eine kontrollierte Situation. Im Einsatzfall kommt immer nur der bestmögliche Geruchsträger in Frage.

Was sind gute Geruchsträger? Nun, im Grunde alles, was der gesuchten Person selbst gehört. Weniger gut sind Dinge, die anderen Leuten gehören, und mit denen der Gesuchte lediglich in Kontakt gekommen ist. Gut geeignet sind neben manchen Kleidungsstücken auch Zahnbürsten, Zahnersatz, Zigarettenkippen, Autoschlüssel, Geldbörsen, Haare, Körperflüssigkeiten und Ausscheidungen aller Art, ausgespuckter Kautabak, angebissene Nahrung oder gekauter Kaugummi.
Für Einsatztrailer ist es wichtig, auch die Geruchsaufnahme von Gegenständen wie einem Lenkrad, einem Fensterrahmen oder einer Registrierkasse zu üben, um im Ernstfall vor Gericht belegen zu können, dass der Hund Trails mit solchen Geruchsträgern bereits erfolgreich absolviert hat.

4.13 Geruch aus der Tüte

Stimmt, der Hund muss nicht unbedingt in einer Tüte einatmen, um Geruch aufzunehmen. Aber, und das ist der entscheidende Punkt, es ist die einzige Möglichkeit für mich als Hundeführer, um sicherzustellen, dass der Hund genau diesen bestimmten Geruch einatmet, während ich ihm das Anriechkommando, das »heilige Hörzeichen«, gebe. Natürlich bekommt kein Hund gerne eine Plastiktüte über die Nase gestülpt. Aber das ist noch kein Argument, es nicht doch zu tun. Denn Geruchsträger sind DER GRUND überhaupt, warum Trailen funktioniert. Ohne dem Hund einen eindeutigen Geruch vorzugeben, ist Mantrailing nichts anderes als Kaffeesatzlesen.

Die Gewöhnung an die Tüte erfolgt üblicherweise gleich zu Anfang der Ausbildung, parallel zur OPFERBINDUNG. Ich empfehle, die Futterschüssel probeweise zu verbannen und dem Hund stattdessen seine Mahlzeiten zu Hause aus dem Beutel zu servieren. Es ist ein großer Unterschied, ob der Hund lediglich nach Leckerlis taucht, oder ob er ganze Mahlzeiten mit dem Kopf in der Tüte frisst. Beim »Leckerlitauchen« holt er sich das Futterstück schnell heraus und frisst es außerhalb des Beutels. Besser ist, den Hund wirklich mit dem Kopf in der Tüte

Was riecht der Hund in diesem Moment? Den Geruch in der Tüte? Den Geruch von umstehenden Leuten? Wahrscheinlich ein Potpourri, von allem ein wenig.

Fehler Nr. 1: *Der Hund wird am Geschirr festgehalten und nicht am Halsband. Es gibt also keine klare Unterscheidung zwischen: Jetzt bestimme ich und jetzt bestimmst Du.* **Fehler Nr. 2:** *Der Hund nimmt hier bereits Geruch auf, obwohl der Hundeführer noch mit ganz anderen Dingen beschäftigt ist. Es ist besser, die Tüte einzustecken oder in einiger Entfernung auf den Boden zu legen, anstatt damit dem Hund so nebenbei vor der Nase herumzuwedeln.*

Für den Hund unangenehm und daher ebenfalls ein Fehler: Die Tüte an den Nasenspiegel pressen oder bis über die Augen ziehen.

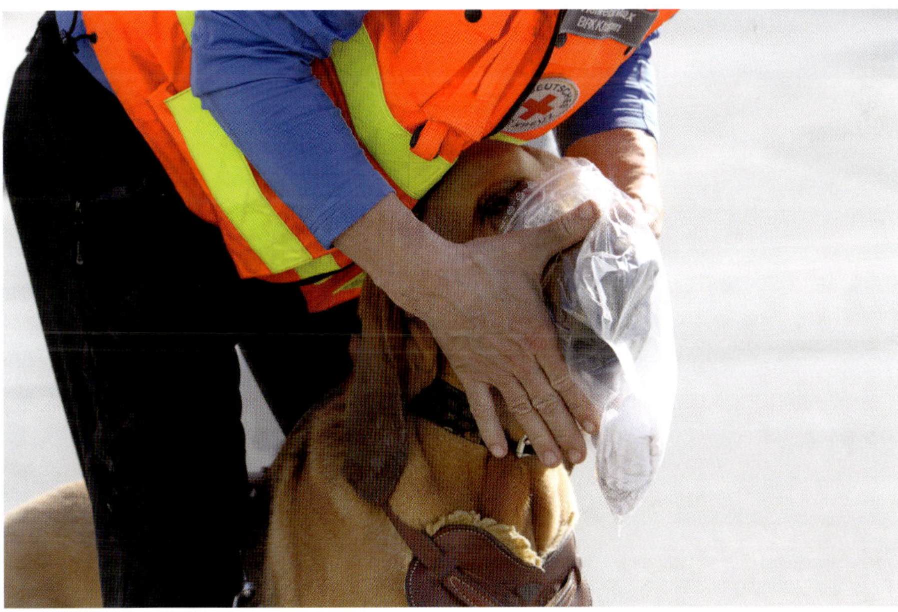

Hier dagegen eine eindeutige Geruchsaufnahme. Ohne Zweifel saugt der Hund in dem Moment den Duft des Geruchsträgers ein, wo sich die Tüte beim Einatmen zusammenzieht. Und genau dann erfolgt das »heilige Hörzeichen«: »Such«, »Cerca«, »Cherche«, »Go find« oder »Wo ist der Lump!«.

Ihr Futter aus einer Tüte zu fressen statt aus dem Napf ist für die meisten Hunde kein Problem.

fressen zu lassen, auch wenn das bei langohrigen Tieren in Verbindung mit Nassfutter eine ziemlich schmierige Angelegenheit sein kann. Mit etwas Geschick lässt sich ein Ritual daraus machen, so dass der Hund mit der Tüte eine freudige Erwartungshaltung verknüpft, ähnlich wie das Ergreifen der Leine die meisten Vierbeiner bereits in Hochstimmung versetzt.

Steckt er den Kopf problemlos hinein, um daraus zu fressen, kann man davon ausgehen, dass er mit der Tüte an sich keine Probleme hat.
Schwierig ist es mit Hunden, die nicht bereit sind, selbst feinste Leckerbissen aus der Tüte zu holen. Solche Hunde sind entweder sehr ängstlich, oder der Hundeführer hat bei der Tütengewöhnung bereits so viele Fehler gemacht, dass negative Verknüpfungen entstanden sind. Die meisten Hunde, die die Tüte meiden, haben allerdings keine derart dramatische Vorgeschichte.

Sie manipulieren schlichtweg und kommen damit durch. Ist Futter im Beutel, stecken sie den Kopf ohne Zögern bis hinter beide Ohren hinein. Ist keines drin, verweigern sie die Mitarbeit. Der Hund entscheidet, dass er nicht möchte, allenfalls gegen Bestechung. Das heißt, hier besteht kein Problem mit der Tüte an sich, sondern ein viel grundlegenderes, nämlich ein Problem mit der Waage aus Respekt und Vertrauen. (vgl. Seite 30 und Seite 106. Ich empfehle, nicht nachzugeben,

sondern den Konflikt anzunehmen und zu klären. Je selbstverständlicher, desto schneller ist das Thema vom Tisch. Vielleicht hilft folgender Vergleich:
Eltern kennen das: Ausgerechnet wenn's schnell gehen muss, möchte der Sohn oder die Tochter morgens die Schuhe nicht anziehen, um in den Kindergarten zu gehen. Wenn ich mir sicher bin, dass hinter diesem Verhalten kein generelles Problem mit dem Thema Kindergarten steht, sondern der kleine Mensch probiert, ob er seine Eltern manipulieren kann und wie viel Entscheidungsspielraum er hat, gehe ich darauf gar nicht erst ein. Ich ziehe ihm einfach die Schuhe an und los geht's. Verhalte ich mich unsicher oder versuche, den Dreikäsehoch mit Gummibärchen zum Anziehen zu bewegen, kostet mich das als Erzieher Autorität und Zutrauen.

Wer eine andere Erziehungsphilosophie hat, bezüglich der Tütengewöhnung unsicher ist, kann eine Ungenauigkeit bei der Geruchsaufnahme in Kauf nehmen, vorausgesetzt, er trailt nur im Freizeitbereich. Allerdings sollte man sich ehrlich fragen: Wo gebe ich denn noch nach? Immer wenn's mal konfliktträchtig wird? Bei der Gittertreppe, die der Hund nicht hochsteigt, bei der Engstelle, die er nicht passieren möchte, bei dem Opfer, das er »links liegen lässt«, weil es ihn nicht genügend bespaßt?

So locker klappt das nicht immer.

Meidet der Hund die Treppe, obwohl die Nase sagt: »Es geht da rauf«, empfehle ich, ihn einfach kommentarlos hochzunehmen, raufzutragen und sofort weiterarbeiten zu lassen, ohne großes »Gedöns«.

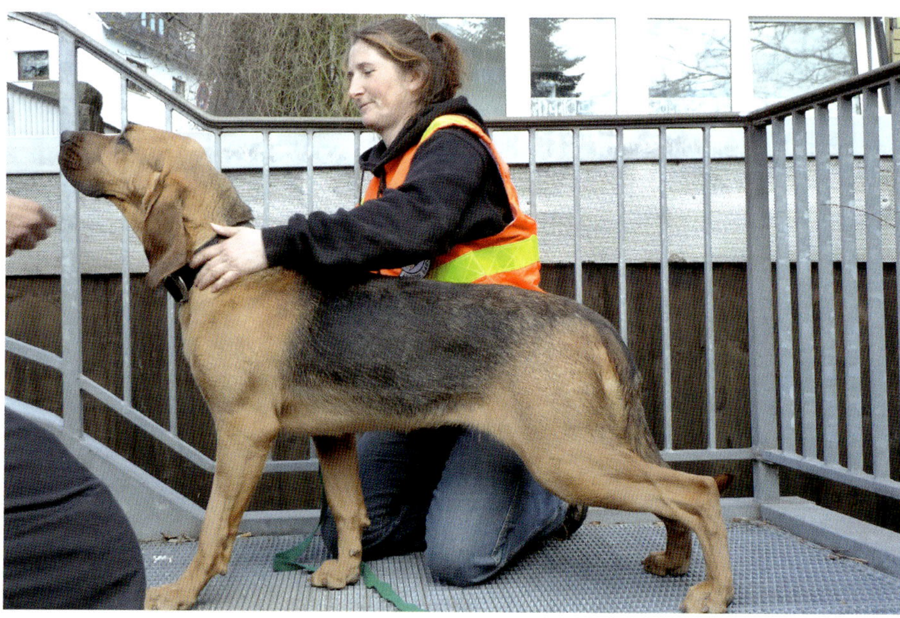

Dann das Thema außerhalb des Trails, am besten im Zusammenhang mit der OPFERBINDUNG bearbeiten.

Tastmemory

4.13.1 Warum Futter das Anriechen erschwert

Viele Hundeführer gehen den einfachen Weg und werfen ein Stück Futter zum Geruchsträger in die Tüte, damit der Hund problemlos den Kopf hineinsteckt. Mal abgesehen von den Konsequenzen für die Beziehung zwischen Hund und Halter, möchte ich Sie zu einem kleinen Experiment einladen, einer Art Tastmemory:
Sie sehen auf dem folgenden Bild sieben verschiedene Holzstöckchen. Alle sind unterschiedlich geformt und haben eine andere Oberfläche.Ich packe diese Stöckchen nun in eine Tüte, verbinde Ihnen die Augen und gebe Ihnen ein weiteres Stöckchen in die Hand, dessen Rinde genau so ist, wie die Rinde eines der eingetüteten Stöckchen. Nun sollen Sie zuerst ertasten, wie sich die Oberfläche des Stöckchens in Ihrer Hand anfühlt und dann in die Tüte fassen und spüren, welches Stöckchen das Gegenstück ist. Und damit Sie »richtig« motiviert sind und bereit, Ihre Hand in die Tüte zu stecken, werfe ich noch einen 50 Euroschein in den Beutel. Nach was werden Sie jetzt wohl tasten? Wie gut können Sie sich dabei noch auf die Stöckchen konzentrieren?
Bei der Geruchsaufnahme bekommt der Hund die alles entscheidende Information. Und währenddessen wird er mit Würstchen abgelenkt. Ich empfinde das als widersinnig. Sie auch?

4.14 Typisches Missverständnis am Start

Für uns Menschen ist es offensichtlich, dass zwischen dem Geruch in der Tüte und dem Geruch, den der Hund am Startpunkt vorfindet, ein Zusammenhang besteht, weil beide gleich riechen. Da liegt der Schluss nahe, dass sich dahinter die Aufforderung verbirgt, diesen speziellen Duft zu verfolgen. Aber ein Hund denkt nicht in Kausalzusammenhängen, zumindest nicht nach unseren menschlichen Maßstäben. Für ihn ist eine Verbindung zwischen dem Geruchsträger und dem gelegten Trail nicht zwingend dadurch gegeben, dass er in der Tüte einen speziellen Duft vorfindet und derselbe Geruch auch am Ansatzpunkt ist. Er nimmt zwar den Geruch aus der Tüte auf, aber gleichzeitig gibt es auch eine frische Spur. Für uns Menschen ist die Assoziation klar, aber für den Hund noch lange nicht. Denn er begreift nicht zwangsläufig, dass er aufgefordert ist, den »eingetüteten« Geruch zu suchen, sondern meint vielleicht, seine Aufgabe sei, immer dem frischesten Geruch vom Startpunkt aus nachzugehen. Denn in Übungssituationen begehen wir gerade zu Anfang der Ausbildung leicht den Fehler, dass der gesuchte Geruch immer der frischeste am Ansatzpunkt ist. Dadurch kann das Missverständnis entstehen, die Geruchsaufnahme sei nur ein Teil des Startrituals und ansonsten ohne Bedeutung. Die Botschaft, dass er die erhaltene Information aufgreifen soll, kommt beim Hund unter Umständen gar nicht an. Und solange der gesuchte Geruch immer der frischeste ist, merkt das auch keiner.

Achtung

Vermeiden Sie in der Ausbildung von Anfang an den Fehler, dass der gesuchte Geruch immer der frischeste vom Startpunkt aus ist. Wenn mit frischem Geruch gearbeitet wird, sollten mindestens zwei Läufer zugleich weggehen, damit der Hund sofort eine Entscheidung treffen muss.

Damit der Hund lernt, dass er den Duft auf dem Geruchsträger den vorhandenen Spuren richtig zuordnen soll, ist es nötig, dass am Start von Anfang an mehrere Spuren gleichen Alters abgehen oder sogar frischere Spuren über den zu suchenden Geruch angelegt werden. Um zu testen, ob der Hund tatsächlich verstanden hat, dass er dem Geruch folgen soll, der in der Tüte ist, können Sie folgenden Versuch machen.

Der Maria-Claus-Test

Eingetütet ist der Geruch einer Person, sagen wir Maria. Eine andere Person, Claus, legt einen Trail. Maria steht während der Geruchsaufnahme am Start irgendwo im Hintergrund. Diejenigen Hunde, die meinen, dass sie den frischesten Geruch suchen sollen, holen sich zwar Marias Geruch aus der Tüte, nehmen aber dann das, was sie in der Übung immer wieder vorfinden: Einen frischen Trail – und starten. Richtig wäre,

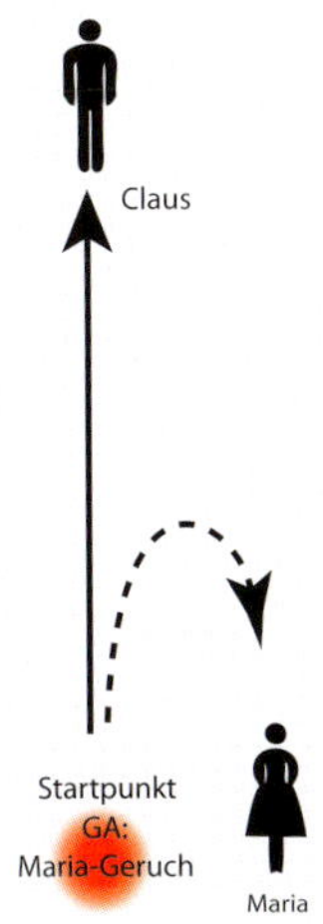

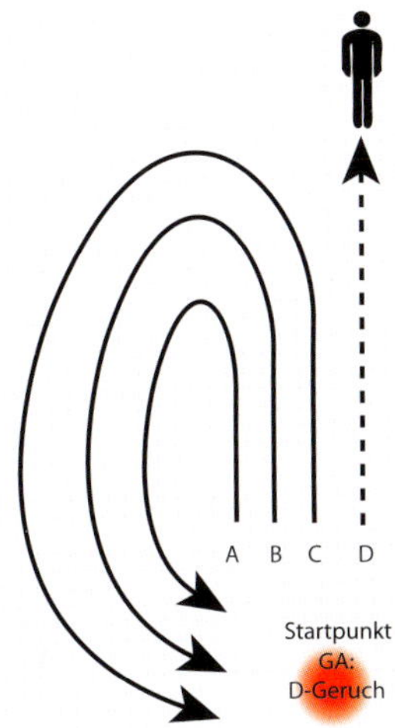

den Startbereich nicht zu verlassen, sondern dort zu kreisen und Maria anzuzeigen. Um diesen Ausbildungsfehler zu vermeiden, lasse ich von Anfang an mindestens zwei Spurleger am Startpunkt in entgegengesetzter Richtung fortgehen. So lässt sich eindeutig feststellen, ob der Hund dem richtigen Geruch folgt.

Das Wichtigste beim ersten Schritt ist nicht die Weite, sondern die Richtung.

Unbekannter Verfasser

Ist das Team schon fortgeschritten, kann auch ein ganzer Pulk in dieselbe Richtung gehen. Die einzelnen Läufer biegen auf dem Trail nach und nach an unterschiedlichen Stellen ab und kommen in einem großen Bogen zum Startpunkt zurück. Nur der Spurleger, dessen Geruch in der Tüte ist, geht bis zum Ende weiter. Durch diesen Aufbau kann ich überprüfen, ob der Hund verstanden hat, dass er dem Geruch folgen soll, der ihm per Geruchsträger vorgegeben wird. Denn sonst ist die Tüte nichts anderes, als ein nichtssagendes Ritual am Start, ohne dass der Hund die beabsichtigte Information daraus zieht.

Wichtig

Mindestens zwei Personen in entgegengesetzte Richtungen laufen lassen, besser noch drei oder vier. Hat der Hund verstanden, dass er nicht einfach irgendeinen frischen Geruch suchen soll, sondern den, der in der Tüte ist, können mehrere Personen fächermäßig weggehen. Wer die Möglichkeit hat, kann sogar eine ganze Gruppe in dieselbe Richtung gehen lassen. Der Hund muss so ständig zwischen dem richtigen und dem falschen Geruch unterscheiden und kann sich nicht an der frischesten Spur »festhalten«.

4.15 Split Trail

Durch diese Art des Starts erübrigen sich die allseits beliebten Splittings. Bei einem Splitting soll der Hund aus zwei oder mehr gleich alten Spuren die zum Geruchsartikel passende Spur heraussuchen. Nichts anderes mache ich gleich von Anfang an. Außerdem üben wir vorwiegend in der Stadt, wo sich permanent fremde Leute bewegen, sich bewegt haben oder sich nach dem Legen des Trails noch bewegen werden. Das erscheint uns so selbstverständlich, dass wir diesen Umstand beim Training oft nicht würdigen und anstatt dessen künstlich »Splittings« kreieren. Ein Opfer in kontaminiertem Gebiet ist besser als irgendwelche Splittings im Wald, bei denen der Mensch eine feste Vorstellung entwickelt, wie der Hund laufen soll, obwohl er keine Ahnung hat, wie der Geruch sich verteilt und welche Bestandteile des Geruchs sein Hund überhaupt sucht.

Bei den Splittings denken viele Ausbilder selbst in bebauten Gefilden zu sehr an Fährtenarbeit. Sie lassen eine Person rechts um ein Gebäude herumgehen und eine andere links und wollen sehen, ob der Hund anschließend »richtig« geht, wobei »richtig« in den Köpfen vieler Leute dort ist, wo die gelaufene Spur ist. Das ist Fährtenarbeit und kein Mantrailing. Wenn der Hund verstanden hat, um was es geht, ist der Split, also die Geruchsunterscheidung, kein Problem.

Übersprungshandlungen: Interessant ist zu beobachten, wenn zwei dem Hund bekannte Personen weggehen und sich trennen. Häufig zeigen die Hunde in solchen Situationen irgendwelche Übersprungshandlungen. Sie schütteln sich zum Beispiel, wie wir das auch sonst beobachten können. Mein Bluthund JoJo schüttelte sich grundsätzlich nach jeder Geruchsaufnahme. Über den Grund können wir nur spekulieren. Vielleicht ist es das Abschütteln der Anspannung und punktgenauen Konzentration beim Anriechen. Oder aber das Schütteln ist verbunden mit dem Verarbeiten oder Speichern des Geruchs. Wir wissen es nicht, aber wir erkennen, dass Übersprungshandlungen immer wieder an relevanten Stellen der Suche auftreten.

4.16 Line Up

Was ist das? Line ups kennen wir alle aus dem Krimi: Hinter einer Glasscheibe stehen mehrere Personen, darunter der mutmaßliche Täter, der durch einen Augenzeugen identifiziert werden soll. Wir bezeichnen diese Art der polizeilichen Ermittlungsarbeit als »Gegenüberstellung«. Diese optische Identifikation wurde eins zu eins auf die Arbeit von »Kommissar Rex« übertragen – ich behaupte mal, ohne recht zu bedenken, dass gerade die Optik für den Hund eine große Ablenkung bedeutet. Doch man kann aus der Not auch eine Tugend machen, und Line ups gezielt dazu einsetzen, dem Hund beizubringen, »bei der Nase zu bleiben« und nicht auf Optik zu gehen.
Aufbau: Mehrere Personen laufen im Gänsemarsch auf ein frisches Gebiet, wie einen

Fußballplatz oder einen Asphaltplatz. Frisch bedeutet, dass keine der am Line up beteiligten Personen sich vorher dort aufgehalten hat. Sie teilen sich an einem Punkt fächerförmig auf und stehen schlussendlich mit drei bis vier Metern Abstand aufgereiht nebeneinander. Der Hund wird einige Meter vor dem Fächerteilungspunkt gestartet und soll die richtige Person am Geruch erkennen – trotz der Ablenkung durch das optisch aufgereihte Bild. Das ist definitiv eine Übung für Fortgeschrittene, denn der Hund darf keinen Trail laufen, was für die meisten ziemlich frustrierend ist, denn sie wollen lieber laufen und suchen, anstatt sich zu konzentrieren und anzuzeigen.

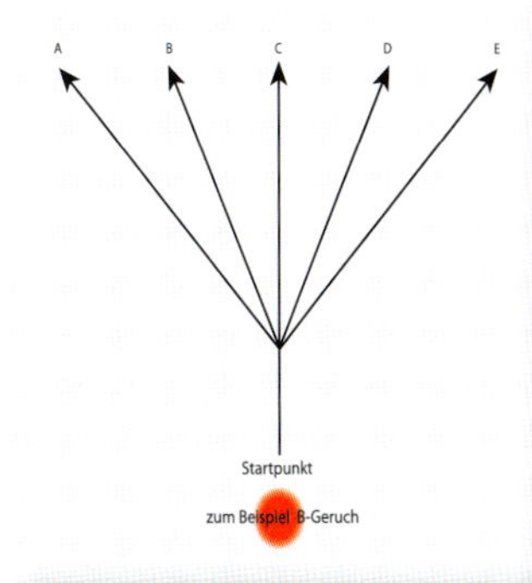

Wozu dienen sie? Line Ups können ein gutes Werkzeug im Training sein, um dem Hund zu erklären, nicht mit den Augen, sondern nur mit der Nase zu suchen. Der Hund wird beim Line Up aller Wahrscheinlichkeit nach von Nase auf Auge umschalten, und der Hundeführer hat die Möglichkeit, ihn dabei zu korrigieren. Das Line Up bietet also in erster Linie eine Gelegenheit, dem Hund zu erklären: »Schalte nicht um, wechsele nicht den Sinn. Nimm nicht das Auge, sondern konzentriere Dich auf Deine Nase.« Viele Hundeführer mögen den Line Up nicht, weil der Lerneffekt beim Hund nach einem Durchgang nicht gleich da ist. Man braucht Ruhe und Geduld für einige Wiederholungen. Einfacher ist der Line Up, wenn man nur mit zwei Personen arbeitet. Die optisch sichtbare Person ist die Verleitung, diejenige, die gesucht werden soll, versteckt sich. Dann können wir den Hund anhalten, wenn er das Auge benutzt und weiterarbeiten lassen, wenn er die Nase einsetzt. Damit diese hochkarätige Übung gelingt, braucht es einen Ausbilder, der das Training anleiten und die Hundeführer richtig anweisen kann. Line Ups sind nichts für Anfänger! Können weder der Ausbilder noch der Hundeführer unterscheiden, wann der Hund das Auge und wann er die Nase benutzt, korrigieren sie zum falschen Zeitpunkt, und diese Übung verkommt zu einer reinen Manipulation. Nämlich dann, wenn der Hundeführer einfach nur jedes Mal stehen bleibt und den Hund zurückhält, wenn er auf die falsche Person zuläuft, ohne dass der Hund dabei versteht, was er falsch macht. Diese Übung kann leicht dazu führen, dass der Vierbeiner einfach ausprobiert, auf welche Person er ungehindert zulaufen kann, ohne dass er die entscheidende Botschaft erhält. Das muss ein guter Ausbilder erkennen. Es gibt Hunde, die sind von Anfang an konzentriert und arbeiten nur mit der Nase. Aber der Großteil der Hunde startet noch gut, schaltet dann aufs Auge um, sieht vielleicht sechs Personen im Zielgebiet, darunter sind noch ein oder zwei bekannte, dann geht das »Rodeoreiten« los.

Gerald Schaller

Ich kann Trails legen, die jeden zufrieden machen. Oder ich kann Trails legen, aus denen der Hund und der Hundeführer etwas lernen.

III AUF DEM TRAIL

4.17 Den Hund »lesen«

Ein Schlagwort bei vielen Ausbildungen ist, den Hund »lesen« lernen. Damit ist gemeint, aufgrund der Körpersprache und des Suchverhaltens Rückschlüsse darauf zu ziehen, wo Geruch liegt. Wie sieht mein Hund aus, wenn er sich sicher oder unsicher ist, wie sieht er aus, wenn er umdrehen möchte oder wenn er sich kurz vor dem Opfer befindet? Natürlich ist es gut, das Verhalten seines vierbeinigen Partners möglichst genau zu kennen. Aber kann man sich auf diese Deutungen wirklich verlassen? Nicht alle Hunde kann man gut »lesen«. Manche sind sehr schnell, andere sehr sparsam mit den Signalen.

Hinzu kommt: Wer als Hundeführer weiß, wo der Trail liegt, ist leicht geneigt, in jede Bewegung des Vierbeiners etwas hineinzudeuten. Schaut der Hund an einer Kreuzung dorthin, wo der Läufer vorher abgebogen ist, geht dann aber in einer anderen Richtung weiter, spricht man von sogenannten Head Turns. Diese werden oft so interpretiert, dass der Hund erst dorthin guckt, wo der frischeste Geruch liegt, dann aber anders läuft, weil er vielleicht die »falschen« Richtungen erst überprüfen möchte, um »sicher zu gehen«. Ein weiterer möglicher Grund für dieses Verhalten wäre, dass an anderer Stelle mehr Geruch liegt als dort, wo die gelaufene Spur ist. Bemerke ich als Hundeführer diesen Head Turn, kann er mir als Hinweis dienen, wo der gelaufene Trail liegt. Und dann? Soll ich den Hund korrigieren, weil er nicht gleich »richtig« abbiegt? Wie mache ich das? Und wie weit lasse ich ihn in die »falsche« Richtung laufen? Sie sehen, wenn man nach dieser Theorie verfährt, tauchen mehr Fragen als Antworten auf.
Falls Sie bereits Trailerfahrung haben, wissen Sie außerdem, dass beim Laufen kaum Zeit ist, in Ruhe die Körpersprache des Hundes zu deuten. Dazu geht das Ganze viel zu schnell. Gerade Anfänger sind vor allem damit beschäftigt, die Leinenspannung aufrechtzuerhalten und auf den Verkehr und auf die Umgebung zu achten. Die Situation ist vergleichbar mit anderen Fertigkeiten, die zu Beginn ungeheuer komplex sind, Autofahren oder Reiten zum Beispiel. Beim Reiten hat der Anfänger ganz profan damit zu tun, oben zu bleiben, im eigenen Gleichgewicht zu sitzen und die richtigen Hilfen zu lernen. Er kann das Verhalten des Pferdes noch nicht richtig deuten und entsprechend fein abgestimmt reagieren. Im Gegenteil, das Pferd ist sein Lehrmeister und der Mensch ist mit sich selbst beschäftigt. Genauso geht es Trailanfängern auch. Bloß arbeiten Trailanfänger fast immer mit Hunden, die selbst noch nicht ausgebildet sind. Das macht es beiden Seiten besonders schwer, weil man sich leicht gegenseitig im Weg steht. Ein fertig ausgebildeter Hund nimmt Fehler auch mal hin, genauso wie ein ausgebildetes Pferd. Im Reitsport käme allerdings niemand auf die Idee, einen Neuling auf ein rohes Pferd zu setzen.

Solange Sie keine Routine haben, vergessen Sie mal Head Turns oder ob Ihr Hund mit dem linken Ohr wackelt, wenn er unsicher wird. Denn meiner Ansicht nach ist es Blödsinn zu sagen, der Hund biegt rechts ab, aber das ist falsch, weil es eigentlich nach links geht. Und ich frage mich nicht: Wie kriege ich denn den Hund dazu, dass er nach links läuft? Viel wichtiger ist: Warum läuft er überhaupt nach rechts? Ist rechts Geruch oder war der Hund zu dem Zeitpunkt, in dem er diese Entscheidung getroffen hat, nicht richtig bei der Sache? Nur das ist von Interesse. Und woran erkenne ich das? Keinesfalls an den sogenannten Head Turns, die anderenorts beschrieben werden. Das lesen die Leute und damit warten Generationen von Hundeführern auf diese Kopfdrehung. Ich sage dazu ganz einfach: Ja, der Hund dreht seinen Kopf. Es kann sein, dass der Spurleger dort entlanggegangen ist. Es kann aber genausogut einen anderen Grund haben, warum der Hund dahin geguckt hat. Das ist nur eine Frage der Interpretation.

Wir wissen nur sehr wenig über Geruch und was unsere Hunde überhaupt suchen. Wie kann ich daher sagen, rechts ist falsch und links ist richtig? Geruch liegt ja nicht nur auf dem tatsächlich gelaufenen Weg. Was also will ich ausbilden? Ich kann nur beobachten: Wie arbeitet der einzelne Hund? Wie geht er vor? Wie sieht er dabei aus? Eine Möglichkeit, das herauszufinden, ist, jemanden zu verstecken, den der Hund unbedingt finden möchte, zum Beispiel den Besitzer. Dann beobachte ich, ob das Tier genau weiß, wie es zum Erfolg kommt. Falls ja, kommt dieser Hund für die Personensuche in Frage. Jetzt bleibt mir rein ausbildungstechnisch nur die Möglichkeit zu kontrollieren, wann der Hund arbeitet, denn er weiß ja genau, wie er zum Erfolg kommen kann, und wann er andere Dinge macht. Falls er andere Dinge macht, unterbreche ich ihn. Damit das möglichst wenig zu geschehen braucht und er motiviert ist, auch Fremde zu suchen, bilde ich ihn vorab an den Komponenten eins, zwei und drei aus. Das ist die ganze Kunst.

Insofern spielt es auch in meiner Ausbildung eine Rolle, die Körpersprache des Hundes richtig zu deuten. Dabei geht es aber einzig und allein darum zu unterscheiden, ob mein Hund arbeitet oder Blödsinn macht. Ich achte sehr genau darauf, welche Körperhaltung ein Hund hat, wenn er konzentriert arbeitet. Jeder sieht dabei anders aus. Vor allem am Anfang der Ausbildung ist es immens wichtig, dieses Bild im Kopf abzuspeichern.

Hunde Handwerk

Das Zielbild: Der Körperausdruck, den mein Hund zeigt, wenn er konzentriert arbeitet.
Abweichen vom Zielbild: Der veränderte Körperausdruck, wenn mein Hund nicht mehr bei der Sache ist.
Was ist zu tun? Ich fordere meinen Hund sofort zum Weiterarbeiten auf.

Dieser spezielle Körperausdruck ist das Zielbild. Ähnlich wie beim Memoryspielen präge ich mir dieses Bild für jeden Hund ein, den ich ausbilde. Ich gleiche ständig ab, ob das Bild, das ich gerade vor Augen habe, dazu passt oder nicht. Ändert sich dieses Zielbild, werte ich das als Hinweis darauf, dass der Hund im Begriff ist, neben seiner Arbeit noch eigenen Interessen nachzugehen und greife sofort korrigierend ein (siehe unten Kap. 4.18).

Gedanken, die Hundeführer von der Korrektur abhalten und dadurch hinderlich sind:

- Noch macht er ja nicht wirklich etwas falsch.
- Wenn ich jetzt eingreife, tue ich ihm vielleicht Unrecht.
- Vielleicht guckt er nur mal kurz und arbeitet dann weiter.
- Wer weiß, vielleicht liegt da ja Geruch.
- Hunde haben immer Recht.
- Hunde können nicht lügen.
- Ich rieche nichts, also lasse ich den Hund laufen.
- Da kann ja nichts passieren, denn er ist an der Leine.
- Ich darf den Hund nicht in der Suche stören.
- Er bekommt schon noch die Kurve. Ich warte noch ein bisschen.

4.18 Hilfen und Korrekturen

Es gibt zwei unterschiedliche Situationen, die ein Eingreifen auf dem Trail notwendig machen. Die erste: Der Hund arbeitet am Geruch, macht also im Prinzip alles richtig. Trotzdem muss man einem Junghund auch dann hin und wieder helfen. Und zwar, wenn er in Situationen gerät, mit denen er noch nicht umgehen kann oder die dazu führen können, dass er anfängt, Fehler zu machen. Wenn er zum Beispiel in einen Hinterhof läuft, weil seine Nase ihn dort hineinzieht, kann es sein, dass dort ein Geruchspool liegt. Der Hund fängt an zu kreisen und findet nicht mehr hinaus. Oder er überläuft eine Abzweigung, weil er noch unerfahren ist und plötzlich feststellt »uuups, jetzt passt was nicht«, aber nicht zurückfindet. Oder er ist noch nicht erfahren genug, um mit bestimmten Situationen wie Katzen, fremden Hunden, lauten Geräuschen, Menschenmengen usw. souverän umzugehen.

Dies alles lässt sich zusammenfassen unter: Der Hund kann (noch) nicht. In diesem Fall hänge ich die Leine vom Geschirr ins Halsband um, oder, falls es sich nur um ein paar Meter handelt, greife ich kurz ins Halsband und führe ihn aus der Situation heraus oder daran vorbei. Danach wird ohne weitere Verzögerung ins Geschirr umgehängt und weiter gearbeitet. Das Umhängen ins Halsband ist keine Korrektur im Sinne von Bestrafung. Ich kann den Hund auch durchaus mal umhängen, ein Stück zurückführen und weiter arbeiten lassen, wenn gar keine Veranlassung dazu besteht. Umhängen bedeutet nur: Ich übernehme kurz mal die Führung. Und sobald die Leine wieder am Geschirr einhakt, arbeitet der Hund von diesem Punkt aus weiter.

Tanja Schweda

Ein guter Hundeführer kann den Hund zwar unterbrechen, aber danach noch nicht in die Pflicht nehmen weiterzuarbeiten.
Die besseren Hundeführer können unterbrechen und sogleich in die Pflicht nehmen, um weiterzuarbeiten.
Die ganz hervorragenden Hundeführer unterbrechen, nehmen in die Pflicht und schalten um. Das heißt, die Emotion ändert sich und es macht wieder Freude, weiterzuarbeiten. (vgl. Seite Kiste mit Würstchen Seite 40)

Es gibt aber auch Situationen, da kann der Hund arbeiten, will es aber nicht. Er geht lieber seinen eigenen Interessen nach. In diesem Fall ermahne ich verbal. Ich persönlich verwende dazu das Wort »arbeiten« mit verbindlich aufforderndem Tonfall, denn andere Wörter aus dem Alltag sind oft mit irgendwelchen Bedeutungen belegt. »Weiter« zum Beispiel impliziert, dass es nach vorne weiter geht, gibt also eine Richtung vor. Das Ermahnsignal hingegen sagt lediglich: Hör auf mit dem, was Du da tust und arbeite unverzüglich weiter. Wie schon in Komponente zwei beschrieben (vgl. Seite 61 f), wird dieser Respekt im Alltag erarbeitet. Das bedeutet, unterbricht der Hund sein Tun nicht auf ein kurzes, verbales Signal hin, sollte dieser Konflikt nicht dauerhaft auf dem Trail ausgetragen, sondern zuhause gelöst werden.

Um in der Situation handlungsfähig zu sein empfehle ich, den Hund zum Beispiel einfach hochzuheben, wenn er das Schnüffeln nicht sein lassen will, ein paar Meter weiter wieder abzusetzen und zum Weiterarbeiten aufzufordern. Ich hebe ihn quasi aus dem Konflikt heraus. Gelöst wird das Thema später, außerhalb des Trailens. Eine andere Möglichkeit ist, ihn von einer Stelle, wo er sich »festsaugt«, wegzudrängen. Das Prinzip lautet: Reagiert der Hund nicht auf das sprachliche Signal, wird sofort gehandelt, nicht debattiert. Ungern korrigiere ich über die Leine durch Rucke am Geschirr. Erstens machen wir gerade zu Beginn noch Fehler und ruckeln unbeabsichtigt, weil das Leinenhandling noch nicht klappt. Der Hund soll ja lernen, das zu ignorieren, also auf Rucke nicht zu reagieren. Zweitens geben ungenaue Rucke schnell mal eine Richtung vor, weil die Impulse nicht gerade nach oben, sondern nach hinten, nach rechts oder links gegeben werden.

Wenn überhaupt, dann einen Impuls mit der Leine nur gerade nach oben geben, um den Hund zu korrigieren.

4.19 Die Sache mit der strafenden »Auszeit«

»Mein Hund hat nicht gearbeitet, sondern hat nur rumgeschnüffelt. Da habe ich ihn ins Auto gebracht. Weil er nicht mehr arbeiten durfte, war er wirklich frustriert. Das nächste Mal wird er sich daran erinnern und mitarbeiten.« So oder ähnlich glauben viele, ihren Hund gewaltfrei und daher politisch korrekt »bestrafen« zu können. Die Strafe ist der angebliche Frust, den der Hund aushalten muss, wenn »das schöne Spiel« abgebrochen wird und er zurück ins Auto gebracht wird.

Ich meine, man kann sich und dem Hund diese Art der »Bestrafung« ersparen. Denn wie schon an anderer Stelle beschrieben, können Hunde Kausalzusammenhänge in dieser Form nicht begreifen. Falls bei der geschilderten Situation überhaupt eine Verknüpfung stattfindet, dann wohl eher diese: Ich bin frustriert, weil ich nicht weiter Gassi gehen darf. Ich bezweifle allerdings, dass in diesem Fall überhaupt irgendein Lernprozess stattfindet. Meiner Erfahrung nach bringen Hunde das Schnüffeln am Laternenpfahl und das anschließende Warten im Auto nicht in einen Zusammenhang aus Ursache und Wirkung. Rumschnüffeln und ins Auto gebracht werden sind nur zwei aufeinander folgende Ereignisse. Außerdem bekommt der Hund durch solche »Strafen« nicht die Chance, es richtig zu machen.

4.20 Stehen bleiben und eine Pause machen

Es gibt sehr viele Gründe, auf dem Trail hin und wieder anzuhalten. Das Anhalten geschieht immer dadurch, dass die Leine vom Geschirr ins Halsband gehängt wird. Damit ist für den Hund klar, der Mensch übernimmt kurz die Führung. Man kann anhalten, um zu überlegen, um sich und dem Hund eine Verschnaufpause zu gönnen, um sich zu besprechen, um nach einer schwierigen Situation emotional wieder ins Gleichgewicht zu kommen oder einfach nur, um sich die Schnürsenkel zu binden. In Einsatzsituationen ist es sogar unumgänglich ab und an zu stoppen. Deshalb ist es wichtig, auch im Training Pausen immer wieder einzubauen. Nur so bekommt der Hundeführer

die Sicherheit, dass der Hund selbst nach einer 10- oder 15-minütigen Unterbrechung weiter arbeitet. Während der Pause bleibt der Hund im Geschirr, denn den Geruch soll er ja weiterhin abgespeichert und im Kopf behalten. Dass heißt, er soll während der Pause nicht herumschnüffeln oder gar ins OFF gehen (vgl. Seite 83), sondern seine Aufgabe nicht aus den Augen, besser gesagt, aus der Nase verlieren.
Das Anhalten sollte anfänglich nicht in delikaten Entscheidungssituationen oder Konflikten passieren. Das kann man sich für den fortgeschrittenen Hund aufheben.

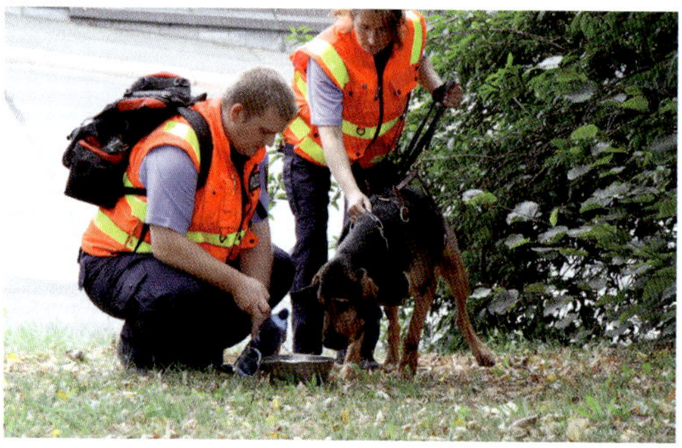

Kurz anhalten, prüfen, ob der Hund Wasser möchte, und sich absprechen. Prüfung Polizei Sachsen.

4.21 Erneutes Anriechen auf dem Trail

»Was ist falsch daran, dem Hund ein und denselben Geruchsartikel auf dem Trail mehrmals zu präsentieren?«, werde ich oft gefragt. Zwei Gründe sprechen dagegen: Wenn der Hund schon fortgeschritten ist und verstanden hat, was er tun soll, wird ihn das mehrmalige Anriechen-Müssen entweder nerven oder verunsichern, weil er nicht versteht, warum er das machen soll.
Der zweite Grund ist, dass das mehrmalige Anriechen-Lassen immer dann erfolgt, wenn der Hundeführer sich nicht mehr sicher ist, ob der Hund überhaupt noch weiß, wen er suchen soll. Dem Hund wird die Tüte schnell noch mal angeboten, in der Hoffnung, dass er sich erinnert. In dieser Anspannung sind Unsauberkeiten vorprogrammiert. Die Tüte wird hektisch aus der Tasche gekramt und dem Hund irgendwie unter die Nase gehalten. Die Gefahr einer Fremdkontamination ist dabei hoch und öffnet dem Hund Tür und Tor, quasi auf Befehl zu »switchen«, also die Aufgabe zu wechseln.

4.22 Straßenverkehr

Fahrzeuge anzuhalten oder auch nur zu verlangsamen, um dem Hund zu ermöglichen, ungehindert eine Straße zu überqueren, ist ein unerlaubter Eingriff in den Straßenverkehr. Das darf nur die Polizei. Wer keine Berechtigung hat, sollte sich im Klaren darüber sein, dass er Probleme bekommen kann, wenn er

So darf nur die Polizei in den Verkehr eingreifen.

sich in den Straßenverkehr einmischt, und überquert daher die Straße,

indem er erst die Leine verkürzt, dann ins Halsband fasst, und den Hund in dieser Position so lange »einfriert«, bis die Straße frei ist

und gefahrlos überquert werden kann. Das »Einfrieren« am Halsband sagt dem Hund: Stehen bleiben, den Fokus beibehalten, gleich geht's weiter.

Falls, wie hier, der Autofahrer von sich aus anhält, kann gefahrlos weitergearbeitet werden. Der Hund bleibt die ganze Zeit über nach vorne orientiert.

4.23 Anzeigearten

Kommt der Hund am Ende des Trails zum Opfer, sollte er es eindeutig identifizieren. Auf welche Weise er das macht, ist egal, so lange zwei Dinge erfüllt sind: Die Anzeigeart muss eindeutig und stets dieselbe sein. Was nicht geht ist: heute wedelt er, morgen bellt er und übermorgen kratzt er sich am Ohr. Der Hund tut sich außerdem wesentlich leichter, wenn man ein Verhalten wählt, das er spontan anbietet. Die Freude am Opfer wird sonst getrübt, wenn der Vierbeiner zum Ziel kommt und erst »nachdenken« muss oder in einen Unterordnungsmodus gerät, weil ein bestimmter Habitus eingefordert wird.
Die häufigsten Anzeigearten beim Mantrailing sind Vorsitzen und Anspringen. Das in der Flächensuche gängige Verbellen ist beim Mantrailing nur dann üblich, wenn der Hund es von sich aus anbietet. Denn die Information »Ich habe das Opfer gefunden« muss nicht über eine weite Distanz transportiert werden.
Das **Vorsitzen** eignet sich für Hunde, die nicht springen wollen oder Schmerzen dabei haben. Für den Familienhund hat diese Anzeigeart den Vorteil, dass er das Anspringen nicht lernt und vielleicht unaufgefordert im Alltag benutzt oder bei Konflikten einsetzt. JoJo sprang zum Beispiel an uns hoch, wenn er uns beschwichtigen wollte.
Das **Anspringen** ist für den aufgeschlossenen Hund aus einer Suche heraus das einfachste, weil er sich ja im Erregungszustand befindet. Anspringen fällt dann leichter, als in ein ruhiges Sitzen zu kommen.
Aber jeder Hund ist anders!

4.24 Worauf es wirklich ankommt

Ein genereller Hinweis für das Training ist folgender: Es kommt nicht so sehr darauf an, möglichst lange Trails zu üben oder das Spuralter sukzessive zu steigern. Das Wichtigste ist vielmehr, variantenreich zu üben, Details zu trainieren statt Strecken. Wer sich durch die folgende Liste arbeitet, kann sich allen Herausforderungen stellen:

- Der Läufer ist von einem Fahrzeug abgeholt worden.
- Der Läufer steht am Trailende in einer Gruppe.
- Der Läufer ist in ein Gebäude gegangen.
- Die Person sitzt am Trailende in einem Fahrzeug.

- Der Trailstart ist innerhalb eines Gebäudes.
- Line Ups (Nase statt Auge)
- Negativ: Am Start ist der gesuchte Geruch nicht vorhanden.
- Der Läufer steht am Trailstart, so dass der Hund anzeigen muss, ohne einen Trail laufen zu dürfen.
- Der Läufer wird streckenweise gefahren.
- Der Läufer liegt an einer erhöhten Stelle, zum Beispiel auf einem Garagendach.
- Der Läufer ist im Untergrund, also zum Beispiel in einem Schacht.
- Backtrail, das ist ein Sackgassentrail, bei dem der Läufer hin- und zurückgeht.
- Mehrere Personen »flüchten« am Start aus einem Auto.
- Geruchspools (siehe Seite 216 ff).
- Anhalten auf dem Trail und eine längere Pause machen.
- Ausschluss von Fremdgerüchen.
- Geruchsaufnahme an Objekten wie Türklinken oder Fensterrahmen.

Zusatzübungen:
- Das Sichern von Geruchsartikeln.
- Alle möglichen Arten von Geruchsartikeln abarbeiten wie:
    - Ausscheidungen und Körperflüssigkeiten
    - angebissene Nahrung
    - Zigarettenkippen oder gekauter Kautabak
    - Munition, Asche

Dadurch, dass prinzipiell jeder eindeutige Geruchsträger verwendbar ist, kann man seiner Fantasie freien Lauf lassen …

4.25 Wo will ich hin? Welche Ziele möchte ich bzw. kann ich erreichen?

Höchster Anspruch – Die gesamte Bandbreite des Trailens wird abgedeckt:
- Spuralter je nach Möglichkeiten und Umweltbedingungen. Wir sind bisher von zwei bis drei Wochen ausgegangen, haben aber inzwischen gelernt, dass auch ältere Spuren möglich sind.
- Suchzeit von mindestens drei Stunden

Mein härtester diesbezüglicher Einsatz mit meinem Hund JoJo dauerte zweimal 3,5 Stunden mit nur 10 minütiger Pause dazwischen. Dazu herrschte eine Temperatur von 35° Celsius und extrem hohe Luftfeuchtigkeit. Ein erfahrener Ausbilder von Trümmerhunden hat mir einmal gesagt: »Es ist leichter für den Hund, sechs verschiedene Personen in einem Trümmerkegel zu suchen, als eine Person eine Stunde lang auszuarbeiten.« Dasselbe gilt analog für den Mantrailer: Es ist leichter, 30 kurze Trails an zwei Tagen zu machen, als einen Trail, der drei Stunden dauert.

- Ablenkungen aller Art
- Stark kontaminiertes Suchgebiet, das bedeutet

1. Viele frische Spuren liegen über dem zu suchenden Geruch. Ein Beispiel: Sie suchen jemanden, der tags zuvor auf dem Oktoberfest war. Falls Sie dagegen eine Person am frühen Morgen über das Oktoberfestgelände laufen lassen würden, wäre das immens leichter. Dann würde nämlich die frischeste Spur die richtige sein, was viel einfacher ist, da Hunde die genetische Disposition haben, frischen Geruch zu suchen.
2. Würden Sie dagegen am Abend jemanden suchen, der sich schon längere Zeit auf dem Gelände aufhält, müsste der Hund ständig unterscheiden zwischen älter, frischer, mehr, weniger, was ebenfalls sehr anspruchsvoll ist.

- Geruchspools
- Negativ
- Line Up
- Eliminieren von Fremdgerüchen bei mehrfach kontaminierten Geruchsartikeln durch Ausschlussverfahren
- Alle Arten von Auffindesituationen also in der Höhe, zum Beispiel auf einer Feuertreppe, in der Tiefe, zum Beispiel in einem Schacht
- Zielpersonen, die sich bewegen, anstatt still zu verweilen
- Spurleger im geschlossenen Fahrzeug oder Gebäude am Ende der Spur, in diesem Bereich sollte der Hund zum Stillstand kommen, er muss nicht das Auto oder die Eingangstüre anzeigen
- Alle Arten von Spuren, die mit Fahrzeugen gelegt wurden wie Fahrrad, Motorrad, Cabriolet usw. vorausgesetzt, ein freier Luftaustausch zwischen dem Läufer und seiner Umwelt kann stattfinden. Das heißt, beim Auto das Fenster ein Stück weit offen lassen, Klimaanlage einschalten reicht nicht.
- Parallelstarts: Zwei Hunde starten gleichzeitig an zwei unterschiedlichen parallel laufenden Spuren, die sich ab und an kreuzen. Im Zielgebiet sind beide Spurleger in Bewegung
- Zielpersonen, die sich permanent im Suchgebiet bewegen oder dort sogar leben

Mittleres Ziel – Trailen ist möglich in minderkontaminierten Gebieten mit wenig Ablenkung

- Spuralter bis 48 Stunden
- Suchzeit 1–1,5 Stunden
- Moderate Alltagsablenkungen, wie andere Hunde, Katzen, Wildspuren, Straßenverkehr
- Zielperson zeitweise im Suchgebiet bzw. auch Wohnumfeld des Gesuchten als Suchgebiet

Die vier genannten Punkte stellen die Mindestanforderungen dar, falls das Team eine Prüfung ablegen möchte.

Für den Freizeitbereich – Hier richten sich die Ziele nach den individuellen Fähigkeiten des Hundes und des Hundeführers. Voraussetzung ist, dass der Hund eine Grundveranlagung zum Trailen mitbringt, die individuell gefördert und gefordert wird. Meistens arbeitet man auf diesem Niveau mit einem

- Spuralter von bis zu 24 Stunden
- die Trails sind bis zu einem Kilometer lang, die Suchzeit beträgt höchstens etwa eine Stunde, falls es nicht zu heiß ist.
- Das Maß der Ablenkung hängt von der Konzentrationsfähigkeit des Hundes ab und davon, wie viel Stadtgewöhnung das Tier hat.

Grundvoraussetzung: Der Hund arbeitet konzentriert am zu suchenden Geruch und geht nicht seinen eigenen Interessen nach!

4.26 Frage & Antwort

Warum beginnt Dein Buch erst im vierten Kapitel mit typischen Mantrailingthemen wie Geruchsartikel, Leinenlängen oder Startritual?
ARMIN SCHWEDA: Weil ich ansonsten mit Schritt zwei beginnen würde, statt zuerst Schritt eins zu machen. Das wäre in etwa vergleichbar mit einem Fahrschüler, der noch nicht kuppeln und schalten kann, aber sich in der zweiten Fahrstunde schon Gedanken darüber macht, wie er ein Formel-1-Rennen gewinnen kann. Der tiefere Hintergrund ist: Wenn der Hund verstanden hat, um was es geht und auch die Fähigkeit mitbringt, sich auf das, worum es geht, zu konzentrieren, dann muss ich mir um den Rest nicht mehr so viele Gedanken machen. Denn dann ist der Hund bemüht, das zu tun, was wir von ihm verlangen.

Wie ist das zu verstehen?
ARMIN SCHWEDA: Wir wissen nur sehr wenig über Geruch und wie er sich verhält. Da kann ich wenig ausbilden. Was wir hingegen ausbilden können, ist Zuverlässigkeit, Beharrlichkeit und Findewillen. Diese drei Aspekte bezeichne ich gerne als die »Arbeitseinstellung« des Hundes. Das bedeutet, vor jeder Spezialisierung, egal ob zum Mantrailer oder zu einer anderen Art Rettungshund, stehen Beziehungs- und Erziehungsarbeit als Basis. Mit Erziehungsarbeit ist hier allerdings keine klassische Unterordnung (Sitz-Platz-Steh) gemeint, sondern Höflichkeitsregeln wie Gesprächsbereitschaft und das Akzeptieren von Grenzen.

Obschon der Bluthund einerseits ideale Voraussetzungen zum Mantrailing mitbringt, raten manche Fachleute von dieser Rasse ab, weil sie so schwer zu halten und auszubilden ist. Wie stehst Du dazu?

ARMIN SCHWEDA: Es kommt natürlich immer darauf an, wer so einen Bluthund führt. Wenn ein Fahranfänger, um nochmals diesen Vergleich zu bemühen, aus einem Ferrari steigt und meint, das sei aber eine »blöde Kiste«, weil er mit diesem Auto nicht zurechtkommt, wie viel Wert misst man dieser Aussage dann bei? Und weil der Bluthund nichts für Anfänger ist, ist es in Amerika Usus, dass im Diensthundewesen nur die Ausbilder die Ehre haben, einen Bluthund führen zu dürfen.

Wie wichtig ist es, den Hund auf dem Trail zu »lesen«, also seine Körpersprache richtig zu deuten?
Können wir den Hund überhaupt richtig lesen? Etwas provokant würde ich behaupten: Nein. Können die Hunde uns lesen? Definitiv Ja, und zwar mit sehr großem Erfolg. Ebendies ist eine der Schwierigkeiten beim Trailen.

Ist es gut, möglichst viele Seminare zu besuchen, um Mantrailing zu lernen?
ARMIN SCHWEDA: Nein, oft sind unterschiedliche Seminarbesuche eher kontraproduktiv. Denn viele Seminarteilnehmer haben keine konkreten Fragen, sondern wollen einfach mal sehen, wie der betreffende Ausbilder ans Thema herangeht. Sie meinen, sich aus den jeweiligen Methoden, das Beste herauspicken zu können, und stellen alles Mögliche zusammen. Aber wenn wir ohne Plan durch einen Supermarkt gehen, einfach nach Sachen greifen, die uns gefallen oder neugierig machen, werden wir tausend Dinge an der Kasse bezahlen müssen und das Wesentliche am Ende doch vergessen haben. Denn das, was wir eigentlich brauchen, haben wir gar nicht bedacht. Es gibt viele Leute, die mit dieser Haltung auf Seminare fahren, so nach dem Motto: »Mal gucken kann ja nichts schaden, ich will mich ja nur mal inspirieren lassen.« Damit gehen sie in den Supermarkt, haben keinen Einkaufszettel dabei, sondern schauen einfach, was sich am Schluss im Einkaufskorb so alles angesammelt hat. Besser ist, sich ganz konkret Gedanken zu machen, Fragen zu stellen und sich für eine Linie zu entscheiden, anstatt zwischen zig Ausbildungsmethoden und Meinungen hin- und herzuspringen.

Deine Philosophie baut auf den fünf Komponenten KONZENTRATION & FOKUS, ALLTAGSNEUTRALITÄT, OPFERBINDUNG, HANDWERKSKOFFER und ARBEIT AM GERUCH auf. Wenn man sich diese Komponenten als Säulendiagramm vorstellt, müssen dann alle Säulen gleich hoch sein? Was ist, wenn eine dieser Komponenten fehlt oder nur wenig ausgeprägt ist?
ARMIN SCHWEDA: Sollte eine dieser Säulen tatsächlich komplett fehlen, muss ich mich fragen, wie weit ich mit dem Thema Mantrailing überhaupt komme. Wenn mein Hund keinerlei Interesse daran hat, Menschen zu finden, und ich die Säule OPFERBINDUNG nicht auf ein Mindestmaß hochziehen kann, was sucht dieser Hund denn dann? Wäre es in diesem Fall nicht besser, gleich einen Futterbeutel zu verstecken? Wie gesagt, eine gewisse Mindesthöhe sollte jede dieser Säulen haben. Ist eine Säule etwas kleiner als die andere, ist das nicht so schlimm. Niemand ist überall gleich gut, aber ein

gewisses Niveau sollte bei allen fünf Komponenten erreicht werden.

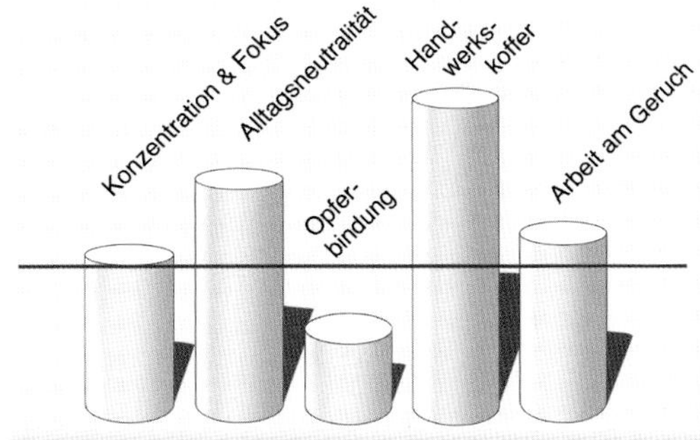

Fehlt diese Basis in der ersten Komponente, reicht die Konzentration für einen anspruchsvolleren Trail nicht mehr aus. Dann ist ganz früh schon Schluss. Und die Messlatte im Training muss immer ziemlich niedrig liegen, damit der Hund den Trail überhaupt vollständig abarbeiten kann.
Mangelt es an sozialer oder Umweltsicherheit, können banale Alltagsdinge den Hund derart aus der Bahn werfen, dass er die Arbeit einstellt. Er schafft es dann einfach nicht, durch eine Drehtür zu gehen oder durch eine größere Menschenmenge, obwohl er merkt, dass der Geruch dort liegt.
Hat der Hund zu wenig Opferbindung, geht er zwar frischen Geruchsspuren nach, aber nicht derjenigen, der er folgen soll. Denn er hat kein Interesse am Finden, höchstens an der Suche.
Ein ungeschickter und unkoordinierter Hundeführer kann derart zum Störfaktor werden, dass der Hund einfach nicht zum Erfolg kommen kann. Bestes Beispiel ist das falsche Leinenhandling oder ständiges Hinterfragen des Hundes.
Und schließlich, wenn der Mensch dem Hund andauernd erklären möchte, wo Geruch liegt und wo er zu laufen hat, wird er den besten Hund ruinieren. Dann wird er mitsamt seinen Fähnchen oder seiner Sprühkreide untergehen.

Wenn der Hund an einer Kreuzung »falsch« abbiegt, wie weit lasse ich ihn gehen?
ARMIN SCHWEDA: Einfache Aussage: Wenn es im Sinne des menschlichen Geruchs ist den er sucht, darf der Hund so weit rausgehen, wie er möchte. Da habe ich kein Problem. Aber der Grund, warum die meisten Hunde rauslaufen, ist nicht, weil der Geruch sie dort hinzieht. Nein, die Hunde laufen quasi in diesem Geruchscanyon, dann kommt ein anderer Geruch oder eine optische Ablenkung und der Hund sagt: »Vergiss mal denjenigen, den ich suchen soll, ich suche jetzt was anderes.« In diesem Fall gebe ich ihm keinen Zentimeter.

Und warum ist es falsch, den Hund dann ins Leere laufen zu lassen? Dann macht er doch die Erfahrung, dass er keinen Erfolg hat.
ARMIN SCHWEDA: Die Methode, den Hund ins Leere laufen zu lassen, führt definitiv ins Nirwana. »Ins Leere laufen lassen« heißt, wir wissen, es ist falsch und lassen den Hund ewig weiterlaufen in der Hoffnung, er erkennt irgendwann irgendwas und dreht selbständig um. Warum führt das ins Nirwana? Weil der Hund sich in dem Moment mit etwas anderem beschäftigt. Im besten Fall stöbert er nach dem zu suchenden Geruch,

weil er ihn verloren hat. Im schlechtesten Fall geht er der Katze nach. Im ersten Fall liegt ein Ausbildungsfehler vor, weil der Hund nicht verstanden hat, dass er nicht nach Geruch suchen, sondern permanent am Geruch arbeiten soll. Im zweiten Fall quittiert er den Dienst und geht seinen eigenen Interessen nach. Ich lasse aber nicht zu, dass mein Hund sich auf dem Trail mit etwas anderem beschäftigt als mit dem vorgegebenen Geruch, denn dann verlässt er ja das Zielbild. Und dann greife ich ein, um ihm zu sagen: »Hey, das ist nicht o.k.« Der Hund hat alles an Bord, um diesem vorgegebenen Geruch zu folgen. Wenn er aber für sich entscheidet, irgendein beliebiger Geruch ist interessanter, dann ist das falsch. Diese Entscheidung darf er nicht treffen, er muss andere Gerüche ignorieren. Natürlich kommt der Hund nicht weiter, wenn er in einem Eingangsbereich, wo eben jemand reingegangen ist, rumschnüffelt. Du kannst Dich auf den Standpunkt stellen, das kann ich aushalten, weil er keinen Erfolg haben wird. Er wird niemanden finden. Aber schon die Tatsache, dass er es sich herausnimmt, sich für einen anderen Geruch zu interessieren heißt: Er quittiert Dir in dieser Zeit seinen Job. Das ist vergleichbar mit einem Mitarbeiter, der im Büro statt zu arbeiten mit Freunden telefoniert. Und meine Trailregel lautet: Keine Privatgespräche während der Arbeitszeit!

Ist das nicht etwas zu streng?

ARMIN SCHWEDA: Nein, ich erkläre es an einem anderen Beispiel: Stell Dir vor, Du trailst in der Stadt über einen Kanaldeckel und da liegt eine leckere Bratwurst drin, die vorhin jemandem hineingefallen ist. Der Hund kreist über diesem Kanaldeckel. Weil ich weiß, er kommt da nicht ran, lasse ich ihn gewähren, bis er aufgibt und weitergeht. Aber das tun wir nicht, da sagen wir sofort: »Nein, Pfui, weiter jetzt«, oder sonst was. Bloß, und das ist der Unterschied, beim Geruch sehen wir die Ablenkung nicht. Aber es ist nichts anderes als die Bratwurst im Kanal. Beim Training zur Begleithundeprüfung lassen wir den Hund ja auch nicht kurz mal mit einem anderen Hund spielen oder markieren, weil er ja wieder ins »Fuß« zurückkommt. Das könnte ich ja auch aushalten. Da sagen wir auch: »Nein, falsch, bleib bei Fuß«. Und beim Trailen sagen wir: »Du arbeitest den Job, den ich dir vorgebe, sonst nichts.«

Was mache ich kaputt, wenn ich zu früh korrigiere?

ARMIN SCHWEDA: Gar nichts. Denn wenn ich den Hund verbal korrigiere und nicht mit der Leine einwirke, also nicht in eine bestimmte Richtung ziehe, wird er trotzdem richtig weiterlaufen. Ihr müsst Euch das so vorstellen: Wenn Ihr mit dem Hund Begleithundeprüfung lauft, dann sagt Ihr zum Beispiel »Fuß« und die Hunde wissen, was gemeint ist. Wenn Ihr weiterhin das Kommando »Fuß« sagt, obwohl der Hund korrekt geht, passiert ja auch nichts. Und irgendwann fällt er ein bisschen zurück oder ist mal ein paar Zentimeter zu weit vorne. Was machen dann die meisten? Sie räuspern sich oder geben ein anderes kleines Signal, damit der Hund spürt: Oh, Frauchen hat's gemerkt, sich wieder konzentriert und wieder korrekt geht. Dasselbe passiert beim Suchen. Jungen Hunden sieht man noch sehr gut an, wenn sie sich ablenken lassen, weil sie unbefangen auf die

Ablenkung zugehen. Der Hund biegt in eine andere Richtung ab, weil dort ein anderer Geruch ist, und ich sage nur »Hey!« Wenn es tatsächlich das Switchen, also das Umsetzen auf einen anderen Geruch war, spürt der Hund: »Mist, der hat es gemerkt«, und schon ist er wieder konzentriert dabei.

Und das klappt bei allen Hunden?
ARMIN SCHWEDA: Nicht bei allen. Hunde, die zum Stöbern neigen und das Trailen für sich nicht verinnerlicht haben, tun in ihrer Welt nichts Falsches, wenn sie auf einen frischeren menschlichen Geruch umsetzen. Wir müssen daher unterscheiden zwischen absichtlichem Switchen, also er kann zwar, will aber nicht, und Hunden, in deren Natur es liegt, frischen Geruch zu suchen. Dieser Hund will, kann aber nicht. Darum sage ich ja, quäle nicht einen Hund, der kein Trailer ist, in das Trailen rein. Denn der Hund wird ständig korrigiert und versteht nicht, was er Falsches tut. Stöberhunde sind nun mal Quellensucher. Die interessieren sich für frischen Geruch. Das ist abhängig vom Typus und keine Frage von Konzentration und Fokus. Wenn dagegen Hunde mit einer ausgesprochenen Trailveranlagung im Training zu viel Switchen, dann ist es ein bewusstes Umsetzen. Möglicherweise haben sie schon durch den Spielkreis gelernt, sich unter den verschiedenen Opfern das lustigste Opfer auszusuchen.

Gibt es Geruchsartikel, die nicht geeignet sind?
ARMIN SCHWEDA: Nein, solange die geruchliche Eindeutigkeit gegeben ist.

Wie würdest Du einen guten Hundeführer beschreiben?
ARMIN SCHWEDA: Ein guter Hundeführer hat wenig Selbstzweifel, ist aber willens und in der Lage, sich selbst zu reflektieren. Außerdem ist er ruhig, konsequent, direkt, reaktionsschnell und freundlich, ein guter Chef eben.Aber jeder Topf hat seinen Deckel. Es kommt auf die richtige Passung zwischen Mensch und Hund an. Das ist ein bisschen wie mit dem Autofahren. Ein Fahranfänger mit einem Ferrari schneidet schlechter ab, als ein guter Fahrer mit einem A8. In manchen Situationen muss man den Motor untertourig fahren, in manchen übertourig. Der Fahranfänger wird dieses Feeling aber noch nicht haben. Das soll heißen, ein guter Hund kann einen schlechten Hundeführer beim Trailen nicht rausreißen. Dazu ist das Team durch die Leine zu eng verbunden. Allerdings kann ein guter Hundeführer mit einem einigermaßen ausgebildeten Hund sehr weit kommen. Es reicht nicht, sich einen Ferrari, also einen Bluthund, zu kaufen. Ein guter Hundeführer kann mit einem solide ausgebildeten Schäferhund weiterkommen, als ein Anfänger mit einem Bluthund.

Ach ja, und noch etwas fällt mir ein: Beim Mantrailing braucht man Widerstandskraft gegen Rückschläge, gegen sogenannte »Fachleute« und gegen die gängige Praxis. Krisen kann man durch den Rückgriff auf persönliche Ressourcen und den Glauben an sich selbst meistern. Das klingt pathetisch, aber fragen Sie mal Einsatzteams, durch welche tiefen Täler sie während ihrer Ausbildung gegangen sind.

4.27 Nochmal zusammengefasst: Der Einstieg ins Trailen

Ohne Opferbindung hat der Hund keine Motivation, fremde Menschen finden zu wollen. Er sucht nach Futter oder Spielzeug. Bevor es gleich an den Trailstart geht, nochmal die wichtigsten Schritte in »Zeitlupe«:

1. Erst allein zu zweit ...

2. ... und dann mit viel Ablenkung.

3. Lernen, nach vorne orientiert zu arbeiten,

4. auch wenn der Hundeführer hinten dranhängt und dagegenhält. Vorne beim Hund soll aber immer ein wenig mehr Druck sein, als hinten beim Hundeführer.

5. Der Hundeführer hält den Hund mitten im Spiel mit dem Helfer am Halsband fest, »friert ihn ein« und lässt ihn wieder nachgehen. Der Hund verliert dabei nie den Fokus und bleibt immer zum Helfer orientiert. Ansonsten nochmal ein oder zwei Ausbildungsschritte zurückgehen.

6. Der Geruchsartikel kommt ins Spiel. Der Hund wird am Halsband hingeführt …

7. … und dann kommt das »heilige Hörzeichen«: Such, Cerca, Cherche, Go find, …

8. Von Anfang an optische Hilfen vermeiden …

9. … indem der Läufer möglichst bald um eine Ecke herum aus dem Blickfeld gerät und der Hund lernt, seine Nase zu benutzen.

10. Gefunden!

11. Hat der Hund gefunden, beschäftigt sich das »Opfer« lange und ausführlich mit ihm. Aus diesem Spiel heraus kann es erneut losgehen mit »Einfrieren«, Helfer geht weg, suchen, finden, freuen.

Kaltstart ohne vorheriges Spielen mit dem Helfer

Der Hund darf eine Akklimatisierungsrunde machen, wird angeschirrt, am Halsband zum Geruchsträger gebracht, ohne vorher mit dem »Opfer« Bekanntschaft zu schließen, und gestartet.

Geruchsaufnahme aus der Tüte

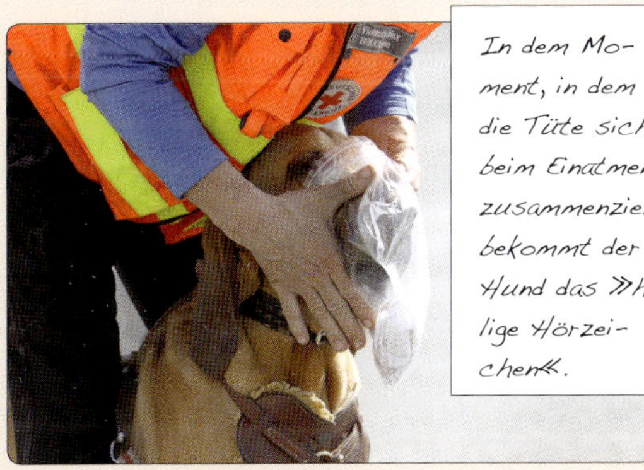

In dem Moment, in dem die Tüte sich beim Einatmen zusammenzieht, bekommt der Hund das »heilige Hörzeichen«.

Das Notstromaggregat brummt unangenehm laut im Hintergrund. Flutlicht bestrahlt das aufgebaute Universalzelt SG50, daneben sind Blaulichtfahrzeuge aufgereiht. Noch bis vor einer Viertelstunde herrschte reges Kommen und Gehen auf dem Parkplatz des örtlichen Fußballvereins, wo die Einsatzleitung ihr Quartier aufgeschlagen hat. Suchmannschaften und einzelne Teams schwärmten aus und kamen nach

abgearbeitetem Suchgebiet zur Einsatzleitung zurück. Nun stehen sie alle andächtig aufgereiht im engen Einsatzzelt, die nächsten Anweisungen erwartend. Es riecht nach Pfefferminztee und die feuchte Kleidung macht die Luft im Zelt dampfig. Der 48-jährige Polizeihauptkommissar steht vor versammelter Mannschaft und blickt in die müden Gesichter der Beamten der Bereitschaftspolizei und der ehrenamtlichen Mitglieder von örtlicher Feuerwehr, Rettungshundestaffel, Wasserwacht und Betreuungszug des Roten Kreuzes. Doch seine Stimme klingt entschlossen, als er um 1:05 Uhr den 63 Einsatzkräften erklärt, dass die Suche die Nacht über fortgesetzt wird: »Sehr geehrte Kameradinnen und

Kameraden, die Einsatztaktik ist klar: Nach dem Absuchen aller Gebiete im Einkilometerradius, wird nun die Suche auf die Gebiete im Dreikilometerradius um den Verschwindepunkt des vermissten Jugendlichen ausgeweitet. Die neuesten Ermittlungen nach Auffinden eines Abschiedsbriefes des 16-jährigen Markus X im Briefkasten eines Freundes lassen befürchten, dass er versucht, seinem Leben ein Ende zu setzen. Die Zeit drängt, deshalb suchen Sie mit Hochdruck und Genauigkeit die Ihnen zugewiesenen Gebiete ab. Nächste Einsatzbesprechung um 3:00 Uhr, falls es zu keinen Neuigkeiten vorher kommen sollte. Ich bedanke mich jetzt schon für Ihre Einsatzbereitschaft und das gezeigte Engagement und wünsche Ihnen viel Erfolg …«

Abschlussbericht: 2:50 Uhr Mantrailer Spur endet in Wohngebiet in benachbarter Ortschaft, zeitgleich recherchieren polizeiliche Ermittler dort die Adresse der Freundin des Vermissten. Markus X wird gegen 2:55 Uhr stark alkoholisiert in der Wohnung der Freundin aufgefunden.

5. KOMPONENTE

Arbeit am Geruch

Jeder Narr
hat seine eigene Theorie über Geruch.
Ich auch.

Armin Schweda

5.1 Eine Welt voller Gerüche

Verglichen mit der Flut an visuellen Eindrücken, die täglich auf uns einströmen, spielen Gerüche in unserem bewussten Denken keine große Rolle. Wenn wir ein Zimmer betreten, sehen wir Farben, Umrisse, Oberflächen, Licht und Schatten. Gerüche hingegen dringen erst dann in unser Bewusstsein, wenn sie besonders gut oder besonders abstoßend sind. Wollen wir Menschen ein Ding genau erkunden, nehmen wir es in die Hand, befühlen und betrachten es von allen Seiten. Hunde strecken ihre Nase vor und riechen daran. Und dabei nehmen sie ganz andere Dinge wahr als Formen, Farben und Funktionen. So, wie für uns Augen und Hände das Tor zur Welt sind, erschließt sich die Welt des Hundes durch die Nase. Und seine Geruchswelt ist mindestens ebenso facettenreich, wie unsere Welt der Bilder.

Menschliche Nasen besitzen zwischen 10 und 30 Millionen Riechsinneszellen*, ein Beagle ca. 300 Millionen. Je nachdem, welche Literatur man zurate zieht, weichen diese Zahlen etwas ab. Fest steht jedoch, im Vergleich zum Hund sind wir

* http://de.wikipedia.org/wiki/Riechschleimhaut, abgerufen am 02.01.2012

Menschen quasi geruchsblind. Wie sich so eine komplexe Geruchswelt anfühlt, können wir nur erahnen. Riecht ein Hund an einer benutzten Tasse, weiß er nicht nur, welches Getränk sie enthalten hat, ob es gesüßt war oder nicht, er weiß auch, wer diese Tasse vorhin in der Hand hatte, wie lange das her ist, ob es ein Mann war oder eine Frau, und wahrscheinlich weiß er auch, wie dieser Mensch sich gefühlt hat, während er aus besagter Tasse trank: Ob er ängstlich war, gestresst oder krank. Dazu braucht es nicht mal viele Duftmoleküle, ein Fingerabdruck reicht. Denn wenn wir einen Gegenstand berühren, hinterlassen wir etwas von uns darauf: Abrieb von unserer Haut mitsamt ihren Bakterien, die permanent fressen und ausscheiden. Das ist unsere Duftsignatur.

Bakterielle Fingerabdrücke*

Washington – Hinterlassene Hautbakterien sollen künftig zum Täter führen: Dieser bakterielle Fingerabdruck kann dort ansetzen, wo keine genetischen Fingerabdrücke gefunden werden.
Bakterien der Haut seien weitaus vielfältiger als bisher angenommen, erklären Noah Fierer und seine Kollegen von der University of Colorado. Sie nahmen Bakterienproben von neun privaten Rechner-tastaturen und den Handflächen ihrer Besitzer. Daraus extrahierten sie das Erbgut der Bakterien. Für die Studie entnahmen sie noch das Erbgut aus Kulturen öffentlicher Computeroberflächen und nutzten die Daten von 270 Handproben. Ergebnis: In allen neun Fällen konnten die Forscher den individuellen Bakterienmix zum jeweiligen Besitzer zuordnen. Bei normaler Raumtemperatur blieben die Hautbakterien bis zu zwei Wochen unverändert an Gegenständen haften, erläutern die Wissenschaftler. Deshalb eigne sich die Methode zur gerichstmedizinischen Identifikation.

Aber wir müssen Dinge nicht einmal berühren, damit Hunde uns riechen können. Denn während wir gehen, stehen und laufen, verlieren wir einen Cocktail bestehend aus Hautschuppen, Körperzellen, Ausatemluft, Schweiß, und Haaren. Schweiß können Hunde besonders gut riechen, denn er enthält sogenannte flüchtige Fettsäuren, wie Ameisen-, Essig- oder Buttersäure und zwar bei jedem Menschen in einer persönlichen Mischung. Tatsächlich haben Forscher herausgefunden, dass jeder Mensch pro Tag 1,5 Gramm Hautschuppen verliert. Das reicht aus, um eine Million Milben einen Tag lang satt zu bekommen.** Und dieses Aroma aus Informationen über uns, liegt selbst noch dann in der Luft, wenn wir uns schon lange aus dem Staub gemacht haben. Wie lange? Das ist schwer zu sagen, denn einzelne Zellarten haben eine unterschiedliche Lebensdauer. Hautzellen zum Beispiel sind bereits nach ca. 36 Stunden von Bakterien zersetzt. Eine Darmzelle lebt etwas länger. Bestimmte Blutzellen können sogar noch nach 120 Tagen nachgewiesen werden.***

* Holzkirchner Merkur 15.03.2010
** Axel Bojanowski: »Am Staube hängt doch alles«, in der Süddeutschen Zeitung Nr. 58 2002
*** vgl.: Nasenarbeit, unter: http://www.nasenarbeit.de/html/individualgeruch.html (abgerufen am 14.12.2011.)

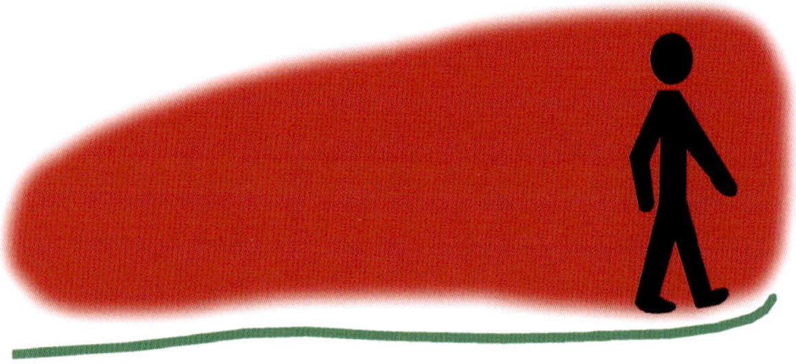

Geruchswolke eines sich bewegenden Menschen.

Geruch verhält sich ganz anders als die Welt der festen Materie, die wir mit den Augen wahrnehmen. Er tanzt in der Luft, er bewegt sich, wabert und flimmert. Er liegt in Schichten übereinander und ist nie plötzlich weg. Gerüche haben eine Lebensdauer. Je intensiver der Duft, desto niedriger das Alter. Und das ist schon beinahe alles, was wir über Geruch wissen. Hunde sind zwar nicht die einzige Tierart, die so gut mit der Nase »sehen« kann. Haie zum Beispiel können auch sehr gut riechen. Aber Hunde sind insofern einzigartig, weil sie sich als einzige Spezies derart für den Menschen begeistern, dass sie bereit sind, eng mit ihm zusammenzuarbeiten. Diese Zusammenarbeit geht so weit, dass sie sich dazu animieren lassen, dem Duft einer fremden Person zu folgen. Doch wie machen Hunde das? Sie nehmen nicht nur feinste Gerüche wahr, sie registrieren auch kleinste Veränderungen im Zersetzungsprozess dieser Düfte. So können sie eine Laufrichtung bestimmen. Denn die Frische eines Duftes wie Individualgeruch nimmt in der Richtung zu, in die eine Person gegangen ist. Und diese Fähigkeit, die Bewegungsrichtung eines Geruchs zu bestimmen, kann durch kein technisches Gerät dieser Welt ersetzt werden. So funktioniert Mantrailing.

Praxistipp

Spuren, die ein längeres Liegealter haben, arbeiten die Hunde nicht unbedingt spurtreuer, aber sie arbeiten sie ruhiger. Der Geruch scheint nicht mehr so in der Luft zu tänzeln und zu flimmern, sondern sich bereits irgendwo abgesetzt zu haben. Eine zwei Tage alte Spur arbeitet der Hund oft wie auf Schienen. Eine frische Spur kann wie ein Rodeoreiten sein.

An sich spielt das Spuralter, solange es in einem gewissen Rahmen bleibt, bei der Ausbildung keine große Rolle. Es muss auch nicht sukzessive gesteigert werden, indem man den Trail erst eine Stunde, dann zwei, dann drei usw. vor Übungsbeginn legt. Ein Sprung beim Liegealter von einer Stunde auf 12 oder 24 Stunden ist ohne Zwischenschritte möglich. Nochmal: Die Hunde können bereits trailen, wir brauchen es ihnen nicht beizubringen. Wenn die Hunde Fehler machen, dann solche, die sie auch bei frischen Trails machen würden.

5.2 Geruchstheorien: Wenn Blinde von Farbe reden

Wir wissen weder wo Geruch liegt, noch wie lange er wahrnehmbar ist. Es gibt lediglich Vermutungen darüber, wie sich dieser Geruchscocktail in unserer Umwelt verteilt und wie lange er braucht, um komplett zu verschwinden. Es wird spekuliert, welchen Einfluss Regen, Wind, Kälte und Hitze haben und Theorien entwickelt, bei welchen Temperaturen Trailen nicht mehr funktionieren kann, weil das Bakterienwachstum stoppt. Manche behaupten, dass starker Wind einen Geruch derart zerfetzt und so weit fortträgt, dass keine Aussicht mehr bestünde, ihn bis zu seiner Quelle, also der gesuchten Person, zu verfolgen. Aber das sind alles nur Theorien, die auf Annahmen oder einzelnen Erfahrungswerten gründen. Zugegeben, für unseren Verstand klingen sie logisch. Tatsächlich wissen wir aber nicht, was die Hunde suchen, denn es gibt nur sehr wenig, was wir über Geruch gesichert wissen.

Ich misstraue nicht der Realität, von der ich ja so gut wie gar nichts weiß, sondern dem Bild von Realität, das uns unsere Sinne vermitteln, und das unvollkommen und beschränkt ist.

Gerhard Richter, deutscher Maler, Bildhauer und Fotograf

Ich erinnere mich an einen Einsatz im Winter, es war Februar oder März. Der Deutsche Wetterdienst hatte für diesen Tag eine Unwetterwarnung herausgegeben. Ein Schneesturm mit Orkanböen tobte. Kurz gesagt, es herrschten Bedingungen, wo man aus dem Bauch heraus sagen würde, Trailen ist unmöglich. Der Geruch wird weggeblasen, zerrissen oder was auch immer. Wir haben es trotzdem probiert und siehe da, auch bei diesem Einsatz die vermisste Person gefunden. Die Bäume bogen sich unter den Windböen schier bis zum Boden, aber der Hund hat gearbeitet wie immer. Der Sturm schien ihn nicht weiter zu stören. Manchmal funktioniert Trailen eben entgegen jeder Theorie. Dieselbe Erfahrung habe ich auch schon bei großer Hitze gemacht. Zum Beispiel bei einem Trail, an dessen Ende jemand mit dem Auto abgeholt wurde. Es herrschten über 35° Celsius Lufttemperatur und gemessene 60° Celsius direkt über dem Asphalt. Zwar stellen wir uns nicht die Frage, ob es unter anderen Bedingungen noch besser klappen würde, aber meine Erfahrung ist, dass Trailen trotz Hitze, Kälte, Sturm und starkem Regen machbar ist.

Mantrailing ist zwar keine Wissenschaft ...

... aber ich kann mit wissenschaftlicher Gründlichkeit trainieren. Das bedeutet, sorgsam und genau zu sein und jederzeit bereit, eine aufgestellte These in Frage zu stellen, wenn sie sich unter einem anderen Blickwinkel nicht mehr halten lässt.

Im Grunde gibt es nur ganz wenig, dessen wir uns wirklich sicher sein können. Wir wissen, der Hund sucht Individualgeruch. Schon die Frage, was überhaupt Individualgeruch ist, können wir nicht beantworten. Wir kennen vielleicht einige Elemente daraus, aber längst nicht alle. Düfte bestehen aus vielen unterschiedlichen Komponenten. Sie sind komplizierte Gemische. Was als unverwechselbarer Duft wahrgenommen wird, ist in der Regel ein Gemenge aus hunderten oder tausenden andersartigen Molekülen. Nun gibt es verschiedene Theorien über menschlichen Geruch und darüber, wie Hunde es schaffen, ihn zu verfolgen. Eine dieser Theorien teilt die Bestandteile des Individualgeruchs in zwei Gruppen ein: Die erste Kategorie besteht demnach aus »klebenden« oder »schwereren« Bestandteilen, die zweite aus »leichten« oder »schwebenden« Komponenten. Die »schweren« Bestandteile liegen angeblich nahe an der tatsächlich gelaufenen Spur, während die »schwebenden« Teilchen weiter weggeblasen werden. Angesichts der Tatsache, dass wir noch nicht einmal wissen, aus wie vielen Komponenten menschlicher Geruch überhaupt besteht, eine sehr gewagte Theorie. Und selbst wenn sie zutreffend wäre, wissen wir immer noch nicht, wo diese »schweren« bzw. »leichten« Komponenten überhaupt liegen. Und wir wissen nicht, welche dieser Bestandteile unser Hund überhaupt sucht.

Wie ungeheuer rätselhaft Mantrailing selbst nach vielen Jahren Erfahrung noch immer ist, wurde mir durch ein Erlebnis auf einer Amerikareise klar:
New York City, besonders die Insel Manhattan ist berühmt für seine Hochhäuser. Mehr als 5.000 Wolkenkratzer tummeln sich auf diesem begrenzten Stück Land. Auch in dem berühmten Finanzviertel rund um die Wallstreet reiht sich ein Skyscraper an den nächsten. Im Jahre 2008 waren meine damalige Frau Tanja und ich zu Besuch bei amerikanischen Freunden. An einem Tag haben wir für deren Hunde einen Trail durch Manhattan gelegt, der im Börsenviertel endete. Tanja, die der Läufer gewesen war, stand

in ihrer Daunenjacke an ein Gebäude gelehnt, und als der Hund sie fand und freudig ansprang, zerriss er dabei mit seinen Krallen eine Kammer der Jacke. In Sekundenschnelle schossen die Federn mehr als hundert Meter in die Höhe und verteilten sich über die Wolkenkratzer hinweg ein paar Blocks weit im Viertel. Als wir später zur U-Bahn Station liefen, sahen wir in den Straßen rund um die Börse vereinzelt Federn liegen.

Durch dieses Erlebnis wurden mir zwei Dinge klar: Erstens, wie unwahrscheinlich es ist, dass irgendwelche Geruchsmoleküle allein aufgrund ihres Gewichts nahe der gelaufenen Spur liegen.

Zweitens, wie außerordentlich schnell sich Geruch selbst unter normalen Windverhältnissen ausbreiten kann. Wenn schon »schwere« Federn in Sekundenschnelle weit fliegen, wie schnell und weit dann erst Geruch! Vergleichbar ist diese Geruchsverbreitung vielleicht mit einem Tropfen Blut, den man in ein Glas Wasser träufelt, und in null Komma nichts ist das ganze Wasser eingefärbt. So ähnlich verhält es sich wohl, wenn ein Mensch aus einem Gebäude auf die Straße tritt, und einen Augenblick später ist die Umgebung weiträumig mit seinem Geruch kontaminiert.

Eine andere Geruchstheorie besagt, dass der Hund unterschiedliche Komponenten aus dem menschlichen Duft benutzt, um spezielle Informationen zu erhalten. So sollen die einen Bestandteile ihm etwas über das Alter des Geruchs verraten, andere sollen Aufschluss geben über die Verfassung oder das Geschlecht der Person, deren Duft der Hund auf der Spur ist. Auch diese Theorie nützt in der Praxis wenig. Denn niemand weiß, wo diese Bestandteile liegen bzw. schweben. An unterschiedlichen Stellen oder beieinander? Aus all diesen Ungewissheiten lässt sich nur der Schluss ziehen, dass es kaum möglich ist, den Hund überhaupt auszubilden. Letztendlich sind all diese Theorien nur Modelle, anhand derer wir Menschen zu verstehen versuchen, warum unsere Hunde zu diesen enormen Leistungen fähig sind. Zu meinen, sie am Geruch auszubilden, ist reine Einbildung. Wir wissen ja noch nicht einmal, was genau die Hunde überhaupt suchen. Allein ihre Bereitschaft, mit uns zusammen zu arbeiten, können wir fördern. Ist der Hund willens, unser Ziel zu seinem eigenen zu machen, können wir nichts anderes tun, als ihn arbeiten zu lassen. Mantrailing kann man daher nur empirisch angehen und schauen, wie der Hund zum Erfolg kommt.

Und dabei lässt sich feststellen: Es gibt Hunde, die bewegen sich überwiegend relativ nahe an der tatsächlich gelaufenen Spur und es gibt Hunde, die bewegen sich meistens an der »Grenze« des gesuchten Geruchs. Zumindest stellen wir es uns als Geruchsgrenze vor, wenn wir einen Hund beobachten, der in größerer Entfernung zu dem tatsächlich gelaufenen Trail arbeitet. Aber diese Einteilung in spurtreue Hunde und sogenannte »Grenzgänger« ist ebenfalls nur eine Theorie und basiert nicht auf wissenschaftlichen Erkenntnissen.

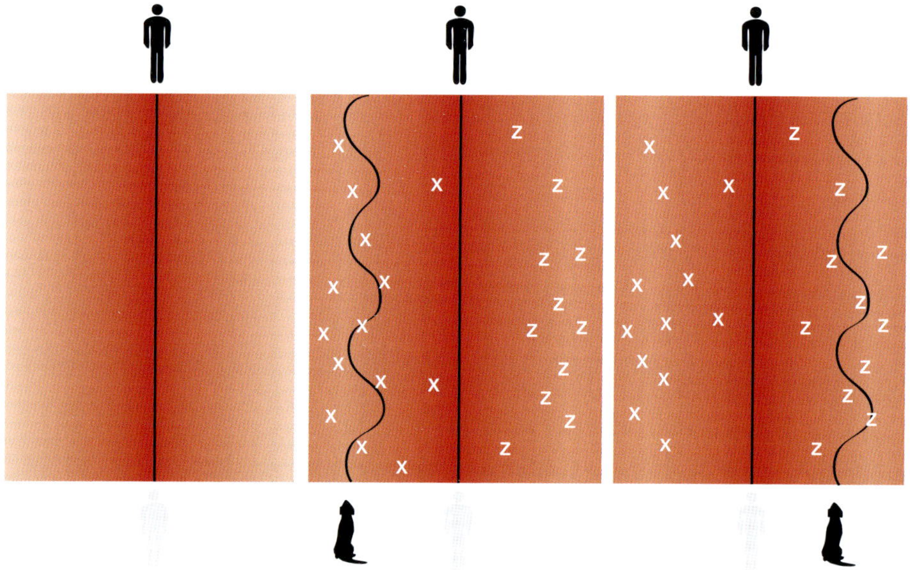

Bilder wie diese suggerieren durch die Farbverteilung, dass dort, wo der Spurleger gegangen ist, eine größere Dichte an Geruchspartikeln ist, als weiter weg von der gelaufenen Spur. Das ist eine Annahme. Sie kann stimmen oder auch nicht. Aus dieser Annahme heraus, ist der Begriff des »Grenzgängers« entstanden. Im Gegensatz zum spurnah arbeitenden Hund orientiert sich der »Grenzgänger« an der Kante oder an dem Kontrast zwischen »hier ist noch Geruch« und »hier ist kaum mehr Geruch«.

Ich habe einige Jahre nach dieser Theorie der »Grenzgänger« und spurnahen Hunde gedacht und bin im Training gut dabei gefahren. Doch längst nicht alle Phänomene lassen sich mit diesem Modell zufriedenstellend erklären. Daher halte ich mittlerweile eine andere Theorie für mindestens ebenso wahrscheinlich:
Es gibt Komponenten im Geruch, die nahe an der Spur liegen, andere liegen weiter weg. Soweit stimmen die meisten Theorien immerhin überein. Denkbar ist, und jetzt komme ich zu meiner neuen These, dass der sogenannte »Grenzgänger« zwar räumlich gesehen weiter weg von der gelaufenen Spur, aber keinesfalls an einer Geruchsgrenze, sondern im Zentrum des für ihn wichtigen Geruchs ist. Es ist möglich, und ich halte es mittlerweile sogar für wahrscheinlich, dass das, was dieser »Grenzgänger« sucht, am meisten dort vorhanden ist, wo dieser Hund arbeitet. Das bedeutet, der »Grenzgänger« arbeitet unter Umständen nicht dort, wo wir meinen, dass wenig Geruch ist, sondern dort, wo die Bestandteile, die dieser Hund sucht, am meisten vorhanden sind. Falls diese These stimmt, ist der Begriff »Grenzgänger« irreführend. Zumindest scheint es so zu sein, dass Hunde sich individuell

unterschiedliche Komponenten aus dem komplexen Duftcocktail des menschlichen Geruchs heraussuchen. Hund A verfolgt einen anderen Bestandteil desselben Duftes, als Hund B oder C. Ähnlich wie eine Spaghettisauce aus verschiedenen Zutaten besteht, nimmt der eine Hund das Basilikum, der nächste den Oregano und der dritte den Rosmarin als Leitgeruch, aber alle Hunde folgen im Endeffekt derselben Duftkomposition, nämlich der »Spaghettisauce«. Ich vertrete also die Ansicht, dass diese Geruchsansammlung nahe an der Spur, wie es die Farbdichte in der Zeichnung auf Seite 212 suggeriert, eventuell so gar nicht existiert. Möglicherweise gibt es anstatt dichtem und weniger dichtem Geruch einfach einen breiten Korridor, in dem verschiedene Komponenten des Geruchs liegen. Und so wie diese Komponenten in dem Korridor liegen, laufen die entsprechenden Typen von Hunden. Das würde bedeuten, dass es nicht darauf ankommt, ob irgendwo viel (spurnaher Hund) oder wenig (Grenzgänger) Geruch ist, sondern darauf, welche Bestandteile aus der Duftkomposition sich der jeweilige Hund als Leitgeruch sucht. Ich stelle mir Geruch in diesem Fall wie die Musik eines großen Orchesters vor.

Zwar gibt es einen gemeinsamen Klang, der aus dem Zusammenspiel aller Instrumente entsteht, aber vielleicht folgt ein Zuhörer mehr den Bläsern, der andere mehr den Streichinstrumenten und für den nächsten ist das Klavier das vorherrschende Instrument. Übertragen auf den Mantrailer würde das bedeuten, Hund A, der sich für die Komponente x interessiert, läuft da, wo x am stärksten ist. Das kann entweder nahe an der tatsächlich gelaufenen Spur sein oder weiter weg, je nachdem, wo vorwiegend x liegt.

5.3 Das »Prinzip Postkutsche«

Es ist leichter, Hunde zu trainieren, die spurnah arbeiten. Denn wenn sich diese Hunde im Trailverlauf weiter als üblich von der gelaufenen Spur entfernen, ist das ein Hinweis darauf, dass sie möglicherweise etwas anderes als der gesuchte Geruch dorthin zieht. Das ist nicht jedes Mal so, aber erfahrungsgemäß ist die Wahrscheinlichkeit hoch. Beim sogenannten »Grenzgänger« hingegen gibt mir die Entfernung zur tatsächlich gelaufenen Spur als Ausbilder keinen Hinweis darauf, ob der Hund sich durch einen anderen Geruch ablenken lässt.

Es ist zwar angenehm, einen Hund zu haben, der von Haus aus nahe an der Spur arbeitet, aber ich kann einen Hund nicht spurnah ausbilden. Ich kann ihn zwar während des Trainings nahe an der Spur halten, aber sobald niemand mehr den Trailverlauf kennt, endet jede Theorie. Der Hund wird so arbeiten, wie er es für richtig hält bzw. wie es seiner Veranlagung entspricht. Ich kann also nur beobachten: Wie kommt dieser spezielle Hund zum Erfolg?

Aufgrund meiner bisherigen Erfahrung behaupte ich auch, dass das sogenannte »Anstückeln« nicht funktioniert. Beim »Anstückeln« wird, nach dem Prinzip der früheren Postkutschenstationen, auf einem langen Trailverlauf der nächste Hund da angesetzt, wo sein Vorgänger aufgehört hat zu suchen. Ist der erste Hund müde oder kommt aus irgendwelchen Gründen nicht mehr weiter, wird der zweite Hund an dieser Stelle gestartet. Aber wer weiß denn, ob dieser zweite Hund genau die Bestandteile sucht, die auch der erste gesucht hat? Oder dass diese Bestandteile, die der zweite Hund sucht, überhaupt dort liegen?

In sieben Jahren Einsatzerfahrung sind mein damaliger Bluthund JoJo und seine Schwester Joosy noch nie exakt denselben Trail gelaufen. Beide Hunde wurden bei jedem Einsatz nacheinander gestartet. Der zeitliche Abstand war so groß, dass weder mein Kollege Gerald Schaller noch ich mitbekommen habe, in welche Richtung der andere losgegangen ist. Beide Hunde sind niemals in entgegengesetzte Richtungen gelaufen, aber sie liefen die Trails auch nie komplett gleich, sondern meistens versetzt. Immer sind sie immer zum selben Ergebnis gekommen, nur auf verschiedenen Wegen. Joosy hatte die Tendenz, nahe an der Spur zu gehen, während JoJo eher der Typ Grenzgänger war, also entweder da suchte, wo nur noch wenig Geruch war oder solche Bestandteile, die nicht spurnah liegen, je nachdem, welche Theorie nun stimmt.

Beide Hunde gehörten nicht nur zu derselben Rasse, sondern waren sogar Wurfgeschwister. Aber es war uns aufgrund des unterschiedlichen Suchverhaltens nie gelungen, mitten im Trailverlauf den einen Hund da zu starten, wo der andere gestoppt worden war. Das gelang nur an Stellen, wo der Spurleger sich definitiv aufgehalten hatte. Warum? Das gehört zu den vielen noch offenen Fragen über Mantrailing und Geruch.

Angesichts dieser Erfahrung habe ich große Zweifel, ob das Prinzip »Postkutsche« irgendeinen Sinn hat. Meines Erachtens ist es nicht ohne weiteres möglich, mitten im Trailverlauf die Hunde zu wechseln. Es kann nur dann funktionieren, wenn ich die gelaufene Spur kenne und den zweiten Hund an einer Stelle ansetzen kann, an der der Spurleger tatsächlich war. Denn dort, wo die gelaufene Spur ist, scheint jeder Hund, egal, wie er danach weiterarbeitet, etwas zu finden, mit dem er starten kann. Setze ich den zweiten Hund jedoch an einer Stelle an, zu der der erste Hund zwar aufgrund seiner Komponentensuche hingearbeitet hat, wo der Spurleger aber tatsächlich nie war, gleicht das Ganze einer Lotterie.

5.4 Rückwärtstrailen, geht das?

Eine Spur entgegen ihrer Laufrichtung zu verfolgen, macht biologisch betrachtet wenig Sinn. Denn ein Beutegreifer, der einem Geruch rückwärts folgt, wird natürlich nichts fangen. Trotzdem kann man hin und wieder beobachten, dass Hunde einem Trail über kurze Abschnitte entgegen der Laufrichtung nachgehen. Wie kann das sein? Ich habe dazu folgende Theorie:

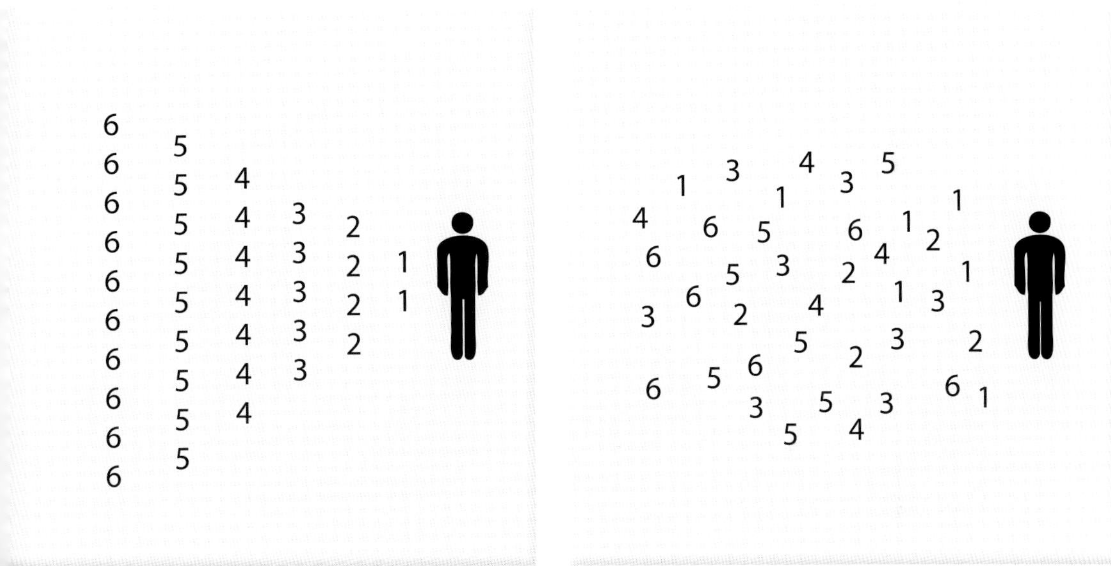

Wenn ein Lebewesen Geruch verliert, kann man das zwar schematisch so darstellen, dass die frischeren Partikel schön aufgereiht vor den älteren liegen, und so eine Spur aus ordentlich nach dem Alter sortierten Geruchskomponenten entsteht. Das wird aber in der Realität kaum möglich sein, denn sobald die Partikel den Körper verlassen, werden sie durch den Luftstrom durcheinandergewirbelt. Daher stelle ich mir vor, dass ein Hund, der einer Spur rückwärts folgt, sich erst in den durcheinandergewirbelten Informationen über das Geruchsalter zurechtfinden muss, ähnlich wie in einem Gewirr aus Puzzlesteinen, die noch unsortiert herumliegen.

Einen Hund so auszubilden, dass er einen Trail sowohl vorwärts als auch rückwärts laufen kann, halte ich für unmöglich, weil es gegen seine genetische Veranlagung geht.

1. Für das »Augentier« Mensch total offensichtlich: Die gesuchte Person sitzt am roten Pfeiler.

2. Bluthündin Hippie »riecht« das anders. Sie verlässt sich auf ihre Nase und findet zunächst den herumliegenden Geruch der Zielperson, die sich seit ca. 15 Minuten im Schalterraum aufhält.

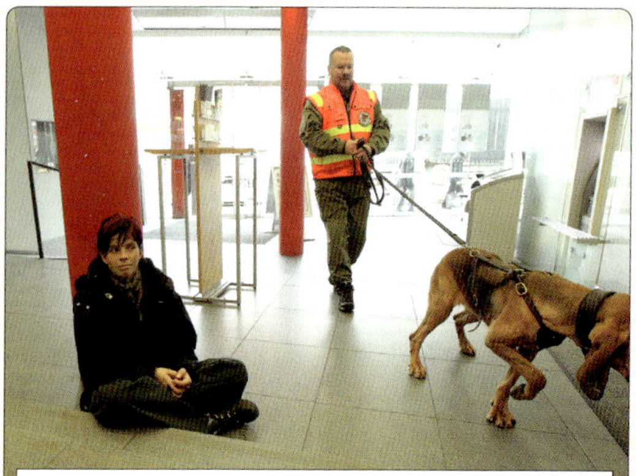

3. Polizeihauptmeister Jörg Kempe folgt seinem geprüften Einsatzhund …

4. … mit Geduld …

5.5 Das Ziel – so nah und doch so fern

Vielleicht haben Sie folgende Situation selbst schon erlebt oder beobachtet: Im Zielgebiet, also in der Nähe der gesuchten Person, haben Trailer oft Schwierigkeiten, diese genau zu lokalisieren. Die Hunde kreisen mehr oder weniger weiträumig um den Spurleger, könnten ihn mitunter sogar ohne weiteres sehen, brauchen aber auf den letzten Metern erstaunlich viel Zeit. Prinzipiell kommen die Mantrailer auch bis zur Quelle, also zur Zielperson, wenn der Hundeführer sich die Zeit nimmt, die der Hund zum Ausarbeiten braucht. Im Einsatz haben wir die notwendige Zeit dazu nicht und setzen daher zusätzliche Kräfte ein, wenn wir merken, dass der Hund in einem Meer aus Geruch »ins Schwimmen kommt«. In den Trainings hingegen nehmen wir uns diese Zeit schon. Doch wie entsteht dieses Phänomen überhaupt?

5. … auch mehrmals direkt an der Zielperson vorbei …

6. … und verlässt sich auf die Nase seines Hundes.

7. Eine Situation, die für Laien schwer verständlich ist.

8. Für Experten ist sie aber umso glaubwürdiger, weil der Hund nicht auf einen anderen Sinn – die Augen – umschaltet.

Wichtig

Der Hund darf nicht über Ohren oder Augen zum Erfolg kommen. Das passiert vor allem dann, wenn die Spurleger sich bemerkbar machen, um dem Vierbeiner zu helfen. Was der Hund dabei lernt, ist, im Zielgebiet auf einen anderen Sinn zu wechseln, also auf Augen oder Ohren. Als Folge des Umschaltens auf die optische oder akustische Wahrnehmung zeigt er irgendeine Person an, die sich im Zielgebiet aufhält.

Ursache für die lange Ausarbeitungszeit im Zielgebiet sind sogenannte Geruchspools. Sie entstehen, wenn ein Mensch sich über längere Zeit an derselben Stelle aufhält. In Einsatzfällen können das viele Stunden oder sogar mehrere Tage sein.

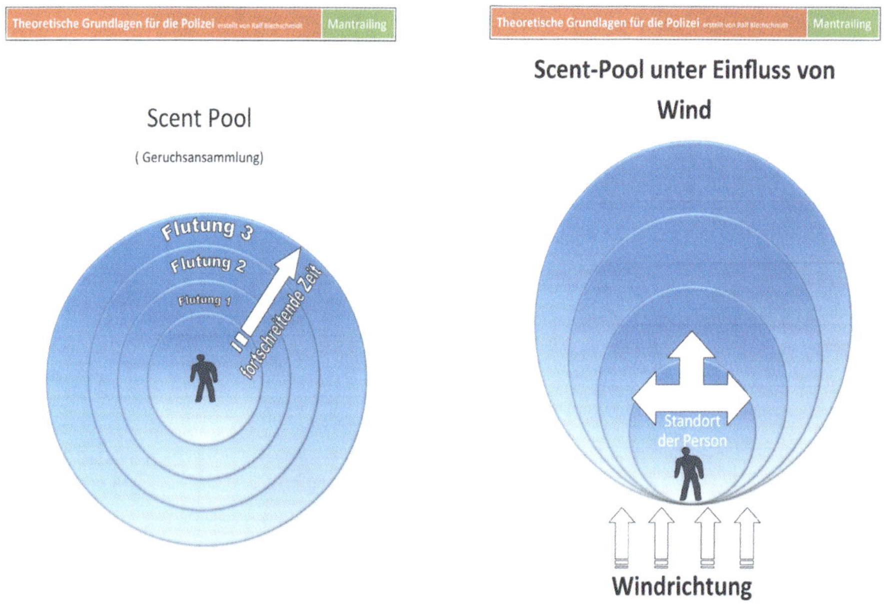

Scent Pool: Entstehung und Ausdehnung.

Was ist das Schwierige am Geruchspool? Da wir Menschen hauptsächlich visuell veranlagt sind, erkläre ich das gerne an folgendem Vergleichsmodell:

Stellen Sie sich vor, ich halte verschiedene Kärtchen in meiner Hand, jedes hat eine andere Farbe. Ich präsentiere Ihnen das gelbe Kärtchen und bitte Sie dann, mir in einem Haus mit verschieden farbigen Räumen das gelb gestrichene Zimmer zu zeigen. Diese Aufgabe werden Sie sehr schnell lösen können. Sie gehen in jedes Zimmer, sehen, das eine ist blau, das andere grün, das nächste rot, und irgendwann stehen Sie im gelben Zimmer. Mit Hilfe Ihres Sehsinns haben Sie die Aufgabe ruck, zuck gelöst. Jetzt wird es schwerer: Als Nächstes bitte ich Sie, mir in diesem gelben Zimmer den frischesten gelben Fleck, den ich eben an die Wand getupft habe, zu suchen. Nun haben Sie höchstwahrscheinlich ein Problem. Denn allein mit den Augen können Sie die frischere von der älteren Farbe nur schwer oder gar nicht unterscheiden. Deshalb nehmen Sie andere Sinne zur Hilfe: Sie tasten nach einer feuchten Stelle, Sie versuchen herauszufinden, ob es irgendwo nach frischer Farbe riecht. Der Hund im Geruchspool steht vor dem gleichen Problem. Er kann kaum die frischeste Stelle finden, da es im Zielgebiet überall frisch nach diesem Menschen riecht. Er »sieht« also überall nur gelbe Farbe. Da wir unseren Hunden nicht beibringen, den Sinn zu wechseln, also anstatt nur mit der Nase zu arbeiten, auf Ohren oder Augen umzuschalten, kann der Hund keinen anderen Sinn zur Hilfe nehmen. Er muss bei der Nase bleiben, denn alles andere wäre fatal. Das heißt, auf unser Beispiel übertragen, der Mensch im gelben Zimmer muss allein anhand des optischen Unterschieds herausfinden, wo der frischeste gelbe Fleck ist. Es bleibt ihm nichts anderes übrig, als den ganzen Raum durchzugehen, Millimeter für Millimeter, und ganz genau hinzuschauen, ob irgendwo etwas feucht glänzt. Vielleicht guckt er erst dreimal über den frischen Fleck hinweg, bis er irgendwann merkt: Moment mal, da ist frische Farbe. Das heißt, wenn ich Ihnen die Zeit gebe, können Sie die Aufgabe bewältigen. Aber die Zeit haben wir in einem Einsatz nicht. Daher findet oft nicht der Mantrailer die gesuchte Person, sondern diejenigen Einsatzkräfte, die hinzugezogen werden, wenn der Hund in einem Geruchspool kreist.

Wenn die Hunde uns diesen Geruchspool deutlich zeigen, dann sagen sie: »Es geht nicht weg von hier.« Es ist ohne weiteres möglich, dass ein Team dreißig, vierzig- ja hundertmal im Zielgebiet hin und her läuft, bis der Hund den frischesten gelben Fleck, also das Opfer, findet. Und hier tritt auch einer der Unterschiede zwischen einem Bluthund und den Vertretern anderer Rassen zutage: Mit einem Bluthund könnte man einen ganzen Tag durch so einen Geruchspool laufen, der würde nicht aufgeben. Ein anderer Hund macht vielleicht zehn Versuche und hört dann auf, weil er merkt, er kommt nicht weiter. Mit Aufhören meine ich aber nicht, dass er zum Stillstand kommt, im Gegenteil. Viele Vertreter anderer Rassen habe ich aus dem Zielgebiet davonrennen sehen, weil sie die Frustration, trotz des vielen frischen Geruchs nicht zu finden, nicht aushalten. Andere kommen zu Fehlanzeigen. Sie nutzen das Auge und halten Ausschau nach dem vermeintlichen Spurleger. Wenn wir in einem Einsatz in so einen Geruchspool geraten, brechen wir an dieser Stelle die Suche mit dem Bluthund ab und setzen wenn möglich Flächenhunde ein. Den Flächenhund interessiert die ganze »gelbe Farbe«, also der Geruchspool, nicht. Sondern den interessiert nur die Düse, die die gelbe Farbe versprüht, nämlich die Quelle. Deswegen nennt man Flächenhunde auch Quellensucher. Für diese Hunde ist es überhaupt kein Problem, in diesem Geruchspool sogleich die Quelle zu finden, weil sie nicht nach Individualgeruch suchen, also nach einem bestimmten Menschen, sondern nach der Quelle von frischem menschlichem Geruch im Allgemeinen. Entsprechend unseres Farbbeispiels könnte man sagen, dem Flächenhund ist egal, welche Farbe aus der Düse kommt, blau, rot oder gelb, er sucht einfach den Geruch frischer Farbe und kommt deswegen im gelben Zimmer sofort ans Ziel.

Sagt die Nase »Hier ist Geruch des Gesuchten«, kann schon mal das Auge eine Schaufensterpuppe zum vermeidlichen Spurleger erklären. Wäre die Puppe ein Passant, würde dem Hund wahrscheinlich unterstellt, den Geruch gewechselt zu haben.

Elke und Linus kommen ins Zielgebiet. Noch haben beide keine Ahnung, dass rechts auf dem Container die versteckte Person liegt.

1. *Linus zeigt an, wo Geruch liegt. Am Rand des Containers …*

2. *… und auf der gegenüberliegenden Seite ebenfalls.*

3. Sogar oben in der Luft scheint frischer Geruch zu sein. Spätestens jetzt erhält Elke den Hinweis, dass die versteckte Person erhöht liegen könnte.

4. Die Suche geht weiter, bis schließlich irgendwann ...

5. ... die Geruchsquelle ausgemacht werden kann.

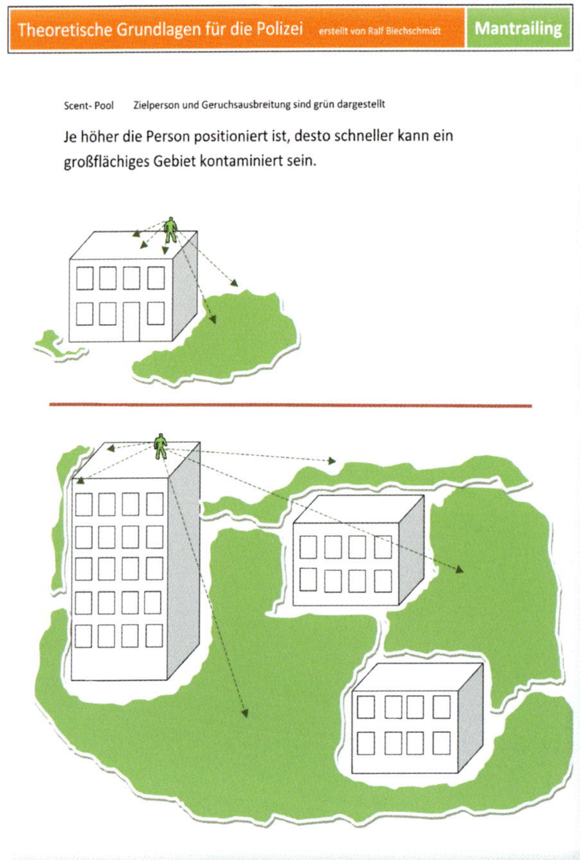

Je höher die Person positioniert ist, desto schneller kann sich der Geruch großflächig verteilen. Es kann ohne weiteres sein, dass der Hund erst einmal an der Person vorbeiläuft oder diese nicht findet. So wie wir im gelben Zimmer den frischesten gelben Fleck vielleicht zuerst übersehen oder auch nie finden. Aber wir verlassen während der Suche das gelbe Zimmer nicht. Das heißt, der Hund sollte diesen Geruchspool nicht verlassen.

Der Geruch, den ein Mensch verströmt, ist keine Linie und auch keine zweidimensionale Fläche, kein Teppich. Geruch ist ein dreidimensionales Gebilde. Je schneller und eindeutiger sich die Zielperson in eine Richtung bewegt, desto einfacher ist der Trail. Aber auch in der Bewegung können kleine Geruchspools entstehen.

Bei so einem kleinen Geruchspool, verursacht durch die spezifische Beschaffenheit der Umgebung und Luftverwirbelungen, ist in Nischen plötzlich mehr Geruch der gesuchten Person als auf der eigentlichen Wegstrecke. Für einen geübten Hund kein Problem.

Praxistipp

Training unter Einsatzbedingungen: Für einsatzrelevante Trainings wird gerne Folgendes vergessen: Wir legen eine Spur, die drei Tage später abgearbeitet werden soll. Der Spurleger wird kurz vor dem Start wieder an das Spurende gebracht. Das sind aber längst nicht dieselben Bedingungen wie im Realeinsatz. Wenn ein Mensch tatsächlich vermisst wird, liegt der unter Umständen drei Tage lang an einer Stelle oder – noch schlimmer – er bewegt sich die ganze Zeit über. Das heißt, die Geruchsverteilung ist völlig anders als im Training. Ideal für Einsatzteams ist, wenn sich im Sommer jemand findet, der bereit ist, mindestens eine Nacht draußen zu verbringen, um sich dann finden zu lassen. Eine andere Möglichkeit ist, Leute, die in einem Zeltlager sind, anzusprechen, ob sie sich als Helfer zur Verfügung stellen würden.

5.6 Das Tetralemma

Ich erinnere mich an einen nächtlichen Einsatz vor vielen Jahren, als wir noch keine GPS-Geräte hatten. Um den Weg, den wir in der Suche gegangen waren, zu markieren, haben wir Trassierband und hin und wieder auch Klopapier benutzt. In diesem speziellen Einsatz suchten wir einen Selbstmörder, kamen in der Nacht aber zu keinem Ergebnis, außer dass unsere Bluthunde aus einem bestimmten Waldstück nicht mehr rausgingen. Wir leuchteten den Wald mithilfe der Feuerwehr daraufhin sogar aus, konnten aber niemanden entdecken. Am nächsten Morgen ging die Polizei noch mal in den Wald hinein und dem Klopapier nach. Keine zwei Meter neben einem der Klopapierschnipsel hing die Leiche an einem Baum. Wie kann so etwas passieren?

Die Sinne sind die Brücke vom Unfassbaren zum Fassbaren.

August Macke, deutscher Maler

Für Leute, die sich noch nicht viel mit Mantrailing auseinandergesetzt haben, ist es schwer zu verstehen: Die Hunde können einen Trail mehrere Kilometer richtig verfolgen, haben aber im Zielgebiet Probleme, die Person, die in unmittelbarer Nähe ist, zu finden. Wie schon weiter oben erklärt, ist eine Ursache dafür der Geruchspool, also das »gelbe Zimmer«. Die Hunde suchen nicht die Person an sich, sondern etwas für uns nicht Wahrnehmbares, nämlich den hinterlassenen Geruch dieses Menschen. Ein kleiner, aber feiner Unterschied. Wird der Hund über den Geruch in der Tüte gestartet, bekommt er den Auftrag: »Such mir diesen speziellen Geruch!« Aber nicht: »Suche mir diesen speziellen Menschen!« Anders gesagt, die Tüte sagt nicht: »Such Sarah!« sondern »Such Sarahs Geruch!« Der Hund hat nur den Auftrag, abgegebenen Geruch zu suchen, nicht die Person an sich. Das ist geruchlich möglicherweise identisch aber nicht örtlich. Im Zielgebiet läuft der Hund permanent in einer Wolke aus diesem abgegebenen oder hinterlassenen Geruch (gelbes Zimmer) und muss darin die Quelle (frischester gelber Fleck) finden. Die besondere Schwierigkeit für den Mantrailer scheint darin zu bestehen, im Zielgebiet innerhalb des liegenden abgegebenen Idividualgeruchs die Individulgeruchsquelle zu finden, nämlich den Menschen.

Gründe, warum Hunde im Zielgebiet nicht finden, obwohl die gesuchte Person sich dort aufhält

1. **Der Hundeführer verliert die Geduld und gibt dem Hund dadurch nicht genügend Zeit zum Ausarbeiten der Situation.**

2. **Der Hund ermüdet oder bricht ab, weil er mit seiner Strategie nicht zum Erfolg kommt.**

3. **Der Hund wechselt den Sinn und zeigt irgendeine Person an.**

4. **Der Hund schaltet nicht vom »aktivierten« Geruch auf Quellgeruch um.**

Im Falle des oben beschriebenen Einsatzes kam erschwerend hinzu, dass der Gesuchte bereits tot war und somit keinen frischen Quellgeruch mehr verströmte. Der frischeste gelbe Fleck im gelben Zimmer war sozusagen schon trocken geworden.

Es gibt also mehrere gute Gründe, warum Hunde nicht direkt ankommen, obwohl die gesuchte Person in der Nähe ist. Im Einsatz oder anderen Situationen, bei denen ich den Trailverlauf nicht kenne, kann ich jedoch nicht sicher wissen, ob ich überhaupt in der Nähe des Zielgebietes bin, nur weil mein Hund von dieser Stelle nicht mehr wegkommt, ohne die Person zu finden. Es ist daher wichtig, alle Möglichkeiten vollständig im Protokoll zu nennen und sich nicht auf eine Deutung festzulegen, wenn man die Arbeit beendet. Vor allem, wenn der Trail in der Nähe eines Bahnhofes oder einer Bushaltestelle endet, liegt die Versuchung nahe anzunehmen, dass der vermisste Mensch mit dem Verkehrsmittel weggefahren sei. Das ist aber nur eine von insgesamt vier Möglichkeiten, die in dieser Situation in Frage kommen.

Daher gebe ich im Falle des Nicht-Findens Folgendes zu Protokoll:

1. Das Team hat womöglich Fehler gemacht. Der Hund ist »auch nur ein Mensch« und kann einen schlechten Tag haben, das kann passieren. Ebenso kann es sein, dass der Geruchsträger nicht eindeutig war. Arbeiten wir mit mindestens zwei Hunden unabhängig voneinander, so wie wir es mit JoJo und Joosy gemacht haben, und kommen zum ungefähr gleichen Ergebnis, scheidet Möglichkeit Nr. 1 aus. Denn zwei Hunde mit unterschiedlichen Geruchsträgern machen nicht plötzlich am selben Tag Blödsinn. Wenn ich aber nur einen Hund habe, muss ich das in Betracht ziehen.

2. Die zweite mögliche Antwort: Die Person ist noch in unmittelbarer Nähe, z.B. in einem Gebäude, an einer erhöhten Stelle oder aber im »Untergrund«, zum Beispiel in einem Kellerschacht. In unmittelbarer Nähe kann aber auch heißen, der Hundeführer ist in einem Tal und die Person liegt noch mehrere hundert Meter entfernt am Hang.

3. Die dritte Möglichkeit ist, die Person ist nicht mehr da. Sie ist weggefahren, mitgenommen worden. Die Wahrscheinlichkeit, dass sie vom Ende des Trails weggefahren oder noch in unmittelbarer Nähe ist, ist 50 : 50, denn das jeweilige Verhalten des Hundes ist dasselbe. Wer seriös Mantrailing betreibt, kann nichts anderes sagen. Ein und dasselbe Verhalten des Hundes kann bedeuten: Der Mensch ist in unmittelbarer Nähe, er liegt zum Beispiel auf einem Dach, ist in einem Gully, ist in ein Gebäude gegangen oder von hier aus in ein Auto gestiegen. Fakt ist, es gibt nicht d e n P u n k t, an dem Geruch endet. Der Hund wird daher nicht genau an der Stelle anzeigen, an der jemand den Fuß von der Straße genommen und in die Straßenbahn eingestiegen ist, hier endet Geruch.

4. Die vierte Möglichkeit ist, und auch das geben wir zu Protokoll, der Hund hat sich in einem Geruchspool festgebissen. Womöglich geht die Spur noch weiter, nur wir kommen derzeit hier nicht mehr weg. Obwohl wir vorher auf einem immer größer werdenden Außenkreis um den vermeintlichen Geruchspool herum, den Hund einen Ausgang haben suchen lassen.

Wer diese vier Antworten bei Nicht-Finden zu Protokoll gibt, zeigt Verantwortung und weiß, wovon er spricht. Wenn Sie also irgendwo nicht weiterkommen, dann denken Sie an das Tetralemma. *Tetra* kommt aus dem Griechischen und steht für die Zahl Vier. *Lemma* bedeutet Annahme. Somit gebe ich vier mögliche Annahmen zu Protokoll, die Ursachen für den Stillstand sein können.

nicht einfach ergebnislos abgebrochen. Der Hundeführer muss sich auch keine Sorgen darüber machen, ob sein Geruchsträger möglicherweise kontaminiert ist oder ob die gesuchte Person am Ansatzpunkt überhaupt war. In der Übung trägt der Ausbilder die Verantwortung und der Hundeführer kann sich vertrauensvoll fallen lassen. Nicht weil der Ausbilder ihn davor bewahrt, Fehler zu machen oder ihm den Weg zeigt, sondern weil klar ist, dass es am Ende ein Ergebnis geben wird. Allein die Gewissheit, dass es eine Lösung geben wird, verändert die Einstellung zur Sache enorm. Ich nenne diese Mischung aus Zuversicht und Vertrauen die Übungseinstellung.

5.7.1 Unterscheidet der Hund zwischen Übung und Einsatz?

Viele Hundeführer meinen, die Hunde würden zwischen Einsatz und Übung unterscheiden. Sie glauben, die Tiere wären im Ernstfall weniger motiviert, weil Einsätze oft ohne tatsächlichen Fund beendet werden. Ob die Hunde diesen Unterschied bemerken oder ob er für sie bedeutsam ist, wissen wir nicht. Was ich aber weiß ist, dass die Einstellung des Menschen für einen großen Unterscheid sorgt. Im Einsatz geht man innerlich schon mit angezogener Handbremse an den Start, weil die Chance zu finden geringer ist als die, erfolgreich zu sein. Das ist menschlich. Der Hund dagegen ist viel unbefangener, denn er bekommt von den Fakten des Einsatzes nichts mit. Er weiß nicht wer gesucht wird, wie lange der Vermisste schon abgängig ist, ob es sich um einen gewohnheitsmäßigen Ausreißer handelt, einen Suizid oder um einen mobilen Demenzkranken. Der Hundeführer dagegen wird mit den Fakten konfrontiert und hat dazu Erfahrungen und Gefühle abgespeichert. Gefühle wie »Den finde ich ja sowieso nicht« oder »bestimmt suchen wir wieder die halbe Nacht ohne Erfolg« oder »die Bahn ist in der Nähe, der ist bestimmt weggefahren«. Da der Hund die Stimmung des Hundeführers lesen kann – the shit runs down the leach – wird der eigentlich unbefangene Hund ebenfalls befangen. Für die Hunde wird der Unterschied zwischen Einsatz und Training erst bedeutsam, weil er für den Menschen bedeutungsvoll ist. Geht der Mensch schon mit »eingeklemmter Rute« an den Start, »klemmt« auch der Hund. Im Einsatz gibt es kein Feedback, es sei denn, man findet. Mit diesem Frust umgehen zu lernen macht erfolgreiche Teams erfolgreich.

Die erfolgreichsten Läufe im Einsatz finden meistens kurz nach der Beendigung der Ausbildung statt. Das weiß ich auch aus eigener Erfahrung. Da geht man noch voller Stolz und Überzeugung an jeden Start. Je mehr Einsätze man im Laufe der Zeit bestreitet, desto eher kommen Zweifel auf, und man muss lernen, mit der Frustration umzugehen, die Einsätze zwangsläufig mit sich bringen. Erfolgreiche Hundeführer können diesen Frust ausblenden und trotz vieler Einsätze, in denen sie nicht wissen, ob sie richtig gelegen sind, jedes Mal wieder mit Optimismus und Zuversicht starten. Diese Fähigkeit nennt man Resilienz, also seelische Widerstandskraft, und die lässt sich trainieren wie einen Muskel. Allerdings wird wenig getan, um die Hundeführer zu unterstützen, damit sie immer wieder guten Mutes an die Arbeit gehen. Fragen wie: »Verkraftest Du das oder überfordert es Dich?« und »Wie definierst Du Erfolg?« könnten helfen, sich mit diesem Thema auseinanderzusetzen. Die Übungseinstellung auf die Einsatzeinstellung zu übertragen, das wäre das Ziel eines Profis, der schon sehr weit in seiner Ausbildung und in seinem Verständnis vom Mantrailing ist Zu diesem Verständnis gehört auch, das Nicht-Ankommen als Teil des Mantrailings zu begreifen. Es gehört einfach dazu. Und letztendlich ist das Scheitern ein großer Lehrmeister.

Elke Grießmayer, Rettungshundestaffel DLRG OG Radolfzell
Linus, Bluthund
Dakota, Bluthund

BEISPIEL

Mantraileinsätze sind psychisch sehr belastend. Das sage ich jedem, der sich für diese Sparte interessiert. Die Belastung ist eine andere als in Flächen- und Trümmereinsätzen. Ich habe einen guten Flächenhund, der scannt das Suchgebiet ab, und wenn ich mir nicht sicher bin, gehe ich eben ein zweites Mal durch das Gebiet. Wenn ich niemanden finde, ist die Sache für mich abgeschlossen. Bei Mantraileinsätzen ist das anders. Entweder Du findest direkt, dann löst sich das Rätsel gleich auf. Das ist natürlich das Beste und man ist entspannt. Oder es löst sich später auf, dann hat man nur zwei oder drei Tage Belastung. Oder es löst sich nie auf. Und dann fragt man sich immer: War ich richtig? Habe ich ein anderes Einsatzmittel verhindert? Habe ich Fehler gemacht? Deswegen sage ich jedem: Das einsatzmäßig Trailen ist kein Funsport, dessen muss man sich bewusst sein.

5.7.2 Double Blind – ultimativer Test oder falsch verstandenes Mantrailing?

Ein Double Blind ist ein Verfahren bei dem die an der Suche Beteiligten nicht wissen, welchen Weg die Versteckperson tatsächlich genommen hat. Der Double Blind gilt daher in vielen Kreisen als ultimativer Test der belegen soll, ob ein Team trailen kann oder nicht. Findet der Hund die Versteckperson, ist nachgewiesen, dass er es kann. Kommt der Hund beim Double Blind nicht an, ist er durchgefallen. Ich persönlich halte die Bedeutung, die dem Double Blind damit beigemessen wird, für überzogen.
Ein erfolgreich gelaufener Double Blind bedeutet erst mal nur, dass das Team an diesem Tag in dieser speziellen Situation Erfolg hatte und direkt zur versteckten Person gefunden hat. Ein Double Blind bei dem der Hund dort nicht ankommt, sagt ebenfalls nichts Prinzipielles aus. Denn, wie wir ja wissen, heißt Erfolg beim Mantrailing nicht

unbedingt, dass der Hund die vermisste bzw. versteckte Person findet. Er kann in einem Geruchspool stecken bleiben oder der gesuchte Geruch sammelt sich irgendwo in der Nähe der Versteckperson. In der Nähe kann auch heißen, mehrere hundert Meter entfernt. In diesem Licht betrachtet ist es natürlich unsinnig, mit einem Double Blind zu überprüfen, ob ein Hund trailen kann oder nicht. Vor allem auch deshalb, weil manche Prüfer das Team noch nicht einmal begleiten, sondern dessen Weg nur auf dem GPS Gerät verfolgen. Wie will man so einen Hund beurteilen können? Außerdem wird beim Double Blind tendenziell die Spurtreue bewertet. Ich selbst durfte miterleben, dass ein Double Blind bei einer Prüfung mit der Begründung abgebrochen wurde, dass der Hund mehr als 50 Meter von dem gelaufenen Trail entfernt sei und dort kein Geruch mehr liegen würde. Ich frage mich nur, woher diese Leute das wissen?

Für mich ist der Double Blind daher nicht mehr als eine Überprüfungsvariante, bei der der Hundeführer ausprobieren kann wie es sich anfühlt, tatsächlich auf sich gestellt zu sein. Anhand eines Double Blinds lässt sich aber nicht einwandfrei feststellen, ob der Hund trailen kann oder nicht. Dazu muss die gesamte Arbeit des Teams beurteilt werden. Denn beim Mantrailing bedeutet Erfolg nicht unbedingt Finden, ebenso wenig wie jeder Trail bei dem man nicht findet, ein Misserfolg ist.

5.8 DNA und Mantrailing

Anfang 2018 wurde als gemeinsames Projekt der sächsischen Polizei und der Uni Leipzig eine Studie über die Brauchbarkeit von Mantrailing-Hunden vorgestellt, deren Ergebnisse in Pressemitteilungen um die Welt gingen. Zahlreiche Medien, darunter DIE WELT, titelten: »Hunde riechen DNA«. Auch Fernsehsender sprangen auf den Zug auf und interviewten an der Studie beteiligte Forscher. Dabei entspricht die mehrfach in den Medien wiedergegebene Behauptung, »Mantrailer Hunde können DNA riechen« nicht der tatsächlichen Aussage der Autoren. Und auch die Meinung vieler Experten ist, dass Hunde reine DNA nicht riechen können.

Angefangen hatte alles mit der Idee, wissenschaftlich zu untersuchen, wie zuverlässig Mantrailer-Spürhunde arbeiten. Denn anders als bei Rettungsorganisationen werden Spürhunde der Polizei nicht nur zur Vermisstensuche genutzt. In den letzten Jahren wurden die Tiere vermehrt eingesetzt, um bei der Aufklärung von Verbrechen zu helfen. Sie zeigen beispielsweise an, ob Geruch eines Verdächtigen am Tatort ist und können so einen Beitrag leisten, einen Menschen zu be- oder entlasten. Falls eine Spur vorhanden ist, gibt sie weitere Ermittlungsansätze, welchen Weg der Gesuchte vom Tatort aus genommen haben könnte. Das kann helfen, Zeugen zu finden oder Gegenstände, die ein Verdächtiger auf der Flucht verloren oder weggeworfen hat. Außerdem können mit Hilfe der Hunde Ermittlungsthesen widerlegt oder bestätigt werden. Dennoch ist umstritten, ob die Ergebnisse der Mantrailer vor Gericht verwertbar sind. Auch deshalb, weil Geruch nicht wie herkömmliche Beweismittel oder Spuren sichtbar gemacht und gesichert werden kann. Außerdem ist Mantrailing keine Wissenschaft. Es braucht belastbare und verlässliche Dokumentationen, auf die ein Richter sich stützen kann, bevor er aufgrund von Indizien urteilt, die durch Spürhunde erbracht wurden. Und schließlich kann der Hund nicht selbst aussagen, sondern der Hundeführer deutet das Suchverhalten seines Tieres. Skeptiker vergleichen den Einsatz von Mantrailern daher gern mit Wünschelrutengängern.

Polizeidirektor Leif Woidtke von der Hochschule der Sächsischen Polizei wollte sich damit nicht länger zufrieden geben. Er sah die Notwendigkeit, die Zuverlässigkeit der Personenspürhunde einer akademischen Betrachtung zu unterziehen. Als ehemaliger Vorgesetzter einiger Diensthundeführer die bei mir im Training sind, hatte er deren Arbeit intensiv beobachtet und begleitet. Dies war der Anlass, im Rahmen einer Doktorarbeit wissenschaftlich zu untersuchen, wie zuverlässig Mantrailer tatsächlich eine individuelle Geruchsspur verfolgen. Auch Dr. Carsten Babian vom Institut für Rechtsmedizin in Leipzig war im Zuge seiner Arbeit mit dem Einsatz von Mantrailern in Berührung gekommen. Gemeinsam wurde ein entsprechender Versuchsaufbau entwickelt. Im ersten Teil absolvierten dabei sieben Mantrailer-Hunde exakt 675 Testläufe in 18 Monaten. Insgesamt 190 Testpersonen waren beteiligt. Als Geruchsproben dienten Schweiß, Speichel und, als zusätzliches Experiment, enthielten manche Proben nur »extrahierte« DNA. Davon haben sowohl die Hundeführer als auch ich erst erfahren, als die Ergebnisse der Studie offiziell vorgestellt wurden. So war es für uns alle eine große Überraschung zu hören, dass die Hunde mit dieser »extrahierten« DNA problemlos gestartet werden konnten.
Doch davon später. Erst mal ergab die Studie, dass die Hunde sehr zuverlässig die zu suchende Individualgeruchsspur verfolgen können. Zur Beschreibung der Verlässlichkeit der Ergebnisse wurde die aus der medizinischen Diagnostik bekannte sogenannte Testsensitivität und Testspezifität verwendet. Die Sensitivität ergibt sich aus:

$$\frac{\text{Anzahl der »WAHR POSITIV« Ergebnisse}}{\text{Anzahl der »WAHR POSITIV« Ergebnisse + Anzahl der »FALSCH NEGATIV« Ergebnisse}}$$

Einzelne positive Ergebnisse, wenn der Hund also die richtige Geruchsspur aufnimmt, werden in der Summe aufgerechnet. Ergebnis der Testsensitivität: in 98 Prozent der Fälle wurde die zu suchende Geruchsspur durch die Hunde erkannt. Von praktischer Relevanz ist daneben insbesondere die Testspezifität, die wie folgt berechnet wird:

$$\frac{\text{Anzahl der »WAHR NEGATIV« Ergebnisse}}{\text{Anzahl der »WAHR NEGATIV« Ergebnisse + der »FALSCH POSITIV« Ergebnisse}}$$

Diese betrug 97 Prozent, wobei hier der Hund nur losgeht, wenn tatsächlich die zu suchende individuelle Spur vorhanden ist.

In anderen Worten beschreibt die Sensitivität, ob der Hund bei tatsächlich vorhandenem Geruch diesen auch erkannt hat oder aber fälschlicherweise angezeigt hat, dass es keinen Geruch gibt. Die Spezifität hingegen beschreibt das Ausmaß, in welchem die Hunde richtig erkannt haben, dass es keinen mit dem Geruchsartikel übereinstimmenden Geruch vor Ort gibt. Dies spiegelt die Quoten von Sensitivität und Spezifität wider, die auch in einer Vielzahl anderer Studien mit Suchhunden erreicht werden.

Die hohen Prozentzahlen überraschen auf den ersten Blick und sorgten in der öffentlichen Debatte für Missverständnisse aufgrund der falschen medialen Darstellung. Bei den genannten 98 Prozent handelt es sich nämlich nicht um die Findewahrscheinlichkeit in Realeinsätzen, wie man als Laie vielleicht annehmen kann. Diese liegt, wie schon an anderer Stelle ausführlich beschrieben, bei etwa 33 Prozent. Woher kommt also diese hohe Prozentzahl in der Studie? Getestet wurde, ob sich der Hund an einer T-Kreuzung, wo mehrere gleich frische Gerüche abgehen, für den vorgegebenen Geruch entscheidet und entsprechend nach rechts oder links läuft. Der Test fand unter Alltagsbedingungen statt, Die Hunde mussten allerdings keine längeren Trails laufen, sondern es reichte aus, der entsprechenden Geruchsspur 50 Meter weit zu folgen. Dann wurde festgehalten, ob das jeweilige Tier den richtigen Geruch verfolgt. Die Hunde mussten weder große Straßen überqueren noch sich durch Menschenansammlungen oder Geruchspools arbeiten. Es gab auch keine möglicherweise kontaminierten Geruchsartikel wie im »echten« Leben bei der Vermisstensuche. Unter diesen Studienbedingungen wurden die hohen Prozentzahlen erreicht. Es wäre daher falsch zu behaupten, dass der Mantrailer auch unter Einsatzbedingungen in 98 Prozent aller Fälle tatsächlich findet. Dieser Unterschied hat in der öffentlichen Debatte über die Forschungsergebnisse für Wirbel gesorgt und Kritiker auf den Plan gerufen. »Die Tests haben gezeigt, dass prinzipiell eine hohe Zuverlässigkeit der individuellen Geruchsspurwahrnehmung durch Mantrailer möglich ist.«, sagt Polizeidirektor Woidtke. An der Gerichtsverwertbarkeit des Mantrailer-Beweises hat die Studie jedoch grundlegend nichts geändert, denn »die Würdigung von Beweismitteln liegt immer im Ermessen der Richter«, so Woidtke.

Tatsächlich einsatznah waren die Trails, bei denen Woidtke und seine Kollegen von der Uni Leipzig im zweiten Teil des Versuchsaufbaus testeten, wie alt eine Spur sein darf, damit ein Mantrailer-Hund sie wahrnehmen und gegebenenfalls noch verfolgen kann. Dazu legten sie Trails mit Testpersonen, die danach nicht mehr in die Nähe des Suchgebiets kamen. Die Hunde sollten diese Spuren nach einem Monat, nach zwei Monaten und nach sechs Monaten verfolgen. Und tatsächlich, die Hunde konnten selbst nach einem halben Jahr noch Geruch aufnehmen! Somit können Mantrailer-Hunde unter anderem helfen, auch bei länger zurückliegenden Straftaten, Indizien für die Anwesenheit eines Verdächtigen am Tatort zu liefern.

Das Aufsehen erregendste Ergebnis der Studie aber war, dass die Hunde mit »extrahierter« DNA gestartet werden konnten. Der Rechtsmediziner Dr. Carsten Babian von der Uni Leipzig nahm für die Versuche sieben Probanden jeweils 100 Milliliter venöses Blut ab. Aus der Blutprobe wurde die DNA isoliert und auf Schaumstoffstücke aufgetropft. In immerhin 80 Prozent der Fälle lagen die teilnehmenden Diensthunde im Test richtig. Sie konnten mit dieser Geruchsprobe eine Spur aufnehmen und sie dem gesuchten Menschen zuordnen bzw. erkennen, dass der gesuchte Geruch nicht vor Ort war. Das ist deshalb erstaunlich, weil DNA nach menschlichem Ermessen geruchlos ist. Als sogenanntes Makromolekül ist es zu groß, um an die Riechsinneszellen des Hundes gelangen, so dass dieser es wahrnehmen könnte. Eine mögliche Erklärung, die auch in der Studie selbst angegeben wird, könnte das angewandte Extraktionsverfahren liefern. Unter den möglichen Verfahren haben die Leipziger Wissenschaftler ein vereinfachtes verwendet, so dass auch andere Stoffe wie Proteine und Polysaccharide zusammen mit der DNA ausgefällt wurden. Es handelte sich bei den Geruchsproben also nicht um wirklich reine DNA, wie in der Presse behauptet wurde. Es bleibt daher zu hoffen, dass die Wissenschaftler weiter forschen und diese Tests mit reiner DNA wiederholen um herauszufinden, ob Hunde DNA riechen können. Die Studie hat demnach nicht nur Erkenntnisse gebracht, sondern auch interessante neue Fragen aufgeworfen.

Zu den Monatstrainings besucht uns Leif regelmäßig und ekundigt sich nach dem Leistungsstand der Hunde. Während der Übungspausen wird das Gesehene besprochen und aufgearbeitet.

Die Studie zeigt, Negativ braucht kein Training

Eine Bestätigung meiner Ausbildungsphilosophie sehe ich in der hohen Prozentzahl der Hunde, die beim Negativ erst gar nicht gestartet sind. Meine Vorgehensweise ist, den Hund nur auf das zu trainieren, was er in der Hauptsache tun soll, nämlich eine individuelle menschliche Geruchsspur verfolgen. Wenn es den gesuchten Geruch am Ansatzpunkt nicht gibt, laufen wir nicht los. Diese einfache Philosophie hat sich als richtig erwiesen. Ich bin überzeugt, gerade dadurch, dass ich die Negativanzeige nicht explizit übe, funktioniert es mit einer so hohen Wahrscheinlichkeit. Das klingt erst mal widersinnig, ist aber bei näherer Betrachtung logisch. Die meisten Hundeführer beginnen zu früh, noch bevor der Hund die Ausbildungsinhalte verinnerlicht hat, Line Up und Negativ zu üben und formen dann auch noch eine aktive Anzeige. In meiner Ausbildung probieren wir frühestens nach eineinhalb Jahren, wenn wir sicher sind, dass der Hund die zu suchende individuelle Geruchsspur zuverlässig verfolgt, wie er sich bei einem Negativ verhält. Erst dann konfrontieren wir ihn im Training hin und wieder mit Situationen, bei denen der gesuchte Geruch nicht am Ansatzpunkt ist und er dies erkennen muss. Wir bringen dem Hund bewusst kein konditioniertes Anzeigeverhalten bei, um ihm keine Möglichkeit zu eröffnen, sich in schwierigen Situationen mit einer Negativanzeige aus der Arbeit zu verabschieden. Ein Hund, der seine Aufgabe verstanden hat, braucht keine erlernte Anzeige für ein Negativ. Ist der gesuchte Geruch am Ansatz nicht vorhanden, zeigt er sich automatisch irritiert und entfernt sich nicht aus dem Startbereich. Ähnlich habe ich es früher bei der Ausbildung von Trümmersuchhunden gehalten. Ich habe weder Futter noch Kleidung versteckt, um den Hunden beizubringen, diese Verleitungen zu ignorieren. Statt dessen habe ich mich auf das konzentriert, was die Hunde eigentlich tun sollen, nämlich lebende Menschen anzeigen. Hat der Hund diese Aufgabe verinnerlicht, wird der Trümmerhund am Tag X, wenn er in den Einsatz geht, weder bei Futter noch bei Kleidung eine Anzeige machen. Er wird es automatisch nicht tun, deshalb muss ich es auch nicht üben. Analog dazu habe ich beim Mantrailing auf das Üben der Negativanzeige verzichtet.

DNA als Schlüssel für Individualität ?

Ob Hunde tatsächlich reine DNA riechen können oder ob Individualgeruch an winzigen Spuren anderer Stoffe, etwa Proteinen und Polisacchariden hängt, die mit der DNA verknüpft sind, ist wissenschaftlich interessant, aber für die Ausbildung von Mantrailer-Hunden erst mal unerheblich. Allerdings sehe ich die Möglichkeit, dass DNA, vorsichtig ausgedrückt, zumindest beteiligt ist, wenn man den Geruchsträger auf ein Minimum an Stoffen reduziert, als Hinweis für die Richtigkeit meiner These über Geruch an. In meiner Welt suchen Hunde sich unterschiedliche Leitgerüche je nach individuellen Vorlieben aus (siehe Grafik auf Seite 234). Der eine interessiert sich eher für Partikel, die näher an der gelaufenen Spur liegen – möglichweise sind es Hautschuppen – der andere sucht sich lieber Teilchen aus, die sich weiter weg von der gelaufenen Spur befinden – Komponenten der Atemluft vielleicht. All diesen Stoffen muss jedoch mindestens ein Bestandteil gemeinsam sein, der ihnen einen unverwechselbaren individuellen Duft verleiht. In meiner Welt riecht eine Hautschuppe von Person A anders als die Hautschuppe von Person B. Ich bin gespannt, ob die Wissenschaft das Rätsel bezüglich eines möglichen Zusammenhangs zwischen DNA und Individualgeruch lösen kann.

5.8.1 10 Fragen an Leif Woidtke

Leif Woidtke, begleitet das Mantrailing bei der sächsischen Polizei seit Jahren.

1. Was hat Dich veranlasst, das Thema Mantrailing zum Gegenstand Deiner Doktorarbeit zu machen?

Bereits als Referent im Sächsischen Staatsministerium des Innern war ich mit dem Diensthundewesen befasst. Nach meiner Tätigkeit dort war ich Projektleiter des Projekts zur Integration von Personensuchhunden/Mantrailer in das Diensthundewesen der sächsischen Polizei. Insgesamt vier Hundeführer, davon zwei aus der mir nachgeordneten Hundestaffel waren an diesem Projekt beteiligt. Als Projektleiter habe ich viele Facetten der Aus- und Fortbildung sowie der polizeilichen Arbeit der Mantrailer begleitet. Ein Teil davon war die theoretische Diskussion der Praktiker zur Erklärung des Mantrailings. Ein anderer, dass ich bei Verhandlungen vor Gericht zu Fällen, bei denen Mantrailer als Ermittlungsunterstützung eingesetzt waren, dabei war. Sehr schnell wurde klar, dass es noch eine Vielzahl an offenen Fragen gibt, die insbesondere nicht durch Meinungskundgabe sondern durch wissenschaftliche Arbeit zu beantworten sind. Parallel dazu hatte auch Dr. Babian vom Institut für Rechtsmedizin der Universität Leipzig Berührungspunkte zu solchen Fällen. Vor diesem Hintergrund wurde sehr schnell ein gemeinsames Interesse an einer Forschungsfrage, die für die praktische Arbeit von Nutzen ist, gefunden. Das Thema zur Doktorarbeit wurde also an der Universität als Wahlthema ausgeschrieben. Leider hat sich keiner der Medizinstudenten diesem Thema verschrieben. So schließt sich der Kreis zu mir.

2. Was sind Deine Erfahrungen mit dem Beweiswert des Mantrailer-Einsatzes vor Gericht?

In unzähligen Fällen kommen polizeiliche und auch private Mantrailer für die Ermittlungsarbeit in Strafverfahren zum Einsatz. Allein die Mantrailer der sächsischen Polizei haben bisher ca. 2000 Einsätze absolviert, davon schätzungsweise zwei Drittel im Rahmen strafprozessualer Maßnahmen. Nur in wenigen Fällen finden sich eine Bezugnahme oder Bewertung der Arbeitsergebnisse der Mantrailer tatsächlich auch in der Urteilsbegründung wieder. Dies liegt einfach daran, dass oft eine Vielzahl anderer Beweismittel vorhanden ist, und dass das Urteil auch nicht die komplette Ermittlungsakte wiederspiegelt, oder wie der BGH mit Beschluss vom 25. Oktober 2011, Az.: 5 StR 357/11 formuliert: »*Der Senat weist allerdings angesichts der auch im Übrigen außerordentlich breiten Darlegungen des mehr als 180 Seiten umfassenden Urteils darauf hin, dass es nicht Aufgabe der Urteilsgründe ist, den Gang der Hauptverhandlung und vom Tatgericht angestellte Überlegungen in allen Einzelheiten und auch zu* licht wurden. Einmal geht es um ein Spuralter von 48h und einmal um Spuralter von 1 Tag, 1 Woche und einem Monat. Zur Thematik Cartrail ist mir keine veröffentlichte Studie bekannt. Dieses Vakuum bietet daher Platz für die jeweilige persönliche Überzeugung. Ich halte mich an die durch Studien belegten Fakten.

3. Warum sorgt die Arbeit der Mantrailer für so viel Diskussionsstoff?
Eine wesentliche Ursache für die strittigen Auseinandersetzungen ist meiner Ansicht nach, dass es bereits unter den Diensthundeführern, die bundesweit einen Mantrailer führen, unterschiedliche Auffassungen gibt. Befeuert wird dies noch durch den aus meiner Sicht unzweckmäßigen Vergleich der Spezialrichtungen Fährte und Mantrailing. Dies ist, wie Äpfel und Birnen zu vergleichen. Es handelt sich um jeweils völlig anders auszubildende Spezialrichtungen. Jede hat ihre Berechtigung.

4. Wie erklärst Du Laien, dass die Hunde im Einsatz nicht einfach von A nach B laufen wie auf einer Geruchsautobahn?
Eine kurze Erklärung ist hier nicht möglich. Denn es stellt sich die Frage, was der menschliche Geruch, insbesondere der höchstpersönliche, individuelle persönliche Geruch ist bzw. wie er entsteht. In der Wissenschaft besteht dazu ein Erklärungsmodell. Eine im Sachzusammenhang häufig verwendete Terminologie unterscheidet drei Komponenten des menschlichen Geruchs. Den primären (primary odor), sekundären (secondary odor) und tertiären Geruch (tertiary odor). Danach enthält der Primärgeruch einer Person Bestandteile, die unabhängig von der Ernährung oder anderen Umgebungsfaktoren andauernd stabil, mithin genetisch vorprogrammiert sind. Dem gegenüber sind die Anteile des sekundären Geruchs in Abhängigkeit von Ernährung und Umgebungsfaktoren veränderlich. Dazu kommen die Bestandteile des tertiären Geruchs, der insbesondere aufgrund der Beeinflussung durch äußere Quellen, wie z. B. Waschmittel, Kosmetik oder Parfüm gekennzeichnet ist. Die Vertreter dieser Terminologie kommen zu dem Schluss, dass der Primärgeruch für eine individuelle Identifikation von menschlichem Geruch Bestandteile aufweisen muss, die ständig vorhanden und bei allen Personen unterschiedlich sind (Curran et al., 2005a, Curran et al., 2007, Schoon et al., 2009). Diese Bestandteile werden mit chemisch-analytischen Verfahren, wie beispielsweise der Gaschromatographie untersucht bzw. nachgewiesen. Als solche Bestandteile wurden unter anderem Aldehyde, Alkane, Alkohole, Carbonsäuren, Ester, Ketone, Kohlenwasserstoffe und stickstoffhaltige Verbindungen beschrieben. Untersucht wurden Proben, die von Händen, Haaren, Speichel, Fingernägeln, von verschiedenen Regionen der Haut, aus der Atemluft, Achselschweiß, Blut oder aus Urin gewonnen wurden (Curran et al., 2005b, Zhang et al., 2005, Penn et al., 2007, Curran et al., 2007, Gallagher et al., 2008, Kusano et al., 2013, Brown et al., 2013). Auch die genetische Beeinflussung des individuellen Geruchs wird in der Forschung untersucht. Insbesonderer der mögliche Beitrag des Haupthistokompatibilitätskomplexes (major histocompatibility complex – MHC) auf den Geruch einer Person (Thomas, 1974). Fortfolgend wurde der Nachweis geführt,

5.8.1 10 Fragen an Leif Woidtke

Leif Woidtke, begleitet das Mantrailing bei der sächsischen Polizei seit Jahren.

1. Was hat Dich veranlasst, das Thema Mantrailing zum Gegenstand Deiner Doktorarbeit zu machen?

Bereits als Referent im Sächsischen Staatsministerium des Innern war ich mit dem Diensthundewesen befasst. Nach meiner Tätigkeit dort war ich Projektleiter des Projekts zur Integration von Personensuchhunden/Mantrailer in das Diensthundewesen der sächsischen Polizei. Insgesamt vier Hundeführer, davon zwei aus der mir nachgeordneten Hundestaffel waren an diesem Projekt beteiligt. Als Projektleiter habe ich viele Facetten der Aus- und Fortbildung sowie der polizeilichen Arbeit der Mantrailer begleitet. Ein Teil davon war die theoretische Diskussion der Praktiker zur Erklärung des Mantrailings. Ein anderer, dass ich bei Verhandlungen vor Gericht zu Fällen, bei denen Mantrailer als Ermittlungsunterstützung eingesetzt waren, dabei war. Sehr schnell wurde klar, dass es noch eine Vielzahl an offenen Fragen gibt, die insbesondere nicht durch Meinungskundgabe sondern durch wissenschaftliche Arbeit zu beantworten sind. Parallel dazu hatte auch Dr. Babian vom Institut für Rechtsmedizin der Universität Leipzig Berührungspunkte zu solchen Fällen. Vor diesem Hintergrund wurde sehr schnell ein gemeinsames Interesse an einer Forschungsfrage, die für die praktische Arbeit von Nutzen ist, gefunden. Das Thema zur Doktorarbeit wurde also an der Universität als Wahlthema ausgeschrieben. Leider hat sich keiner der Medizinstudenten diesem Thema verschrieben. So schließt sich der Kreis zu mir.

2. Was sind Deine Erfahrungen mit dem Beweiswert des Mantrailer-Einsatzes vor Gericht?

In unzähligen Fällen kommen polizeiliche und auch private Mantrailer für die Ermittlungsarbeit in Strafverfahren zum Einsatz. Allein die Mantrailer der sächsischen Polizei haben bisher ca. 2000 Einsätze absolviert, davon schätzungsweise zwei Drittel im Rahmen strafprozessualer Maßnahmen. Nur in wenigen Fällen finden sich eine Bezugnahme oder Bewertung der Arbeitsergebnisse der Mantrailer tatsächlich auch in der Urteilsbegründung wieder. Dies liegt einfach daran, dass oft eine Vielzahl anderer Beweismittel vorhanden ist, und dass das Urteil auch nicht die komplette Ermittlungsakte wiederspiegelt, oder wie der BGH mit Beschluss vom 25. Oktober 2011, Az.: 5 StR 357/11 formuliert: »*Der Senat weist allerdings angesichts der auch im Übrigen außerordentlich breiten Darlegungen des mehr als 180 Seiten umfassenden Urteils darauf hin, dass es nicht Aufgabe der Urteilsgründe ist, den Gang der Hauptverhandlung und vom Tatgericht angestellte Überlegungen in allen Einzelheiten und auch zu*

Nebensächlichkeiten vollständig wiederzugeben; es genügt, klar und bestimmt die maßgeblichen Gesichtspunkte hervorzuheben, die das Tatgericht zu seiner Überzeugung geführt haben (vgl. schon BGH, Urteil vom 23. November 1954 – 5 StR 392/54; Beschluss vom 21. Juli 2011 – 5 StR 32/11 Rn. 21).«

Das Dilemma notwendiger Forschung wird jedoch gut an folgendem Beispiel deutlich:

Das Landgericht Köln war mit einem Tötungsdelikt befasst, dass sich am 18. April 2007 ereignete. Der Angeklagte tötete seine Ehefrau und beseitigte deren Leiche, die bislang nicht aufgefunden wurde. Nach einem Jahr und 5 Tagen wurden durch die Polizei Mantrailer-Hunde eingesetzt. Da die Polizei in Nordrhein-Westfalen zu diesem Zeitpunkt nicht über eigene Mantrailer-Hunde verfügte, wurde ein privater Anbieter beauftragt. Dieser setzte zwei Mantrailer ein. Als Geruchträger wurde eine Bakteriette* verwendet, welche von der Polizei von einem Kleidungsstück des Opfers erstellt wurde. Weitere Einzelheiten wurden nicht dokumentiert. In der 191 seitigen Urteilsbegründung setzt sich die Kammer intensiv mit dem Beweiswert des Mantrailer-Einsatzes auseinander. Es stellt dazu zum einen die Angaben der eingesetzten privaten Hundeführer:

- *dass Mantrailer-Hunde in der Lage seien, bis zu zwei Jahre alte Geruchsspuren zu verfolgen.* ***Wissenschaftliche Studien*** *gebe es hierzu jedoch* ***nicht****.*
- *Die Hunde könnten auch der Geruchsspur einer Leiche folgen. Hierauf sei es ohne Einfluss, wenn die Geruchsprobe von dem noch lebenden Menschen stamme.*
- *Mantrailer seien auch in der Lage, die Geruchsspur von in Fahrzeugen transportierten Personen oder Leichen zu verfolgen.«***

mit denen des als Sachverständigen befragten Fachkoordinators der Polizei in Nordrhein-Westfalen im Bereich Diensthundewesen, die mittlerweile selber mit der Ausbildung von Mantrailer-Hunden begonnen habe, gegenüber, die lauten:

- *»…dass man bei der Wahl des Referenzgegenstandes darauf achten müsse, dass dieser nicht mit dem Geruch weiterer Personen kontaminiert sei, damit sichergestellt sei, dass der Hund nicht die Geruchsspur der falschen Person aufnehme. …*
- *Auf die Frage nach welchem Zeitablauf ein Mantrailer eine Spur noch verfolgen kann »…Die Polizei in Nordrhein-Westfalen habe eine verhaltende Sichtweise und arbeite mit einem Zeitfenster von 36 Stunden. Man habe in Versuchen jedoch auch sieben Tage alte Spuren bereits erfolgreich verfolgt. Die im Bereich des Mantrailing sehr erfahrene Polizei in der Schweiz gehe von einem Zeitfenster von sieben Tagen aus, in welchem der Mantrailer-Hund einer Spur noch folgen könne. Es gebe allerdings auch Untersuchungen, wonach ein Mantrailer-Hund nach einem Monat noch eine Spur verfolgen könne.*
- *dass »… man mit mehreren Mantrailer-Hunden der Polizei versucht (habe), die Geruchsspur einer in einem Auto fahrenden Person zu verfolgen. Ein solcher »Car-Trail« habe jedoch in keinem Fall funktioniert.«**** Die Kammer kam neben den

* Es handelt sich dabei um Wattestäbchen, die u. a. zur Sicherung von DNA-Proben (z. B. im Speichel) genutzt werden.

** LG Köln, Urteil vom 10. Januar 2013, Az.: 111 Ks 1/12, RN 1491 (juris).

*** LG Köln, Urteil vom 10.01.2013, Az.: 111 Ks 1/12 (juris).

Ausführungen auch nach eigener Würdigung zu dem Schluss, dass »...*allein anhand der Mantrailer-Einsätze nicht festgestellt werden*...«* kann, dass die letzte Wegstrecke der Getöteten so verlief, wie dies durch die privaten Mantrailer abgebildet wurde. Insbesondere auch, weil nicht ausgeschlossen werden konnte, dass ein kontaminierter Geruchsträger verwendet wurde. Bemerkenswert in diesem Zusammenhang, die Bewertung des Gerichts zur Expertise polizeilicher und privater Hundeführer über die Durchführbarkeit der Ausarbeitung alter Trails: »*Dabei kann nicht außer Betracht bleiben, dass die diesbezügliche Einschätzung der insoweit als Sachverständige vernommenen Hundeführerinnen G und N2 erheblich über die Einschätzung polizeilicher Hundeführer hinausgeht.*«, weiter führt die Kammer aus: »*Im vorliegenden Fall besteht zusätzliche Unsicherheit dadurch, dass die Hunde Anton und Ella letztlich sehr unterschiedliche Wege bis in die Tiefgarage gewählt und sich dieser aus unterschiedlichen Richtungen angenähert haben. Aufgrund der widersprüchlichen Angaben zur Beendigung der Trails ist auch unklar, ob die Geruchsspuren überhaupt in der Tiefgarage endeten.*«**

Dies macht deutlich, dass das Einsatzmittel Mantrailer in der gerichtlichen Praxis noch nicht umfassend etabliert ist. Dennoch bewertete das Gericht den Einsatz der Hunde letztlich als geeignetes und auch zulässiges Mittel:« *Insgesamt war der Einsatz der Mantrailer-Hunde daher aus Sicht der Kammer zwar nachvollziehbarer Anlass für weitere Ermittlungsmaßnahmen bezüglich der E-Straße 131-135. Sichere Feststellungen betreffend den Ablageort der Leiche von 9A ließen sich allein auf die Ergebnisse der Mantrailer-Einsätze jedoch nicht gründen.****

Bereits das Gericht sieht hier die eklatante Abweichung zwischen den Angaben der privaten Hundeführer und denen der polizeilichen Hundeführer und wirft auch schon einen Teil der wesentlichen Fragen, ja, ich kann sogar sagen Streitpunkte auf, die im Umfeld des professionellen Mantrailings existieren. Einer davon ist die Frage, wie lange eine Geruchsspur noch wahrnehmbar ist bzw. verfolgt werden kann, ein anderer, ob Geruchsspuren einer in einem Fahrzeug fahrenden Person (ein sogenannter Cartrail) verfolgt werden kann. An dieser Stelle komme ich zu meinem oben benannten Punkt zurück, nämlich dass Personen, die mit ihrem Hund Mantrailing betreiben oder sich für die Thematik interessieren, sehr wahrscheinlich eine klare Meinung zu diesen Aussagen haben, die sich möglicherweise auf ihre eigene praktische Erfahrung stützt. Das heißt, sie glauben an die Möglichkeit, oder eben auch nicht. Glauben ist jedoch nicht Wissen. Das Wissen ergibt sich aus entsprechender Forschung. Hinzu kommt, dass bereits das Verständnis, zu dem, was die jeweilige Person als Mantrailing erachtet, völlig auseinanderliegen kann.

Mir sind exakt zwei Arbeiten bekannt, die sich explizit mit der Thematik Mantrailing im Kontext gealterter Spuren auseinandergesetzt haben und deren Ergebnisse veröffent-

* LG Köln, Urteil vom 10.01.2013, Az.: 111 Ks 1/12 (juris).

** Ebd.

*** Ebd.

licht wurden. Einmal geht es um ein Spuralter von 48h und einmal um Spuralter von 1 Tag, 1 Woche und einem Monat. Zur Thematik Cartrail ist mir keine veröffentlichte Studie bekannt. Dieses Vakuum bietet daher Platz für die jeweilige persönliche Überzeugung. Ich halte mich an die durch Studien belegten Fakten.

3. Warum sorgt die Arbeit der Mantrailer für so viel Diskussionsstoff?

Eine wesentliche Ursache für die strittigen Auseinandersetzungen ist meiner Ansicht nach, dass es bereits unter den Diensthundeführern, die bundesweit einen Mantrailer führen, unterschiedliche Auffassungen gibt. Befeuert wird dies noch durch den aus meiner Sicht unzweckmäßigen Vergleich der Spezialrichtungen Fährte und Mantrailing. Dies ist, wie Äpfel und Birnen zu vergleichen. Es handelt sich um jeweils völlig anders auszubildende Spezialrichtungen. Jede hat ihre Berechtigung.

4. Wie erklärst Du Laien, dass die Hunde im Einsatz nicht einfach von A nach B laufen wie auf einer Geruchsautobahn?

Eine kurze Erklärung ist hier nicht möglich. Denn es stellt sich die Frage, was der menschliche Geruch, insbesondere der höchstpersönliche, individuelle persönliche Geruch ist bzw. wie er entsteht. In der Wissenschaft besteht dazu ein Erklärungsmodell. Eine im Sachzusammenhang häufig verwendete Terminologie unterscheidet drei Komponenten des menschlichen Geruchs. Den primären (primary odor), sekundären (secondary odor) und tertiären Geruch (tertiary odor). Danach enthält der Primärgeruch einer Person Bestandteile, die unabhängig von der Ernährung oder anderen Umgebungsfaktoren andauernd stabil, mithin genetisch vorprogrammiert sind. Dem gegenüber sind die Anteile des sekundären Geruchs in Abhängigkeit von Ernährung und Umgebungsfaktoren veränderlich. Dazu kommen die Bestandteile des tertiären Geruchs, der insbesondere aufgrund der Beeinflussung durch äußere Quellen, wie z. B. Waschmittel, Kosmetik oder Parfüm gekennzeichnet ist. Die Vertreter dieser Terminologie kommen zu dem Schluss, dass der Primärgeruch für eine individuelle Identifikation von menschlichem Geruch Bestandteile aufweisen muss, die ständig vorhanden und bei allen Personen unterschiedlich sind (Curran et al., 2005a, Curran et al., 2007, Schoon et al., 2009). Diese Bestandteile werden mit chemisch-analytischen Verfahren, wie beispielsweise der Gaschromatographie untersucht bzw. nachgewiesen. Als solche Bestandteile wurden unter anderem Aldehyde, Alkane, Alkohole, Carbonsäuren, Ester, Ketone, Kohlenwasserstoffe und stickstoffhaltige Verbindungen beschrieben. Untersucht wurden Proben, die von Händen, Haaren, Speichel, Fingernägeln, von verschiedenen Regionen der Haut, aus der Atemluft, Achselschweiß, Blut oder aus Urin gewonnen wurden (Curran et al., 2005b, Zhang et al., 2005, Penn et al., 2007, Curran et al., 2007, Gallagher et al., 2008, Kusano et al., 2013, Brown et al., 2013). Auch die genetische Beeinflussung des individuellen Geruchs wird in der Forschung untersucht. Insbesonderer der mögliche Beitrag des Haupthistokompatibilitätskomplexes (major histocompatibility complex – MHC) auf den Geruch einer Person (Thomas, 1974). Fortfolgend wurde der Nachweis geführt, dass Mäuse Partner bevorzugen, deren MHC-Komplex sich vom eigenen unterscheidet (Yamazaki et al., 1976). Untersuchungen zur Präferenz der Partnerwahl bzw. Attraktivität wurden auch mit Menschen durchgeführt. Dabei stellte sich heraus, dass Gerüche durch Frauen weniger attraktiv bewertet wurden, wenn sie von Männern stammten, die einen gleichen MHC-Genotyp hatten. Dabei stellt der MHC eine Gruppe von Genen bei Säugetieren dar, die für Zelloberflächenproteine kodieren und dem Immunsystem die Erkennung von körpereigenen und körperfremden Aminosäuresequenzen erleichtern. Beim Menschen werden sie HLA (Human Leucocyte Antigen) genannt und in zwei Klassen unterschieden: MHC der Klasse II bei den Antigen-präsentierenden Zellen (APC) des Immunsystems: B-Lymphocyten, Makrophagen, Granulocyten, dendritische Zellen des Thymus und der Haut. MHC der Klasse I finden sich mit Ausnahme der kernlosen Erythrocyten auf den übrigen Körperzellen (Klein et al., 1983, Müller et al., 2014, Natsch, 2012). Aufgrund seiner genetischen Vielfalt, die auf der Anzahl der funktionalen Loci je MHC-Klasse, einem ausgeprägten Polymorphismus, der kodominanten Expression sowie der hohen Heterozygotie beruht (Eggert et al., 1998b, Eggert et al., 1998a), wird der MHC als eine Quelle der Individualität des Geruchs gesehen (Havlicek and Roberts, 2009, Kwak et al., 2010, Prada et al., 2014). Es bestehen mehrere Erklärungsansätze, wie der MHC die Geruchsbildung beeinflussen könnte. So könnten MHC-Moleküle oder Fragmente davon selbst als Geruchslieferant dienen, allerdings sind diese Proteine im Gegensatz zu MHC bestimmten Gerüchen nicht volatil. Andererseits binden MHC Moleküle ggf. an eine Allel-spezifische Untergruppe von Peptiden und deren volatile Metaboliten sind die Geruchsquelle. Eine weitere Überlegung besteht darin, dass MHC-Moleküle als Träger von Geruchstoffen fungieren, indem beim Abbau der MHC-Moleküle peptidpräsentierende Strukturen in flüchtige Transportmoleküle umgewandelt werden, an die der flüchtige Geruchsstoff gebunden ist. Eine vierte Erklärung besteht darin, dass möglicherweise auch eine MHC-spezifische selektive bakterielle Kolonisation erfolgt (Penn and Potts, 1998, Ferstl et al., 1998, Boehm and Zufall, 2006, Boehm, 2013, Schellinck and Brown, 1992).

Die Vorstellung, dass menschlicher Geruch durch bakterielle Wirkung auf abgestorbene Hautzellen und Sekrete produziert wird, ist die häufigste Erklärung der Entstehung von menschlichem Geruch. Nach Syrotuck entsteht Körpergeruch durch die Aktivität von Mikroorganismen auf abgestorbenen Zellen und Körpersekreten. Beeinflusst wird dies durch eine Vielzahl von Einflüssen, wie z. B. Ernährung, Gesundheitszustand oder auch der Nutzung von Hygieneartikeln. Dieser Geruch ist vorstellbar als eine Wolke bakterieller und zellulärer Zersetzungsprodukte, in die ein Mensch eingehüllt ist (Syrotuck, 1972). So konnten Personen anhand der Untersuchung der bakteriellen und nichtbakteriellen Taxa der Haut mit 80prozentiger Genauigkeit differenziert werden (Oh et al., 2014). Neben der augenscheinlichen Übertragung des Geruchs, z. B. durch Berührung, bestehen auch andere Wege des »Transports« in die Umwelt. Nach Syrotuck transportieren abgestorbene Hautzellen, die er als »Rafts« bezeichnet, eine Anzahl an

Bakterien (Syrotuck, 1972). Die Haut als Schutzhülle des menschlichen Körpers erneuert permanent ihre äußere Hülle. Zu diesem Zweck werden ständig neue Zellen, die Keratinozyten gebildet. Diese schieben die darüberliegenden Zellen durch die aufliegenden Schichten der Epidermis nach außen. Einmal an der Oberfläche angelangt, lösen sich diese Hautschuppen durch Abschuppung ab. Es bildet sich das beschriebene »Raft«, auf welchem die darauf befindlichen Bakterien auch beim Ablösen vom Körper verbleiben und weiterhin entsprechende Abbauprodukte produzieren (Wilson, 2004). Täglich werden bis 10 Gramm dieser Korneozyten, welche eine Dicke von 0,5–3 qm und einen Durchmesser von 30–40 qm haben, abgestoßen (Yu et al., 2001, Graumann and Sasse, 2005, Wagner, 2008, Gagna et al., 2009). Durch äußere Beeinflussung der Haut, wie sie z. B. beim Gehen, aber auch durch Reibung über der Haut entsteht, wird die Desquamation befördert (Wagner, 2008). So ist es kaum verwunderlich, dass sich bezüglich der Anzahl der abgeschuppten Zellen verschiedene Angaben finden. Diese reichen von etwa 10^5 Korneozyten pro cm^2 Körperfläche (McGinley et al., 1969) bis hin zu mehr als zwei Milliarden für den gesamten Körper, die innerhalb eines Tages in die Umwelt gelangen.

Haben die Partikel und VOC den Körper verlassen, werden sie vom Sog einer sich um den menschlichen Körper befindlichen Konvektionsströmung erfasst. Die Strömung bildet sich aufgrund des Temperaturunterschiedes zwischen Hautoberfläche und Umgebungsluft. Die Intensität dieser Strömung hängt hauptsächlich von der Temperaturdifferenz zwischen der Oberfläche des menschlichen Körpers und der Umgebung ab. Diese Wärmeabstrahlung aus dem menschlichen Körper induziert eine Aufwärtsbewegung der Umgebungsluft, wodurch sich eine konvektive Grenzschicht bildet, die auch als Convective Boundary Layer – CBL bezeichnet wird (Licina, 2015). Dieser Luftstrom beginnt an den Füßen und setzt sich von dort am Körper entlang bis über den Kopf fort, wo er eine Wolke bildet und dann in die Umgebungsluft übergeht. Dieser den Körper umgebende Luftstrom enthält 30–400 % mehr Mikroorganismen als die Umgebungsluft. Größere Teilchen (mehr als 50µm Durchmesser) fallen wahrscheinlich auf den Boden, aber kleinere Partikel werden mit der Strömung mitgerissen und bewegen sich mit der Luftströmung nach oben (Lewis et al., 1969). Dies bestätigen neuere Studien, die davon sprechen, dass die Strömung Partikel, die vom Körper abgestoßen werden und in etwa die Dichte von Wasser haben, bis zu einem Durchmesser von 80µm nach oben befördern kann (Clark and de Calcina-Goff, 2009). Hier ist zu berücksichtigen, dass in Abhängigkeit von der Partikelform und -größe die Angriffsfläche für verschiedene Kräfte differiert. Je größer die Oberfläche, desto stärker das Potenzial für Aufwirbelung, bis eine bestimmte Größe erreicht wird, bei der die Schwerkraft dominiert. Dieser Schwellenwert wird bei etwa 100µm gesehen (McDonagh and Byrne, 2014). Abgestoßene menschliche Hautzellen haben den größten Anteil an den Partikeln innerhalb der thermischen Wolke und Strömung, die den Menschen umgibt (Craven and Settles, 2006). Die meisten Kleidungsstücke sind für diesen Partikelstrom durchlässig (Settles, 2005). Die Verteilung der Partikel wird durch die beim Laufen entstehende Nachlaufströmung beeinflusst. So besteht eine Rezirkulationszone im oberen Teil der Spur, vom Kopf bis zu den Beinen. Dieser Rezirkulationsbereich endet an den Beinen, da er durch eine Strömung, die durch die gegenläufige Bewegung der Beine erzeugt wird, geteilt wird. Gleichzeitig entsteht aufgrund der Vorwärtsbewegung hinter dem Körper ein als "Downwash" bezeichneter Fallwind. Die Interaktion mit der Rezirkulationsströmung führt zu einer Aufweitung des Luftsogs, der seitlich hinter dem unteren Torso und den Beinen dazu führt, dass die Spur verbreitert wird. Dabei sind die höchsten Konzentrationen gleichmäßig verteilter Kontaminationen hinter den Schultern und den Beinen festzustellen (Edge et al., 2005, Han et al., 2014). Zusammenfassend kann festgestellt werden, dass die Desquamation von mehreren hundert Hautzellen pro Sekunde in die Umgebung erfolgt. In Luft senken sich diese je nach Größe etwa 2 bis 5 cm pro Sekunde ab (Lide, 2005). Auf den Hautzellen befinden sich Mikroorganismen, welche die abgestorbenen Zellen zersetzen. Als Zersetzungsprodukte entstehen eine Vielzahl an flüchtigen organischen Verbindungen. Ergänzt wird dies durch die Abgabe von VOCs durch die Haut aufgrund des Metabolismus und die Tätigkeit der auf der Haut befindlichen Mikroorganismen. Sowohl die Hautzellen als auch die flüchtigen Verbindungen werden durch einen den Körper ständig umströmenden Luftstrom bewegt und dadurch aktiv in die Umwelt transportiert. Einmal in die Umwelt gelangt, unterliegen sie den weiteren Witterungsbedingungen.

Wenn wir jetzt also eine Vorstellung davon haben, wie das Erklärungsmodell für den individuellen menschlichen Geruch zusammengesetzt ist, wird klar, dass sich die Geruchsspur weit verteilt. Die sprichwörtliche Autobahn, also die Verteilung des Geruchs kann sich also über einen großen Bereich abseits des tatsächlich zurückgelegten Weges einer Person erstrecken. Mantrailer sind ausgebildet, dieser Geruchsspur zu folgen. Da diese sich nicht auf einzelnen definierten Punkten auf einer Linie von A nach B befinden, leuchtet ein, dass die Hunde gerade nicht auf einer klar umrissenen Geruchsautobahn laufen können.

Unabhängig davon bleibt eine grundlegende Frage unbeantwortet. Dies ist die Frage, welche Komponenten der Mantrailer-Hund aus der gesamten Geruchsspur – unabhängig von ihrer Verteilung – für die individuelle Geruchsspurverfolgung nutzt. Auch diese Unkenntnis gibt Raum für die jeweilige persönliche Überzeugung oder Meinung.

5. Was macht die Arbeit der Mantrailer für die Polizei trotz aller Kritik so wertvoll?
Die klassischen Anwendungsfelder des Mantrailings im polizeilichen Kontext sind die Gefahrenabwehr, also die Vermisstensuche und der Einsatz zum Zwecke der Strafverfolgung. Dabei kommen die Mantrailer der Polizei Sachsen jährlich etwa in 100 Fällen anlässlich von Vermisstensuchen zum Einsatz. Für die sächsischen polizeilichen Mantrailer werden Erfolgsquoten bei der Vermisstensuche von 38 %*, 40 %** (Woidtke, 2016) und 42,5 %*** (Kirsch, 2017) angegeben. Hier ist jedoch einschränkend zu ergänzen, dass als

* Datengrundlage n=94.
** Datengrundlage n=94.
*** Datengrundlage n=94.

Erfolg neben dem direkten Auffinden der Person durch den Hundeführer auch gewertet wurde, wenn durch konkrete Zielgebiets- oder Suchrichtungsvorgabe andere eingesetzte Kräfte die Person aufgefunden haben oder der Trail durch Befragung der Person oder Ermittlungsergebnisse bestätigt werden konnte. Bereits ein einziger Mensch, der so aus einer Gefahrenlage gerettet werden konnte, bestätigt die Sinnhaftigkeit dieses Einsatzmittels. Auch in der kriminalistischen Fallbearbeitung kann ein Hund wertvolle Ansätze für weitere Ermittlungsansätze liefern. Am Beispiel des Mantrailers bedeutet dies, dass die mit technischen Mitteln derzeit nicht darstellbare individuelle Geruchsspur in der Umwelt sozusagen »sichtbar« gemacht wird.

Es kommt das Auffinden eines Straftäters, die Bestimmung eines Tatortes, die Rekonstruktion eines Laufweges oder die Zuweisung eines Tatverdächtigen zu einem Tatort in Frage. Vice versa gilt das natürlich auch für die Ermittlung entlastender Umstände. Den Schwerpunkt und die überwiegende Mehrheit im Bereich der Anforderungen zur Ermittlungsunterstützung bilden die Einsätze, bei denen ein Tatverdächtiger einem Tatort zugewiesen werden soll. Hierbei stehen insbesondere Diebstahlsdelikte, oft Einbruchsserien organisierter Täter, Brandstiftungen aber auch Tötungsdelikte in Rede. Wie das in der praktischen Arbeit genutzt wird, möchte ich an folgendem Beispiel beschreiben. Im Jahr 2013 hatten sich in Chemnitz und Umgebung einer Serie von Autobränden ereignet. Der später Verurteilte war aufgrund früher begangener Straftaten in den Fokus der Ermittlungen geraten, da er bereits 2004 zu dreieinhalb Jahren Haft verurteilt worden war, weil er von Juli 2002 bis Oktober 2003 an 699 Autos die Reifen zerstochen haben soll. Nach einem Brand im Unterdeck des Parkhaus der Chemnitzer Agentur für Arbeit war das Auto des Verdächtigen in Tatortnähe geortet worden. Durch den Einsatz der Hunde wurde der Weg vom Parkhaus zum Fahrzeug nachvollzogen.* Dies stellt den Fall

Abbildung 1 Exemplarische Darstellung zur Rekonstruktion eines Laufweges.

* Vogtland-Anzeiger, 25. Jahrgang, Nummer 235, Ausgabe vom 9. Oktober 2014.

der Rekonstruktion des Laufweges dar. Exemplarisch wird dies in Abb. 1 gezeigt. Die Rekonstruktion des Laufweges des Tatverdächtigen ergab, dass durch den Hund mit der Geruchsprobe des Tatverdächtigen eine individuelle Geruchsspur vom Brandort bis zum Fahrzeug des Tatverdächtigen ausgearbeitet wurde.

Dies war der Ausgangspunkt dafür, auch die anderen Tatorte auf die Geruchsspur des Tatverdächtigen zu überprüfen. Zu diesem Zweck kamen an den entsprechenden Brandorten Mantrailer zum Einsatz. In sieben Fällen konnte so nach Auffassung des Gerichts nachgewiesen werden, dass sich der Mann dort aufgehalten habe und er für die Brandserie verantwortlich war.* Die Ermittler betrieben jedoch großen Aufwand, um die erzielten Ergebnisse zu verifizieren. So beschreibt einer der eingesetzten Hundeführer, dass an einem Tatort, an dem ganz offensichtlich ein Fahrzeug gebrannt hatte (erkennbar durch berußten und teilweise beschädigten Fahrbahnbelag) die Hunde zum Einsatz gebracht wurden. Als Geruchsartikel diente eine Geruchsprobe des Tatverdächtigen. Allerdings konnte keiner der eingesetzten Hunde eine Geruchsspur ausarbeiten, sondern zeigten das Suchbild eines Negativs. Im Anschluss an die Suche wurde dieses Ergebnis dem Ermittler mitgeteilt. Dieser löste dann die Situation dahingehend auf, dass dieser Brand zu einem Zeitpunkt stattgefunden hatte, zu dem sich der Tatverdächtige bereits in Untersuchungshaft befand (Blechschmidt, 2016). Diese Situation, die Zuweisung eines Tatortes zu einem Tatverdächtigen ist exemplarisch in Abb. 2 dargestellt. Dabei wird

Abbildung 2 Exemplarisches Beispiel für die Zuweisung eines Tatverdächtigen zu einem Tatort. Magentafarben: Hund kann keine wegführende Geruchsspur ausarbeiten. Grün: Hund arbeitet wegführende Geruchsspur aus.

* SZ-Online, 08.10.2014, 14:17 Uhr. 43-Jähriger wegen Auto-Brandstiftung zu Haftstrafe verurteilt. https://www.saechsische.de/43-jaehriger-wegen-auto-brandstiftung-zu-haftstrafe-verurteilt-2945215.html, zuletzt aufgerufen am 21.04.2019, 15:10 Uhr.

überprüft, ob der Mantrailer vor Ort eine Geruchsspur des Tatverdächtigen aufnehmen und verfolgen kann. Entweder, der Hund kann keinen mit dem vorgehaltenen Geruchsartikel übereinstimmenden Geruch aufnehmen oder aber im gegenteiligen Fall nimmt er diese auf und kann eine progressive wegführende Geruchsspur ausarbeiten. In beiden Fällen können diese Ergebnisse bereits vorhandene Erkenntnisse aus der Sachbearbeitung verifizieren oder falsifizieren oder Ansätze für neue Ermittlungen geben.

Durch die Serie von Autobränden waren 40 Fahrzeuge beschädigt wurden. Zur Anklage durch die Staatsanwaltschaft kamen sieben Fälle, denen 19 Fahrzeuge zum Opfer fielen. An den Autos wurde ein Schaden von 370.000 € verursacht. Weitere 80.000 € betrug der Schaden am Parkhaus der Agentur für Arbeit. Letztlich wurde der Angeklagte zu einer Haftstrafe von fünf Jahren und neun Monaten Gefängnis verurteilt.*

6. Wie seid ihr auf die Idee gekommen, es mit DNA als Geruchsträger überhaupt zu versuchen? Hattet Ihr schon die Vermutung, dass es funktionieren könnte?

Praktische Erfahrungen haben gezeigt, dass Mantrailer in der Lage sind, eine individuelle Person anhand verschiedenster Geruchsartikel zu verfolgen. Dies können beispielsweise Körperflüssigkeiten, wie Speichel oder Blut aber z. B. auch Atemluft sein. Die Grundüberlegung besteht darin, dass alle diese Dinge eine Gemeinsamkeit verbinden muss. Und diese Gemeinsamkeit muss noch die individuelle Differenzierung erlauben. Grundsätzlich erfüllt DNA diese Voraussetzungen. Auf der anderen Seite war uns auch klar, dass es keine physiologische Erklärung dafür gibt, dass DNA »riecht«. Vor diesem Hintergrund waren wir völlig ergebnisoffen. Die Studie zielte auch nicht darauf ab, nachzuweisen, ob DNA als Geruchsartikel geeignet ist, sondern darauf, ob Mantrailer verlässlich eine individuelle Geruchsspur unterscheiden und verfolgen können. Das ist auch der Grund, warum nur mit einer geringen Anzahl an Versuchen und Versuchspersonen sozusagen im Rahmen eines »proof-of-concept-Ansatzes« getestet wurde, ob aus Vollblut extrahierte DNA als Geruchsartikel ausreichend ist. Das Resultat kann dann Grundlage für weiterführende Untersuchungen sein. Hätten wir untersuchen wollen, ob DNA als Geruchsartikel geeignet ist, wäre ein völlig anderes Herangehen erforderlich. Dabei ist die Extraktionsmethode bzw. Aufreinigung der DNA nur ein Aspekt.

7. Ist es richtig, wenn man sagt »Hunde können DNA riechen«?

Einen wissenschaftlichen Nachweis dafür hat unsere Studie nicht erbracht. Die mehrfach in den Medien wiedergegebene Behauptung, »Mantrailerhunde können DNA riechen« entspricht, wie oben ausgeführt, nicht den Ergebnissen der Studie oder der Intention der Autoren.

* SZ-Online, 08.10.2014, 14:17 Uhr. 43-Jähriger wegen Auto-Brandstiftung zu Haftstrafe verurteilt. https://www.saechsische.de/43-jaehriger-wegen-auto-brandstiftung-zu-haftstrafe-verurteilt-2945215.html, zuletzt aufgerufen am 21.04.2019, 15:10 Uhr.

8. Welche Auswirkung hat die Studie Deiner Meinung nach auf die Gerichtsverwertbarkeit des Mantrailer-Beweises?

Ich möchte voranstellen, dass ich den Eindruck habe, dass öffentliche Äußerungen und die damit verbundene Diskussion im Kontext nicht immer von einer entsprechenden Expertise* im Sachzusammenhang geleitet ist.** In den letzten Jahren erfolgten zunehmend polizeiliche Einsätze zur Überprüfung, ob sich tatverdächtige Personen an einem bestimmten Ort aufgehalten bzw. bewegt haben (Woidtke, 2016). Daraus ergeben sich auch verstärkt juristische Fragen nach der forensischen Beweiskraft des Mantrailings. In veröffentlichten Entscheidungen befinden sich nur in ausgewählten Fällen explizite Aussagen bzgl. des Einsatzes von Mantrailern. Eine maßgebliche Entscheidung hat in diesem Kontext die 13. Strafkammer des Landgerichts (LG) Nürnberg-Fürth getroffen. Das Gericht hatte sich mit der Frage auseinandergesetzt, unter welchen Umständen der Einsatz von Mantrailern als alleiniges Beweismittel für die Anwesenheit von Verdächtigen am Tatort gewertet werden kann. Es hat in seinem Urteil folgende Mindeststandards im Leitsatz formuliert:*

Ergebnisse von Mantrailereinsätzen (Einsatz von Spurensuchhunden) können als alleiniges Beweismittel für die Anwesenheit von Verdächtigen am Tatort jedenfalls nur bei Einhaltung folgender Voraussetzungen verwertbar sein:

1. Nur Einsatz von Hunden, die die jeweils einschlägige PSH-Prüfungsstufe der Polizei absolviert haben.
2. Die verwendete Geruchsspur muss eindeutig nachvollziehbar einer konkreten Person zuzuordnen sein. Als Spurenträger sollten daher nur Abstriche unmittelbar vom Körper der betreffenden Person verwendet werden. Zusätzlich muss die Gewinnung des Spurenträgers in einem Protokoll dokumentiert werden.
3. Jeweils zwei Suchhunde müssen unabhängig voneinander und ohne Beteiligung des jeweils anderen Hundeführers dieselbe Spur suchen. Nur bei einem identischen Ergebnis ist die erforderliche Objektivierbarkeit gegeben.
4. Jeder Einsatz ist vollständig zu filmen, um eine nachträgliche Nachvollziehung durch das Gericht und einen Sachverständigen zu ermöglichen.

Zu bemerken ist, dass im zu entscheidenden Fall durch dienstliche Hundeführer (Polizei Bayern) Spuren mit einem Alter von 36 bzw. 67 Tagen, mithin 2 Monaten und 4 Tagen, ausgearbeitet wurden. Bereits in einer Entscheidung aus dem Jahr 2008 hatte der Bundesgerichtshof (BGH) keine Bedenken gegen den Einsatz von Mantrailern geäußert: »Dem Verhalten des Hundes misst sie [die Strafkammer] aus im Einzelnen dargelegten, hier nicht im Detail nachzuzeichnenden Erwägungen, die mit dem Alter des Hundes, der Erfahrung der Hundeführerin und der Möglichkeit der Kontamination von Geruchsproben zusammenhängen, keine wesentliche Bedeutung bei.«* Im Gegensatz dazu war das LG Regensburg durch die Ergebnisse des Einsatzes von Mantrailern überzeugt:

* LG Nürnberg-Fürth, Urteil vom 13. Dezember 2012, Az.: 13 KLs 372 Js 9454/12.
** BGH, Urteil vom 4. Dezember 2008, Az.: 1 StR 327/08.

Die »Southdown-Bloodhound-Meute« lebt und jagt in Hampshire, GB.

5.9 Der Bluthund und seine Verwandtschaft

Der erfahrene US-Diensthundeführer und ICAST-Instruktor Mike Belanger gibt an, dass seiner Erfahrung nach die Leistungsgrenze eines Schäferhundes bei im Durchschnitt 12–24 Stunden alten Trails in schwach kontaminierter Umgebung liegt. Schwach kontaminiert bedeutet, dass wenig fremde bzw. alte Spuren des Gesuchten in diesem Gebiet liegen. Ändern sich diese Bedingungen, seien nur in Ausnahmefällen Hunde anderer Rassen als dem Bluthund in der Lage, einen Trail zuverlässig zu verfolgen. Ein durchschnittlich begabter Bluthund hingegen könne bereits nach kurzer Ausbildungszeit einen Trail, der 24 Stunden und älter ist, auch unter schwierigsten Bedingungen aufnehmen und verfolgen. Mike bildet seit über 30 Jahren sowohl Schäferhunde als auch Bluthunde für den Polizeidienst aus. Hier in Deutschland fehlen bislang Leute, mit einer vergleichbaren Erfahrung. Es wird also noch einige Jahre dauern, bis wir so weit sind, diese Erfahrungen entweder zu bestätigen oder in Zweifel zu ziehen.

Ein Blick in die Geschichte des Bluthundes scheint die Ansichten des US Profis allerdings zu untermauern. Denn bereits in vergangenen Jahrhunderten bestand die Aufgabe dieser Rasse darin, als Jagdhund unter anderem älteren menschlichen Duftspuren zu folgen. So wurde er in England im 16. und 17. Jahrhundert als Patrouillenhund eingesetzt, der Viehdiebe und Wegelagerer aufspüren sollte.[*] Außerdem galten im England des 18. Jahrhunderts Verdächtige eines Verbrechens überführt, wenn sie einem polizeilich eingesetzten Bluthund keinen Zutritt zu Haus und Hof gewährten.[**]

Der Bluthund ist eine der ältesten Laufhunderassen überhaupt. Bereits im 7. Jahrhundert wurde er von belgischen Mönchen in den Ardennen gezüchtet und für die Jagd eingesetzt. Der Name geht auf die vornehme Abstammung zurück. »Blooded Hound« bedeutete so viel wie »aus reinem Blute«, also reinrassig[***] Rückblickend steht fest, dass der Bluthund seit 1400 Jahren beinahe ausschließlich auf Nasenleistung, hohe Konzentrationsfähigkeit und seine außergewöhnliche Ausdauer hin gezüchtet wurde. Genau die drei Fähigkeiten, die wir auch heute zum Mantrailing brauchen. Bluthunde sind in der Lage, sechs oder sieben Stunden durchgehend einem Trail zu folgen, ohne erkennbar zu ermüden. Das hängt vielleicht nicht nur mit ihrer körperlichen Ausdauer zusammen, sondern auch mit der Fähigkeit, sich vollkommen auf diesen einen Geruch zu konzentrieren und alles andere auszublenden. Außerdem habe ich im Laufe der Jahre festgestellt, dass Bluthunde in schwierigen Geruchssituationen die besseren Nerven haben und beharrlicher bei der Sache bleiben, als andere Rassen. Insbesondere die Schweißhunde haben die Tendenz, Konflikte durch Geschwindigkeit lösen zu wollen. Sie werden leicht hektisch und bauen Stress gerne durch Bewegung ab. Leider hilft Schnelligkeit beim Trailen nicht weiter. Hier ist eher Genauigkeit gefragt.

Dieselben Strategien,

die die Hunde im Alltag bei Konflikten anwenden, werden auch in schwierigen Situationen auf dem Trail sichtbar: Es gibt die »Steher« und es gibt die »Renner«. Die »Steher« sind Hunde, die auch im Alltag leicht erstarren, wenn sie nicht weiter wissen, die »Renner« sind die, die leicht flüchten.
Gegenmaßnahmen auf dem Trail: Bei den »Stehern« kurz abwarten, dann über die Leine in eine Kreisbewegung bringen. Bei den »Rennern« unbedingt die eigene Grundgeschwindigkeit beim Trailen beibehalten. Schießt der Hund trotzdem übers Ziel hinaus, umhängen, zurückbringen und so lange weiterarbeiten, bis er das Problem gelöst hat.

[*] vgl.: Jagdhunde Lexikon, unter: http://www.jagdhunde.de/lexikon_text/84.php4 (abgerufen am 14.12.2011)
[**] vgl.: Mantrailing - Der Spezialist, unter: http://www.mantrailing-bloodhound.de/site/index.php?mod=showsites&s_id=50&u_id=85 (abgerufen am 14.12..2011)
[***] vgl.: Bloodhound - Namensentstehung, unter: http://www.mantrailing-bloodhound.de/site/index.php?mod=showsites&s_id=49&u_id=61 (abgerufen am 14.12.2011)

Die »Ashland Bassets« vor einer Meutejagd in Aldie, Virginia. Die Meute besteht größtenteils aus Basset Bleu de Gascogne.

Die »Loudoun Hunt West-Meute« wird bei einer Veranstaltung in Purcellville, Virginia losgelassen. Die Meute besteht hauptsächlich aus Old English Foxhounds.

Die »Ashland Bassets« bei einer Jagd in Casanova, Virginia.

Und noch einen Vorteil haben Bluthunde und dieser gilt für Meutehunde allgemein, also für den Bluthund ebenso wie für Beagle oder Foxhound: Sie brauchen, nicht möchten, sondern brauchen, den engen Kontakt sowohl zu Artgenossen, als auch zu ihren Menschen. Meutehunde sind im Vergleich zu anderen Hunderassen sehr verträglich mit anderen Hunden und aufgeschlossen gegenüber Menschen. Meistens lieben sie kleine Kinder ebenso wie Erwachsene. Alles in allem ideale Voraussetzungen für einen Mantrailer. Insbesondere das Bedürfnis nach engem Körperkontakt ist ein unschätzbarer Vorteil bei der Opferbindung. Ganz anders als Hunde, die auf eine große Individualdistanz bestehen, und die es wenig schätzen, von Fremden angefasst zu werden, genießen Meutehunde körpernahes Spiel und Streicheleinheiten. Das macht es dem Helfer wesentlichen leichter, Kontakt aufzubauen und den Hund zu bestätigen, ohne ständig Futter zu benutzen.

In früheren Zeiten, als die Jagdwaffen noch nicht die heutige Effizienz aufwiesen, wurde das Wild durch die Hundemeute so lange gejagt, bis es sich stellte, um dann entweder abgefangen oder durch die Hunde niedergezogen zu werden.Je nach Anlage und Neigung entwickelte sich der einzelne Hund innerhalb einer Meute zum Spezialisten. Da gab es, und es gibt sie noch, die Leithunde, die Finder und Wiederfinder, die jungen Hetzer und die erfahrenen Packer, die Könner, die sicher auf asphaltierten Straßen oder gefrorenem Boden die Spur halten. In einer Meute kann noch heute diese Arbeitsteilung beobachtet werden.* Ein Meutehund ist noch lange kein gut veranlagter Mantrailer, aber er ist zumindest mal Spezialist für die warme (= junge) und kalte (= alte) Spur.

* Informationen aus: Wendelin Fuchs, Hansruedi Nater: Schweizer Laufhunde. Eigenverlag Wendelin Fuchs 1996

Die »Nantucket-Treweryn-Beagle-Meute« bei einer Jagd in Berryville, Virginia.

Ausnahmen bestätigen die Regel. Auch Hunde anderer Rassen oder Mixe können gute Trailer werden, wenn sie die entsprechende Veranlagung mitbringen.

Dr. Brigitte Fiedler, BRK KV Hassberge, Bayern
über ihren Hund Urgel, Labrador-Mix
Lauser, Beagle-Jura-Laufhund-Mix

BEISPIEL

Ihre Stärken:

1. Gute Nasenleistung gepaart mit einer gehörigen Portion Jagdtrieb: Vom ersten Tag an hat man erkennen können, dass Urgels Verhalten sehr beeinflusst war vom Verfolgen irgendwelcher Spuren. Vor allem meine Spur beim Spazierengehen zurück zum Auto hat sie haarfein ausgearbeitet, bis sie vor dem Auto stand. Auch wenn jemand vor ihr herlief, ging sie genau in diesen Fußspuren schnüffelnd weiter. Das hatte noch keiner meiner anderen Hunde gemacht.

2. Gute Sozialisierung von Anfang an: Sie ist immer und überall dabei und bekommt viel Kontakt zu anderen Menschen und Tieren. Ich habe beim Trailen überhaupt keine Probleme mit anderen Hunden oder Katzen, die können vor ihr wegrennen oder sie anfauchen, das ist Urgel egal.

3. Starkes Nervenkostüm: Weder Lärm, noch Wetter, noch unangenehmer Untergrund machen ihr etwas aus. Man könnte meinen, Angst kennt dieser Hund nicht.

4. Extremer Findewille: Durch den enormen Vorwärtsdrang und oft auch Spurlaut auf dem Trail entsteht der Eindruck, dass es für diesen Hund nichts Wichtigeres auf der Welt gibt, als die gesuchte Person zu finden.

5. Gute Bindung zu mir.

6. Opferbindung wurde von Anfang an gefördert, was durch das Interesse an anderen Menschen, den hohen Beutetrieb und die Fressgier auch sehr leicht zu erreichen war.

7. Veranlagung, nahe an der Spur zu arbeiten, war schon immer da.

Ihre Schwächen:
Der oben genannte Findewille, man kann es auch Übereifer nennen, steht Urgel gelegentlich im Weg. Vor lauter Vorwärtsdrängen kam es im Laufe der Ausbildung immer wieder vor, dass sie bei Abbiegungen zu weit weglief und sich dann wieder zurückarbeiten musste, statt langsam und konzentriert schwierige Situationen auszuarbeiten.

So gab es auch immer wieder Situationen, wo sie eine falsche Person im Zielbereich des »Opfers« ansprang hat vor lauter Ungeduld bzw. Umschalten von Nase auf Auge. Auch frische Spuren von Leuten unterwegs waren manchmal kurz interessanter als der Trailverlauf. Es kam vor, dass sie erst ein paar Meter einer frischen Spur hinterher ist, bis sie sich wieder auf die Arbeit konzentrierte. Durch das intensive Training wurden diese »Fehltritte« aber kontinuierlich weniger. Eine Schwierigkeit scheint auch das Auffinden einer Person zu sein, die sich schon längere Zeit am Zielort aufhält und einen frischen Geruchspool bildet. Da gab es Trainingssituationen, wo der Trail sauber und nah an der Spur abgearbeitet wurde und die letzten 50 Meter im Geruchspool bis zur Person länger dauerten, als die 500 Meter Trailverlauf!

Urgel beim Spiel nach erfolgreicher Suche.

5.10 Mach's richtig!

10 Tipps für sinnvolle Gewohnheiten beim Mantrailen.

Frei nach Terry Davis

1. Der Hund kann nicht genug davon bekommen: Gewöhnung

Die Gewöhnung an den Arbeitsplatz endet nicht mit dem Eintritt in das Erwachsenenalter. Es gibt immer wieder Neues im Alltag zu erkunden, damit der Hund auf dem Trail nicht scheut oder total blockiert. Wie wär's heute mal mit Flughafen? Oder entspannte Straßenbahntour? Nachtspaziergang gefällig?

2. Der Schalter für An und Aus – das Ritual mit dem Geschirr

Das Geschirr an- und ausziehen ist wie einen Schalter umlegen:
- AN: Geschirr anziehen und Geruchsartikel geben bedeutet: »Arbeit geht los«
- AUS: Geschirr ausziehen bedeutet: »Arbeit ist zu Ende.«

Hier ist zeitliche Genauigkeit gefragt. Diese wichtige Information verwäscht sich, wenn der Hund das Geschirr schon 10 Minuten vor der Suche umgeschnallt bekommt und nach der Suche noch damit Gassi läuft.

3. Mit Kreativität gegen Unterforderung und Eintönigkeit – der Spurenleger

Ein Trail wird dann interessant, wenn das Team nicht weiß, wen es von den Personen sucht, die sich auf dem Trail und im Zielgebiet aufhalten. Interessant wird es, wenn sich Läufer in Gullys und Streukisten verstecken. Spannend wird es, wenn der Spurenleger dem Hund als Spaziergänger entgegenkommt oder er sich im Startgebiet bei den Zuschauern aufhält. Wie sagt mein Ziehvater Terry Davis immer so schön: Our imagination is our limitation! Unsere Vorstellungskraft ist unsere Begrenztheit!

4. Erst riechen, dann rennen – die Start-/Ansatzrichtung

Um zu verhindern, dass der Hund nach der Geruchseingabe kopflos losrennen kann, weil er schon in Suchrichtung angesetzt wird, variieren wir die Ansatzrichtung sobald als möglich.

5. Schritt für Schritt – Vorsicht vor Überforderung

Das Credo ist: »Nur an einer Schraube drehen.« Frischen Hunden wird zu schnell zu viel zugemutet. Doch wenn's zu schwer ist, verlieren sie leicht die Lust. Wer kleine Schritte macht, kommt schneller voran.

6. Die Vielfalt macht's aus: Geruchsträger

Variantenreiches Üben bringt Sicherheit im Tun. Um im Einsatzfall flexibel zu sein ist es notwendig, im Training alle möglichen Geruchsträger zu benutzen. Ein angebissener Apfel, eine Zigarettenkippe, Blut, Fingernägel wie auch Fenstersimse oder Türgriffe erhöhen das Repertoire des Hundes und unsere Selbstsicherheit.

7. Nichtfinden bedeutet Erfolg in mehrfacher Hinsicht: Negative, Pick up's

Um sich sicher sein zu können, dass der Hund verstanden hat, um was es uns geht, benutzen wir »Negativ Trails« und »Pick up´s«, natürlich angepasst an den jeweiligen Ausbildungsstand. Denn Hunde, vor allem Bluthunde, laufen gerne. Zeigen sie aber an, dass Geruch nicht da ist oder endet, haben wir alles richtig gemacht. Dabei lernen wir ihre Körpersprache zu interpretieren. Also, keine Angst davor.

8. Auch wenn sie uns das Leben schwer machen, sie gehören dazu: Geruchspools

Einmal drin, kommt man schwer wieder raus. Geruchsansammlungen werden uns immer wieder begegnen. Aus diesem Grunde müssen wir sie trainieren.

9. Anhalten auf dem Trail

Fünf oder zehn Minuten Pause machen und dann einfach weiter arbeiten. Das wird leider viel zu selten geübt. Dabei sollte jeder Hundeführer regelmäßig die Erfahrung machen dürfen, dass sein Hund am richtigen Geruch weiter arbeitet, auch wenn in der Zwischenzeit jede Menge Leute vorbeigegangen sind und frischen Geruch hinterlassen haben.

10. Die Planung macht's: Trainingsbuch und -plan

Immer wieder drauflos zu trainieren, birgt die Gefahr, wichtige Dinge zu vergessen, die man tun könnte oder sollte. Für Einsatztrailer kann ein Trainingsbuch auch Gold wert sein, um die dokumentierten Leistungen als Referenz zu benutzen.

5.11 Interview mit Ralf Blechschmidt

INTERVIEW

47 Jahre, Diensthundeführer, Spezialhundeführer, führt seit 1997 Fährtenhunde in der Polizei seit 2009 in Ausbildung bei Armin Schweda

Was ist für Dich als ehemaliger Fährtenhundeführer im Mantrailing-Training bei Armin um 180° anders?

RALF BLECHSCHMIDT: Nun, der Begriff des »Fährtenhundes« ist vielleicht etwas irreführend und bei der sächsischen Polizei eher als »traditionell« zu verstehen.* Tatsächlich haben unsere Fährtenhunde kaum etwas mit den Fährtenhunden im Hundesport gemeinsam. Unsere Diensthunde werden zweigleisig ausgebildet, können sowohl die klassische Bodenverletzung als auch den Individualgeruch des Gesuchten verfolgen. Es gibt viele belegbare erfolgreiche Einsätze mit Fährtenhunden der sächsischen Polizei. Ich selbst habe mit meinem ersten Fährtenhund »Alex« im Laufe seiner Dienstjahre vierzig Straftäter durch Fährtenarbeit gestellt und noch mehr Beweismittel gefunden. Allerdings sind die Möglichkeiten im »Befestigten«, also auf Asphalt, gegenüber dem Mantrailing doch eingeschränkt. Ich würde sagen, es ist vielleicht vieles ähnlich, zum Beispiel was das Leinenhandling und das »Lesen« des Hundes anbelangt. Mindestens genauso vieles ist aber auch anders, wenn auch nicht gerade gegenläufig, also um 180° verschieden. Besonders in der Fachtheorie musste ich mich für andere Sichtweisen öffnen, was mir aber gut getan und dazu beigetragen hat, so manches frühere und damals unerklärliche Einsatzergebnis aus heutiger Sicht besser zu verstehen. Anders als früher ist auch das Trainingsgebiet mitten in der belebten Innenstadt, das Leistungsvermögen der Hunde, die Arbeit ausschließlich mit Geruchsträgern und der völlige Wegfall der »Bodenverletzung« in der Ausbildung.

Wie war das früher mit der Fährte und dem Individualgeruch bei Euch in der Suche? Wen habt Ihr gesucht, was habt Ihr gesucht, wo lagen die Grenzen? Was waren die Vorteile?

RALF BLECHSCHMIDT: Der Fährtenhund ist der Hund für die Ad-hoc-Strafverfolgung. Aufgrund seiner Ausbildung kann er auch ohne Geruchsträger von einem Tatort gestartet werden** und die von dort abgehenden Spuren verfolgen. Gesucht werden in erster Linie Straftäter und Beweismittel, also im Spurenverlauf entsorgte oder verlorene Gegenstän-

* Damit ist gemeint, dass die Hunde für diese Art von Personensuche traditionell »Fährtenhunde« genannt wer-den. Die damalige DDR war mit ihrer Diensthundeschule in Pretsch weltweit hoch angesehen und verfügte über Kynologen von internationalem Ruf. Individualgeruchssuche wurde dort schon praktiziert als in der damaligen BRD die Fährtenhunde noch ausschließlich auf dem Acker suchten. Die DDR-Fährtenhunde waren nicht in den Diensthundestaffeln sondern direkt bei der Kripo angegliedert und vergleichbar – oder aufgrund ihrer ausschließlichen Spezialverwendung sogar besser – als unsere heutigen bifunktionalen (bifunktional = Schutzhund + Fährtenhund) Fährtenhunde.

**Die Hunde werden unter Ausnutzung bestimmter Triebanlagen, z.B. des Beutetriebes ausgebildet und finden in der Ausbildung am »Ende der Spur« je nach Vorliebe des Hundes etwas besonders Tolles. Das kann zum Beispiel Spielzeug oder auch der Schutzdiensthelfer sein. Da also die Geruchsspur und das vom Hund angestrebte Ergebnis geruchlich nicht unbedingt was miteinander zu tun haben müssen, folgt der Hund jeder Spur auf die er angesetzt wird, um stets z.B. sein Dummy zu finden.

de. Ebenso gut können aber auch Vermisste gesucht werden. Allerdings können an einem Einsatzort unter Umständen mehrere Spuren auch Unbeteiligter weg- oder unmittelbar vorbeiführen, besonders dann, wenn der Tatzeitraum bereits länger zurückliegt. Dort gibt es dann ohne Geruchsträger immer einen Unsicherheitsfaktor hinsichtlich der Frage, Täterspur – oder nicht? Um dem Rechnung zu tragen, gibt es für Fährtenhunde in Sachsen neben den regulären Diensten ein Bereitschaftsystem, so dass in der Regel zu jeder Tages- und Nachtzeit innerhalb eines engen Zeitfensters ein Fährtenhund am Einsatzort ist, oft noch bevor der nächste Berufsverkehr einsetzt. Der Tatort wird von den Beamten vor Ort bis zum Eintreffen des Hundeführers gegen ein Betreten durch Unbeteiligte weiträumig gesichert. Gerade bei nächtlichen Einsätzen in dann schwach frequentierten Bereichen, kann der Fährtenhund als schnell verfügbares Einsatzmittel gute Erfolge bringen.

Ich kann hierfür einige Beispiele aus realen Einsätzen nennen. Fährtenhunde meiner Dienststelle haben in der jüngeren Vergangenheit in zwei Fällen nach Vergewaltigungen die Ermittler direkt vom Tatort bis zur Wohnung der Täter geführt. In einem anderen Fall wurde nachts ein als vermisst gemeldeter, verwirrter Bewohner eines Pflegeheimes bei sehr kühlen Außentemperaturen nur leicht bekleidet im Gebüsch eines Flussufers gefunden und konnte vor dem Erfrieren gerettet werden. Ich selbst habe mit meinem »Alex« eine dreiköpfige Bande nach ca. drei Kilometern Fluchtweg gestellt, die kurz zuvor und bereits in der Vergangenheit eine ganze Serie bis dahin unaufgeklärter, besonders schwerer Diebstähle begangen hatte. Meine »Jessie«, die Nachfolgerin von Alex, hat nach einem Einbruch in eine Spielothek nach ca. 400 Metern in einem Gebüsch die Tasche des Täters mit 2.500 Euro Bargeld aufgespürt, und darüber hinaus nach weite-

Ralf Blechschmidt mit seinen Diensthunden Hermine und Jessie.

che Prüfungsordnung. Wenn heute jemand mit seinem Bluthund zur Polizei geht und behauptet, er könne das, dann wird der unter Umständen alarmiert. Entweder geht gar kein Privater mehr in den Einsatz oder beide können es versuchen, der gute und der weniger gute. Wer will das steuern? Der Staat fährt sich runter.

Wie wichtig ist es, möglichst schnell alarmiert zu werden, wenn ein Mensch verschwunden ist?
ARMIN SCHWEDA: Gerade wegen der Geruchsträger ist es wichtig, dass wir rechtzeitig alarmiert werden, insbesondere wenn ein Mensch aus einem Altersheim vermisst wird. Du kannst Dir vielleicht vorstellen, nach vier Tagen ist zwar das Spuralter für den Bluthund kein Problem, aber was passiert in der Zwischenzeit? Da wurde geputzt, da wurde gewaschen, das Geschirr gespült, die Taschentücher oder Windeln sind entsorgt, der Mülleimer ist leer. Und wenn ich nichts habe, kann ich den Hund nicht starten. Ich brauche definitiv einen Geruchtsträger, und ich brauche einen Abgangsort, einen Parkplatz, das Altersheim, ein Einkaufszentrum.
Außerdem, und das wissen wir aus den Trümmersuchen, gibt es nur noch wenig Überlebenschancen, wenn ein Mensch drei oder vier Tage keine Flüssigkeit zu sich nimmt.

Und was ist mit dem Spuralter? Spielt das nicht auch eine Rolle?
ARMIN SCHWEDA: Die Zeit steht nicht still, auch beim Mantrailing wurden neue Erkenntnisse gewonnen. In meiner aktiven Zeit als Rettungshundeführer sind wir noch davon ausgegangen, dass Liegezeiten von 14 Tagen kein Problem sind, auch in der Stadt und egal, welches Wetter in der Zwischenzeit war. Das habe ich in Übungen und Einsätzen auch selber nachweisen können. Das liegt wahrscheinlich an der großen Menge an Geruchsbestandteilen, die wir Menschen verlieren. Selbst wenn die Hälfte davon in der Zwischenzeit durch Wettereinflüsse oder Zersetzung zerstört ist, sind immer noch genug da. Es kommt auch darauf an, um was für eine Art Körperzellen es sich handelt. Hautzellen haben eine andere Lebensdauer als Blutzellen. Inzwischen wissen wir, dass Hunde auch Spuren abarbeiten können, die ein halbes Jahr alt sind.
Allerdings ist nicht nachgewiesen, dass es immer und überall möglich ist. Deshalb würde ich Aussagen, die ein bestimmtes Spuralter betreffen, nicht verallgemeinern wollen. Wenn aber jemand behauptet, er könne nach mehreren Jahren noch Spuren verfolgen, dann schließe ich mich der Meinung der amerikanischen Fachleute an: Ein Hundeführer muss vor unabhängigen Mantrail-Experten mehrfach unter Beweis stellen, dass er das, was er behauptet, wirklich kann, ansonsten gilt die Behauptung nicht!

Und welche Rolle spielen das Wetter und die Temperaturen?
ARMIN SCHWEDA: Schnee und Eis sind kein Problem, selbst wenn jemand ins Wasser fällt und untergeht, ist noch genügend Geruch da. Wenn eine Spur am Wasser endet, wie man es in manchen Filmen sieht, dann handelt es sich um Fährtenhunde. Da endet am Ufer die Spur aus Bodenverletzungen, weil es keine zertretenen

Mikroorganismen mehr gibt. Für den Trailer bedeutet der Fluss keinen Spurabriss. Weil der Geruch ja trotzdem überall in der Umgebung ist, auch wenn der Mensch durch den Fluss geht. Wir reden hier schließlich nicht vom Amazonas oder vom Mississippi. Unsere Flüsse sind vielleicht 10 oder 20 Meter breit, da riecht der Hund problemlos, was am anderen Ufer ist.

Im Winter haben wir auch mal Temperaturen um die minus 25° Celsius. Selbst an solchen Tagen haben wir noch nie festgestellt, dass Trailen nicht mehr geht. Und umgekehrt dasselbe. Wenn es sehr heiß ist, ermüdet der Hund zwar schnell. Aber 40° oder 45° Celsius haben wir in Virginia des Öfteren live erlebt, weil wir uns mit den Amerikanern der VBSAR regelmäßig austauschen. Das sind Temperaturen, da geht keiner freiwillig vor die Tür, und nach einer halben Stunde hat der Hund eine blaue Zunge, weil er konditionell fertig ist. Aber den Geruch kann er wahrnehmen.

Gibt es besondere Einsätze, an die Du Dich erinnerst?
ARMIN SCHWEDA: Wir haben einmal das Kind einer Familie gesucht, die auf Urlaub war. Am letzten Abend der Ferien ging die Familie abends in eine Pizzeria essen. Es war Winter, überall lag Schnee und alles war voller Eiszapfen. Nach dem Essen ging der Junge schon mal nach draußen, weil er noch ein bisschen im Schnee spielen wollte, bis die Eltern bezahlt hatten. Als die Eltern bald darauf aus dem Restaurant kamen, merkte die Mutter, dass sie ihren Schal liegen gelassen hatte. Die beiden drehten noch mal um, und als sie wieder rauskamen, hörten sie eine Tür schlagen, Autoreifen quietschen und ein Fahrzeug brauste mit hoher Ge-

schwindigkeit weg. Sie dachten sich noch nicht viel dabei, guckten sich um und merkten, ihr Kind ist nicht mehr da. Da war natürlich Panik. Wir wurden angefordert und das erste Problem für mich war, einen passenden Geruchsträger zu finden. Wir haben uns dann für die Schuhe des Jungen entschieden, die im Hotel in der Dusche standen. Wichtig bei Kinderschuhen: Unbedingt die Mutter ausschließen. Denn was machen fast alle Mütter um zu prüfen, ob die Schuhe innen trocken sind: Sie fassen mit der Hand hinein. Ohne vorher einen der beiden auszuschließen hat der Hund in diesem Fall sowohl den Geruch der Mutter als auch den des Kindes und trifft zwangsläufig eine Entscheidung. Ich habe also die Mutter ausgeschlossen, den Hund an der Pizzeria angesetzt und dann ging's los, siebeneinhalb Kilometer durch die Stadt. Wir kamen schließlich auf einem Parkplatz in der Nähe des Hotels, in dem die Familie abgestiegen war, zum Stillstand. Und da sagte noch einer der Polizisten: »Och, das ist aber ein Zufall, da steht ja das Auto der Familie.« Wir beendeten den Einsatz, fuhren zum Revier und wollten die Auswertung machen. Auf der Fahrt bekamen wir die Nachricht, dass das Kind schlafend im Auto gelegen sei. Was war passiert? Der Junge hatte draußen vor der Pizzeria gespielt. Als die Eltern nochmal rein gegangen sind um den Schal zu holen, ist er um die nächste Ecke gelaufen, weil da ein Spielplatz war. Und weil die Eltern panisch waren und umhergelaufen sind, konnte der Bub seine Eltern irgendwann auch nicht mehr finden. Er ist losgelaufen, kreuz und quer durch die Stadt, bis er wohl irgendwann das Auto entdeckt hat, das auch noch zufällig offen war. Skurril, aber tatsächlich passiert. Und durch das viele Hin und Her des Kindes war der Trail insgesamt so lang, obwohl die Strecke Luftlinie vielleicht 1,5 km lang war.

Ansonsten suchen wir hauptsächlich Demenzkranke, Alzheimerpatienten und Suizidgefährdete. Es gibt leider in der heutigen Zeit viele Menschen, die so große Probleme haben, dass sie einen Abschiedsbrief schreiben und dann losgehen, um sich umzubringen. Das ist immer ein Wettlauf gegen die Zeit.

Manchmal suchen wir auch Phantome. Ein bizarrer Fall war folgender: Mit ungefähr 100 Einsatzkräften haben wir nach einer alten Frau gesucht, die schon seit drei Jahren tot war. Was keiner bemerkt hatte: Die Tochter, die ihre Mutter als vermisst gemeldet hatte, war psychisch krank. Sie hatte einfach vergessen, dass ihre Mutter nicht mehr lebte. Sie hatte der Polizei glaubhaft gemeldet, ihre Mutter wäre dem entlaufenen Hund in den Wald gefolgt. Wir sind als erste stutzig geworden, weil wir keinen Geruchsträger fanden. Zu dem Zeitpunkt war der gesamte Einsatz aber schon zwei oder drei Stunden in Gang. Die Tochter hatte uns zwar einiges angeboten, vom String Tanga bis zur Leggins, alles hochmodern. Und das sollte angeblich einer 80jährigen Frau gehören? Erst als wir dadurch misstrauisch geworden waren, hat die Polizei über die Personalausweisnummer nachgeforscht und herausgefunden, dass die Frau schon längst tot war.

ARMIN SCHWEDA, DIPL.-ING.

- studierte Bauingenieurwesen in Karlsruhe
- betreibt seit 1992 ehrenamtlich Rettungshundearbeit als Hundeführer und Ausbilder
- war jahrelang Ausbildungsbeauftragter für das Rettungshundewesen im BRK
- war jahrelang Fachdienstleiter, Staffelleiter, Einsatzleiter und Ausbilder der Rettungshundestaffel des BRK, Kreisverband Hof/Saale
- beschäftigt sich seit 1999 ehrenamtlich intensiv mit dem Thema »einsatzrelevantes Mantrailing in Theorie und Praxis« und recherchierte diesbezüglich international
- fuhr als Projektleiter und Hundeführer des ehrenamtlichen und offiziellen DRK / BRK Pilotprojektes »Personensuche mit dem Bloodhound« von 2003 bis 2007 regelmäßig in die Schweiz, um sich von der NBAS (National Bloodhound Association of Switzerland) zum Experten im Thema Mantrailing ausbilden zu lassen.
- nahm mehrfach an Mantrailing-Fortbildungen bei der Organisation VBSAR (Virginia Bloodhound Search and Rescue Association) in den USA teil
- war 17 Jahre lang als geprüftes DRK Einsatzteam mit seinen Trümmersuch-Hunden »Basti« und »Anna« und mit seinem DRK / VBSAR / NBAS geprüften Mantrailing-Hund »JoJo« in zahlreichen Inlands- (in den Bundesländern Bayern, Sachsen und Baden-Würtemberg) und Auslandseinsätzen (u.a. Türkei, Algerien, Iran). Außerdem wurde er als Einsatzleiter und Baufachfachberater eingesetzt.
- absolvierte 2015 die Prüfung zur »Erlaubnis gemäß § 11 Abs. 1 Nr. 8f Tierschutzgesetz (TierSchG) für die gewerbsmäßige Ausbildung von Hunden für Dritte oder die Anleitung der Ausbildung durch den Tierhalter« am Landratsamt Hof, Fachbereich Veterinärwesen
- ist Ausbilder und Prüfer für das DRK und für verschiedene nationale und internationale Länder-Polizeien im Bereich Mantrailing
- ist ICAST Instruktor

http://www.armin-schweda.de/

Mantrailing-Patch

Eine große Leidenschaft von mir ist die zivile und militärische Luftfahrt/Fliegerei, schon von Kindesbeinen an und leider nur als Nutzer, nicht als Anwender! Wann immer es geht, versuche ich aber mitzufliegen.

1986 begeisterte mich der Kinofilm »Top Gun« und ab da begann ich, auf Flugshows die Aufnäher-Patches der Einheiten und Fliegerstaffeln zu sammeln.

Ein Patch ist bis heute mein Favorit: Der Piloten-Patch »Anytime baby ...« mit Tom, dem Kater, der sich lässig an die »stars and stripes« lehnt. Tom, der Kater, repräsentiert auf dem Patch das U.S. NAVY Kampfflugzeug F-14 Tomcat.

2006 realisierte mein Freund Peter Wolf aus Tübingen – auf meinen Wunsch hin – einen Mantrailing-Patch »Anytime baby ...« in »Anspielung« auf den Fliegerpatch.

Statt des Katers lehnt sich ein »Schlappohrenhund mit Suchgeschirr« an einen Zaun, wahlweise mit den Hintergründen »Weltkugel«, »Farbe Rot«, »USA Flagge«, »Deutschland Flagge«, »Schweizerische Flagge«, »Bayerische Flagge«, »Sächsische Flagge« oder »Polnische Flagge«!!!

Neu entstandene Freundschaften durch das Pilotprojekt Mantrailing der polnischen Polizei. Gestartet im April 2018.

Akklimatisieren
Der Hund bekommt Gelegenheit, sich mit seiner Arbeitsumgebung vertraut zu machen. Dies geschieht ohne Geschirr am Start, vor dem Anriechen.

Anriechen
Der Hund nimmt den Geruch der Person, die er suchen soll, über einen Geruchsträger auf. Das kann jeglicher Gegenstand sein, an dem dieser Geruch haftet.

Anstückeln
Ermüdet der Hund auf dem Trail oder beendet das Team aus anderen Gründen die Arbeit, ohne die gesuchte Person gefunden zu haben, startet ein zweiter Hundeführer seinen Hund an der Stelle, an der der erste aufgehört hat, um dessen Arbeit fortzuführen. Diese Praxis ist fragwürdig, da beide Hunde unter Umständen unterschiedliche Geruchskomponenten suchen.

Anzeige
Der Hund identifiziert am Trailende die gesuchte Person, indem er sie z.B. anspringt, vorsitzt oder verbellt.

Auge führt
Der Hund wechselt beim Suchen den Sinn von Geruch zu Optik. Damit gerät die Informationsaufnahme mit der Nase in den Hintergrund.

Ausschließen, Ausschluss
Nicht immer haftet ausschließlich der Geruch der zu suchenden Person an einem Geruchsträger, sondern auch der Individualgeruch einer oder sogar mehrerer weiterer Personen. Vor dem Start muss der Hundeführer Gelegenheit haben, diese Gerüche für tabu zu erklären, damit der Hund weiß, welchem Geruch er nachgehen soll. Dieses Prozedere wird idealerweise direkt an den anwesenden »Tabu-Personen« vorgenommen.

Backtrack
Der Spurleger geht im Trailverlauf ein Stück weit auf der eigenen Spur zurück, so dass eine »Sackgasse« entsteht.

Bluthund, Bloodhound, Blooded Hound, Chien de St. Hubert, St. Hubertus Hund
In seiner Heimat Belgien und im Frankophonen wird der Bluthund offiziell Chien de St. Hubert genannt. Er gehört zu den ältesten Vertretern aus der Gruppe der Laufhunde. Der Adel hielt sich häufig Jagdmeuten, die durch selektive Zucht sehr früh unverwechselbare Linien hervorbrachten. Eine der berühmtesten war die der Sankt Hubertus Hunde, der Chien de St. Hubert, welche im 7. Jahrhundert in den belgischen Ardennen beheimatet war und nach dem jagdbegeisterten Heiligen Hubertus benannt wurde. Als die Hunde im 11. Jahrhundert nach England kamen, entstand dort der Name »Bloodhound«. Zum einen durch die hervorragende Veranlagung, einer Schweißspur noch nach Tagen folgen zu können, zum anderen durch die strenge Linienzucht, die ein Privileg des Klerus und des Adels war. »Blooded Hound« bedeutet »von reinem Blute«, sozusagen Vollbluthunde. Sie wurden für die Hochwildjagd eingesetzt. Als diese an Wichtigkeit verlor und schnellere, leichtere Hunde für die Fuchsjagd gezüchtet wurden, begann man, sich den unübertrefflichen Spürsinn des Bloodhounds bei der Personensuche zunutze zu machen.
In den USA sah die Spezialisierung des Bloodhounds auf Menschensuche etwas anders aus. Sicher auch als Jagdhund auf Hochwild eingesetzt, wurde er schon zur Zeit der britischen Kolonien für die Suche nach vermissten oder gesuchten Personen verwendet. Häufig wurde der Bluthund aber auch mit aggressiveren Rassen gekreuzt und diese Mixe dann auf der Jagd nach entlaufenen Sklaven gebraucht.

Bodenverletzung
Dieser Begriff aus der Fährtenarbeit bezeichnet die mechanische Veränderung des Bodens in Form beschädigter Erdoberfläche und zertretener Pflanzenteile, Mikroorganismen und Kleinstlebewesen.

Diensthund, bifunktional
Schutz- und Spezialhundausbildung (z.B. Droge, Sprengstoff) in einem Hund vereint.

Extrinsische Motivation
Hier steht der Wunsch im Vordergrund, bestimmte Leistungen zu erbringen, weil man sich davon einen Vorteil (Belohnung) verspricht oder Nachteile (Bestrafung) vermeiden möchte.

Fährte
Als Fährte bezeichnet man die auf dem Erdboden oder im Schnee hinterlassenen Fußabdrücke eines Lebewesens inklusive der Geruchsmoleküle, die durch die mechanische Bodenverletzung entstehen.

Fährtenhund
Es gibt zwei Arten: Während sich der Hund bei der sportlichen Variante ausschließlich an den Bodenverletzungen orientieren soll und nicht am Eigengeruch des Fährtenlegers, arbeiten gewisse Diensthunde auf der Basis eines Gesamtgeruchsbilds. Der Hund orientiert sich sowohl am Individualgeruch des »Fährtenlegers« (also des Vermissten oder des Täters) als auch am Geruch der mechanischen Bodenverletzung.

Flächensuchhund, Flächenhund
Ein Rettungshund, der ein vorgegebenes Gelände nach jeglicher menschlicher Witterung durchstöbert. Er arbeitet dabei ohne Leine und soll die gefundene Person z.B. durch Verbellen anzeigen, solange bis sein Hundeführer bei ihm ist.

Fremdkontaminierter Geruchsartikel
Geruchsartikel, an dem zusätzlich der Geruch einer oder mehrerer Personen haftet, die nicht gesucht werden sollen.

Führarm
Der Arm, der beim Leinenhandling die Leinenspannung reguliert und konstant hält.

Geruchsartikel (GA), Geruchsträger, Geruchsgegenstand
Ein Gegenstand, dem der Geruch oder eine Substanz der der Geruch der gesuchten Person anhaftet.

Geruchskopie
Ein Duplikat der Gerüche, die einem Geruchsträger anhaften. Kopien werden mit Gaze, Tempotaschentüchern oder anderen reinen, geruchsaufnahmefähigen Materialien erstellt.

Grenzgänger
Ein Hund, der gemäß einer bestimmten Geruchstheorie nicht dort sucht, wo viel Geruch des Gesuchten liegt, sondern dort, wo gerade eben noch Geruch wahrnehmbar ist.

Hochwind
Die Möglichkeit, Geruch von weiter entfernten Orten über Luftströme zu empfangen.

Individualgeruch
Der einzigartige, unverwechselbare Duft, der jedem Menschen eigen ist und der so individuell ist, wie ein Fingerabdruck.

Individualgeruchs-Stöberer
Ein Hund, der den frischen Quellgeruch eines bestimmten Menschen sucht, in dem er die Luftströme nach diesem vorgegebenen Geruch abscannt.

Intrinsische Motivation
Das Bestreben, etwas um seiner selbst willen zu tun, zum Beispiel weil es Spaß macht, Interessen befriedigt oder eine Herausforderung darstellt.

Konditionierung
Verknüpfungen beim Lernen durch Belohnung oder Bestrafung, um damit eine Verhaltensänderung zu bewirken. Der Grundsatz: Verhalten wird durch seine Konsequenzen bestimmt.

Kontamination
Verunreinigung oder Verschmutzung. Im Zusammenhang mit Mantrailing meint der Begriff eine unbestimmte Menge anderer menschlicher Gerüche auf dem Geruchsträger oder im Suchgebiet.

Läufer, Runner, Spurleger, Opfer, Versteckperson
Die Person, deren Geruch der Hund suchen soll.

Leinenspannung
Die Kraft die oder der Druck der von Mensch und Hund aufgewendet wird, damit die Leine straff ist.

Leitgeruch
Die Substanz innerhalb eines Mischgeruchs, an der sich der Hund orientiert.

Line up
Gegenüberstellung, bei der der Hund die gesuchte Person in einer Reihe aufgestellter anderer Menschen identifizieren soll.

Mantrailen, Mantrailing, Trailen
Der Begriff stammt aus dem Englischen und bedeutet »Menschenspur verfolgen«. Ein Hund kann den einzigartigen Geruch eines Menschen unter Tausenden herausfiltern und verfolgen. Was genau der Hund eigentlich sucht und wie es funktioniert, weiß man nicht sicher. Klar ist nur, dass jeder Körper aus einer riesigen Menge einzelner Zellen besteht, die permanent absterben und durch neue ersetzt werden. Dieser »Zellmüll« aus Atemluft, Hautschuppen, Haaren und Schweiß reicht aus, um eine Duftspur zu hinterlassen, ebenso eindeutig wie ein Fingerabdruck. Denn der individuelle Geruch lässt sich weder überdecken noch abwaschen. Wie sich unser Geruch in der Umwelt verteilt, ist abhängig von Wind, Wetter und Geländeform. Unter Umständen liegt der Duft einer Person hundert Meter und mehr vom gelaufenen Weg entfernt. Beim Trailen fungiert der Hund wie ein Übersetzer. Er macht Geruch durch sein Verhalten sichtbar.

Mantrailer, Trailer
Ein Hund, der gelernt hat, der individuellen Geruchsspur eines Menschen zu folgen, selbst noch nach Tagen und egal, in welchem Umfeld.

Negativ
Der Hund gibt durch sein Verhalten zu erkennen, dass der gesuchte Geruch am Startpunkt nicht vorhanden ist. Das Negativ kann direkt in Form einer eindeutigen Anzeige wie das Anspringen des Hundeführers deutlich gemacht werden oder indirekt dadurch, dass der Hund am Startpunkt kreist, keine weggehende Spur findet und seine Ratlosigkeit mit natürlichen Signalen zeigt, z.B. Gähnen, Blickkontakt suchen, Strecken, Schütteln, Körperspannung verändern, usw.

Opfer
Die zu suchende Person. Im Übungsbetrieb spricht man eher von Spurleger, Versteckperson, Runner oder Läufer, im Einsatz vom Opfer oder der vermissten Person.

Opferbindung
Opferbindung ist ein Regelwerk und beschreibt das Verhältnis des Hundes zum Menschen an sich. Eine gute Opferbindung intensiviert den Findewillen.

Pick up
Der Spurleger wird auf dem Trail von einem Auto abgeholt oder steigt in einen Bus bzw. in irgendein Verkehrsmittel, das keinen freien Luftaustausch mehr ermöglicht.

Quellensucher
Ein Hund, der nicht den hinterlassenen, schon mit der Umwelt vermischten Geruch sucht, sondern den unmittelbaren, frischen Geruch, den ein Körper versprüht.

Quellgeruch
Ist identisch mit dem Geruch, den der Hund direkt am lebenden Menschen riecht.

Rettungshund z.B. Trümmersuchhund, Lawinensuchhund, Flächensuchhund
Sucht nach lebenden, in Not geratenen Personen. Die Spezialisierung erfolgt je nachdem, in welchem Umfeld er eingesetzt wird, zum Beispiel Trümmerkegel, Lawine oder Gewässer.

Scenthound
Jagdhunde, die ihre Beute mit Hilfe des Geruchssinns verfolgen, zum Beispiel Bloodhound, Foxhound, Otterhound.

Schweißarbeit
Nachsuche hinter angefahrenem oder angeschossenem Wild, um das Tier möglichst schnell zu finden und von seinem Leiden zu erlösen. »Schweiß« ist in der Jägersprache ein Synonym für Blut.

Sighthound
Hunde, die ihre Beute auf Sicht jagen, zum Beispiel Greyhound, Deerhound, Irish Wolfhound.

Split, Splittrail
Zwei oder mehrere gleich alte Spuren, die sich kreuzen.

Spurabriss
Die klassische Fährte, also Bodenverletzung endet. Zum Beispiel geht die Person durch Wasser oder wird von einem Fahrzeug aufgenommen.

Spurnaher Trailer
Ein Hund, der den gesuchten Geruch bzw. die Geruchsbestandteile nahe an der tatsächlich gelaufenen Spur verfolgt.

Stöbern
Der Hund durchforstet mit hoher Nase in den Luftströmungen nach dem gesuchten Geruch.

Suchbild
Die bildliche Darstellung des abgearbeiteten Trails im Vergleich zur tatsächlich gelaufenen Spur.

Umhängen
Die Leine vom Halsband ins Geschirr wechseln und umgekehrt.

Unterordnung
Präsentation einer antrainierten Abfolge von Übungen, bei denen der Hund eine exakte Ausführung liefern soll.

Verleitung
Gerüche, die für den arbeitenden Hund sehr verführerisch sind, zum Beispiel eine Wildfährte, eine Katzenspur oder frischer menschlicher Geruch.

Witterung
Der vom Tier in den Luftströmen wahrgenommene Geruch.

Literaturverzeichnis
10 Fragen an Leif Woidtke Seite 257

BLECHSCHMIDT, R. 2016. Inside Mantrailing. In: WOIDTKE, L. (ed.) Mantrailing – Fakten und Fiktionen. Rothenburg/Oberlausitz: Eigenverlag der Hochschule der Sächsischen Polizei (FH).

BOEHM, T. 2013. A whiff of genome. Nature, 496, 304.

BOEHM, T. & ZUFALL, F. 2006. MHC peptides and the sensory evaluation of genotype. Trends in Neurosciences, 29, 100-107.

BROWN, J. S., PRADA, P. A., CURRAN, A. M. & FURTON, K. G. 2013. Applicability of emanating volatile organic compounds from various forensic specimens for individual differentiation. Forensic Science International, 226, 173-182.

CLARK, R. P. & DE CALCINA-GOFF, M. L. 2009. Some aspects of the airborne transmission of infection. Journal of The Royal Society Interface, 6, S767-S782.

CONCHA, A. R., GUEST, C. M., HARRIS, R., PIKE, T. W., FEUGIER, A., ZULCH, H. &
MILLS, D. S. 2019. Canine Olfactory Thresholds to Amyl Acetate in a Biomedical Detection Scenario. Frontiers in Veterinary Science, 5.

CRAVEN, B. A. & SETTLES, G. S. 2006. A computational and experimental investigation of the human thermal plume. Journal of Fluids Engineering, 128, 1251–1258.

CURRAN, A. M., PRADA, P. A. & FURTON, K. G. 2010. Canine human scent identifications with post-blast debris collected from improvised explosive devices. Forensic Sci Int, 199, 103-8.

CURRAN, A. M., RABIN, S. I. & FURTON, K. G. 2005a. Analysis of the uniqueness and persistence of human scent. Forensic Science Communications [Online], 7.

CURRAN, A. M., RABIN, S. I., PRADA, P. A. & FURTON, K. G. 2005b. Comparison of the volatile organic compounds present in human odor using SPME-GC/MS. Journal of Chemical Ecology, 31, 1607-1619.

CURRAN, A. M., RAMIREZ, C. F., SCHOON, A. A. & FURTON, K. G. 2007. The frequency of occurrence and discriminatory power of compounds found in human scent across a population determined by SPME-GCMS. Journal of Chromatography B-Analytical Technologies in the Biomedical and Life Sciences, 846, 86-97.

EDGE, B. A., PATERSON, E. G. & SETTLES, G. S. 2005. Computational study of the wake and contaminant transport of a walking human. Journal of Fluids Engineering, 127, 967-977.

EGGERT, F., LUSZYK, D., HABERKORN, K., WOBST, B., VOSTROWSKY, O., WESTPHAL, E., BESTMANN, H. J., MÜLLER-RUCHHOLTZ, W. & FERSTL, R. 1998a. The major histocompatibility complex and the chemosensory signalling of individuality in humans. Genetica, 104, 265-273.

EGGERT, F., MÜLLER-RUCHHOLTZ, W. & FERSTL, R. 1998b. Olfactory cues associated with the major histocompatibility complex. Genetica, 104, 191-197.

FERSTL, R., EGGERT, F. & MÜLLER-RUCHHOLTZ, W. 1998. Major histocompatibility complex-associated odours. Nephrology Dialysis Transplantation, 13, 1117-1119.

GAGNA, C. E., CHAN, N. J., FARNSWORTH, P. N., KUO, H.-R., KANTHALA, T. R., PATEL, A. H., PATEL, N. H., LAW, A., PATEL, P. P., RICHARDS, S. A., YAM, T., NICI, A. & LAMBERT, W. C. 2009. Localization and quantification of intact, undamaged right-handed double-stranded B-DNA, and denatured single-stranded DNA in normal human epidermis and its effects on apoptosis and terminal differentiation (denucleation). Archives of Dermatological Research, 301, 659-672.

GALLAGHER, M., WYSOCKI, C. J., LEYDEN, J. J., SPIELMAN, A. I., SUN, X. & PRETI, G. 2008. Analyses of volatile organic compounds from human skin. The British journal of dermatology, 159, 780-791.

GRAUMANN, W. & SASSE, D. 2005. CompactLehrbuch Anatomie: in 4 Bänden, Stuttgart New York, Schattauer.

HAN, Z., SZE TO, G. N., FU, S. C., CHAO, C. Y.-H., WENG, W. & HUANG, Q. 2014. Effect of human movement on airborne disease transmission in an airplane cabin: study using numerical modeling and quantitative risk analysis. BMC Infectious Diseases, 14, 434.

HARVEY, L. M. & HARVEY, J. W. 2003. Reliability of bloodhounds in criminal investigations. J Forensic Sci, 48, 6.

HAVLICEK, J. & ROBERTS, S. C. 2009. MHC-correlated mate choice in humans: A review. Psychoneuroendocrinology, 34, 497-512.

HAYES, J. E., MCGREEVY, P. D., FORBES, S. L., LAING, G. & STUETZ, R. M. 2018. Critical review of dog detection and the influences of physiology, training, and analytical methodologies. Talanta, 185, 499-512.

JOHNEN, D., HEUWIESER, W. & FISCHER-TENHAGEN, C. 2013. Canine scent detection - Fact or fiction? Applied Animal Behaviour Science, 148, 201-208.

JOHNEN, D., HEUWIESER, W. & FISCHER-TENHAGEN, C. 2017. An approach to identify bias in scent detection dog testing. Applied Animal Behaviour Science, 189, 1-12.

KIRSCH, T. 2017. Vergleichende Untersuchung der Einsätze sächsischer Mantrailer. Bachelor of Arts (B. A.), Hochschule der Sächsischen Polizei (FH).

KLEIN, J., RAMMENSEE, H.-G. & NAGY, Z. A. 1983. Der Haupthistokompatibilitätskomplex und die Unterscheidung zwischen Selbst und Fremd durch das Immunsystem. Naturwissenschaften, 70, 265-271.

KUSANO, M., MENDEZ, E. & FURTON, K. G. 2013. Comparison of the volatile organic compounds from different biological specimens for profiling potential. J Forensic Sci, 58, 29-39.

KWAK, J., WILLSE, A., PRETI, G., YAMAZAKI, K. & BEAUCHAMP, G. K. 2010. In search of the chemical basis for MHC odourtypes. Proceedings of the Royal Society B: Biological Sciences, 277, 2417-2425.

LEWIS, H. E., FOSTER, A. R., MULLAN, B. J., COX, R. N. & CLARK, R. P. 1969. Aerodynamics of the human microenvironment. The Lancet, 293, 1273-1277.

LICINA, D. 2015. Human convective boundary layer and its impact on personal exposure. Doctor of Philosophy Doctoral thesis, National University of Singapore, Technical University of Denmark.

LIDE, D. R. E. 2005. CRC Handbook of Chemistry and Physics, Internet Version 2005. In: DAVID R. LIDE, E. (ed.) CRC Handbook of Chemistry and Physics, Internet Version 2005. Internet Edition ed. Boca Raton, FL, 2005: CRC Press, .

MCDONAGH, A. & BYRNE, M. A. 2014. A study of the size distribution of aerosol particles resuspended from clothing surfaces. Journal of Aerosol Science, Vol. 75, pp. 94-103.

MCGINLEY, K. J., MARPLES, R. R. & PLEWIG, G. 1969. A method for visualizing and quantitating the desquamating portion of the human stratum corneum. Journal of Investigative Dermatology, 53, 107-111.

MÜLLER, W., FRINGS, S. & MÖHRLEN, F. 2014. Tier- und Humanphysiologie, Springer Spektrum.

NATSCH, A. 2012. Der menschlichen Duftchemie auf der Spur. Chemie in unserer Zeit, 46, 110-116.

OH, J., BYRD, A. L., DEMING, C., CONLAN, S., PROGRAM, N. C. S., KONG, H. H. & SEGRE, J. A. 2014. Biogeography and individuality shape function in the human skin metagenome. Nature, 514, 59-64.

PENN, D. & POTTS, W. 1998. How do major histocompatibility complex genes influence odor and mating preferences? Adv Immunol, 69, 411-36.

PENN, D. J., OBERZAUCHER, E., GRAMMER, K., FISCHER, G., SOINI, H. A., WIESLER, D., NOVOTNY, M. V., DIXON, S. J., XU, Y. & BRERETON, R. G. 2007. Individual and gender fingerprints in human body odour. J R Soc Interface, 4, 331-40.

PRADA, P. A., CURRAN, A. M. & FURTON, K. G. 2014. Human Scent Evidence, Boca Raton, CRC Press.

SCHELLINCK, H. M. & BROWN, R. E. 1992. Why does germfree rearing eliminate the odors of individuality in rats but not in mice? In: DOTY, R. L. & MÜLLER-SCHWARZE, D. (eds.) Chemical Signals in Vertebrates 6. Boston, MA: Springer US.

SCHOON, A. A., CURRAN, A. M. & FURTON, K. G. 2009. Odor Biometrics. In: LI, S. Z. & JAIN, A. (eds.) Encyclopedia of Biometrics. Boston, MA: Springer US.

SETTLES, G. S. 2005. Sniffers: Fluid-Dynamic Sampling for olfactory trace detection in nature and Homeland Security – The 2004 Freeman Scholar Lecture. Journal of Fluids Engineering, 127, 189-218.

STOCKHAM, R. A. 2004. Survivability of human scent. Forensic Science Communications, 6, 1-9.

SYROTUCK, W. G. 1972. Scent and the scenting dog, Mechanicsburg, Pennsylvania, Barkleigh Productions, Inc.

THOMAS, L. 1974. The Lives of a Cell - Notes of a Biology Watcher, New York, N. Y., Viking.

WAGNER, C. 2008. Dreidimensionale digitale Rekonstruktion des humanen Stratum corneum der Haut in Kombination mit Simulation substantieller Diffusion durch das Stratum corneum. Doktorin der Veterinärmedizin (Dr. med. vet.) Inaugural Dissertation, Tierärztliche Hochschule Hannover

WILSON, M. 2004. Microbial Inhabitants of Humans: Their Ecology and Role in Health and Disease, Cambridge, Cambridge University Press.

WOIDTKE, L. 2016. Mantrailing – Fakten und Fiktionen, Rothenburg/Oberlausitz, Eigenverlag der Hochschule der Sächsischen Polizei (FH).

WOLF, A. 2016. Untersuchung des Einflusses der Alterung menschlicher Geruchsspuren auf die Ausarbeitung der Fährten durch Personensuchhunde. Inaugural-Dissertation zur Erlangung des Grades einer Doktorin der Veterinärmedizin – Doctor medicinae veterinariae – (Dr. med. vet.), Tierärztliche Hochschule Hannover.

YAMAZAKI, K., BOYSE, E. A., MIKÉ, V., THALER, H. T., MATHIESON, B. J., ABBOTT, J., BOYSE, J., ZAYAS, Z. A. & THOMAS, L. 1976. Control of mating preferences in mice by genes in the major histocompatibility complex. The Journal of Experimental Medicine, 144, 1324-1335.

YU, B., BLANKSCHTEIN, D., LANGER, R., DONG, C.-Y. & SO, P. T. C. 2001. In vitro visualization and quantification of oleic acid induced changes in transdermal transport using Two-Photon Fluorescence Microscopy. Journal of Investigative Dermatology, 117, 16-25.

ZHANG, Z.-M., CAI, J.-J., RUAN, G.-H. & LI, G.-K. 2005. The study of fingerprint characteristics of the emanations from human arm skin using the original sampling system by SPME-GC/MS. Journal of Chromatography B, 822, 244-252.

Anytime Baby©
Persönliches Mantrailer Logo von Armin Schweda

GARMIN®
Garmin Deutschland GmbH
ist globaler Marktführer auf dem Gebiet der mobilen Navigation sowie der GPS-Satelliten-kommunikation
www.garmin.de

HundeHandwerk®
... ist Arbeit mit der Hand, dem Gefühl und Verstand

Hund mit Mensch Schule
Schule für Familienhunde
www.hund-mit-mensch-schule.de

Embodied COACHING
Über Körpergefühl das Denken und Handeln beeinflussen.
https://tanjaschweda.de/embodied-coaching.html

ICAST
International Canine Academy for Search Training

NBAS
National Bloodhound Association of Switzerland
www.nbas.ch

REDOG
Schweizer Verein für Such- und Rettungshunde
www.redog.ch

Mantrailing Network
ein Zusammenschluss von Hundeführern, die ehrenamtlich für die Suche nach vermissten Personen zur Verfügung stehen.
www.mantrailing-network.com

VBSAR
Virginia Bloodhound Search and Rescue Association
www.vbsar.org